高职高专系列教材

GAOZHI GAOZHUAN XILIE JIAOCAI

生物化工生产

运行与操控

SHENGWU HUAGONG SHENGCHAN
YUNXING YU CAOKONG

主　编：田连生

参　编：陈秀清　王富花　谢成佳
　　　　陈华进　高　庆

U0313531

中国石化出版社
HTTP://WWW.SINOPEC-PRESS.COM

图书在版编目（CIP）数据

生物化工生产运行与操控／田连生主编．—北京：
中国石化出版社，2014.5
ISBN 978 - 7 - 5114 - 2760 - 1

Ⅰ.①生…　Ⅱ.①田…　Ⅲ.①生物化学 - 化工产品 -
生产工艺　Ⅳ.①TQ072

中国版本图书馆 CIP 数据核字（2014）第 081483 号

中国石化出版社出版发行

地址：北京市东城区安定门外大街 58 号
邮编：100011　电话：(010)84271850
读者服务部电话：(010)84289974
http://www.sinopec-press.com
E-mail：press@sinopec.com
北京科信印刷有限公司印刷
全国各地新华书店经销
*
787×1092 毫米 16 开本 16.5 印张 375 千字
2014 年 6 月第 1 版　2014 年 6 月第 1 次印刷
定价：40.00 元

前　言

Preface

高等职业教育注重培养学生的综合职业能力,包括对学生专业能力、方法能力和社会能力的培养。为了达到这一目标,实施基于工作过程系统化的课程,是有效的选择。通过对职业工作过程的分析,对典型工作任务的分析和归纳,并根据职业成长规律和认知规律,开发出具有学习目标、学习任务和工作内容的学习领域是当前高职课程改革的热点。

本书通过对日常生活中经常用到的味精、柠檬酸、啤酒等 8 个生化产品的生产作为典型工作任务,将工业微生物的分离、纯化、选育和培养基的优化、灭菌方法、发酵方式、发酵参数的控制、发酵液的预处理以及提取、精制等生物化工生产的常用技术,按照工作过程系统化方式纳入学习情境。让学生通过 8 个学习情境和典型工作任务的完成过程,来学习和掌握工业微生物的基础知识,了解细菌、放线菌、酵母菌和霉菌的菌落形态特性、繁殖方式,理解各自作为生产菌种的发酵过程;了解并掌握液体发酵、固体发酵的工艺特点、常用的发酵方式。熟练掌握菌种的扩大培养、发酵常用参数的控制、醪液预处理、提取精制及产品加工的生产工艺过程,并通过实训和生产实习掌握各岗位的操作技能。通过理论、实践一体化教学方式,使学生既具备扎实专业知识,同时又具有较强的实际操作能力和生产应变能力。本教材的主要特点是:

1. 以任务组织教学内容。每个学习情境都是以典型工作任务为导向,将工作任务与学习内容有机结合,达到学以致用。

2. 依据职业工作内容,设计工作任务。包括学习目标、工作任务分析、计划制定、任务实施、任务检查和任务评价。突出学生的主体性。

本书以工作任务为课程载体,以典型工作任务为导向,全书分共 8 个学习情境,其中情境一、情境八由田连生老师编写,情境二由谢承佳老师编写,情境三、情境四由陈秀清老师编写、情境五由王富花老师编写,情境六由陈华进老师编写,情境七由高庆老师编写。全书由田连生老师统稿和修改,并对本书的编写思路和大纲进行策划。在编写过程中还得到扬州工业职业技术学院和化学工程系的大力支持,在此表示衷心感谢。本书在编写过程中参考了大量文献资料,特向文献资料作者一并表示感谢。

由于编者的水平有限,书中难免有疏忽或不当之处,敬请读者批评指正。

目 录
Contents

情境一　调味剂——味精

 学习目的和要求

(1) 知识目标：了解味精生产的原料，掌握培养基的种类和配制方法；了解细菌的菌落形态和繁殖方式，掌握味精生产菌的种类和特点；掌握菌种的分离、纯化、选育和保藏方法；掌握菌种扩大培养的方法、要求和目的；了解发酵方式、发酵参数的种类和控制方法；掌握发酵物料的分离、提取、精制和加工方法。

(2) 能力目标：掌握细菌发酵生产工艺流程及过程控制；了解空消、实消和空气灭菌的方法；掌握通用式发酵设备的结构、特点和使用方法；了解自吸式和气升式发酵设备。

(3) 情感目标：培养学生学习过程中形成的使命感、责任感、自信心、进取心、团队合作精神等方面的自我认识和自我发展。

1　接受工作任务

1.1　工作任务介绍

1.1.1　味精的理化性质

本学习情境的工作任务是调味剂——味精发酵生产。味精是目前人们大量食用的调味品，与人们的日常生活紧密相关。味精成分为谷氨酸单钠盐，带有一分子结晶水，学名叫 α -氨基戊二酸一钠，分子式为 $C_5H_8NO_4Na \cdot H_2O$，CAS 号 142-47-2，是一种无嗅无色的晶体，熔点 225℃。谷氨酸钠的水溶性很好，在 100mL 水中可以溶解 74g 谷氨酸钠。

味精作为一种广泛应用的调味品，其摄入体内后可分解成谷氨酸、酪氨酸，对人体健康有益。据研究味精可以增进人们的食欲，提高人体对其他各种食物的吸收能力，对人体有一定的滋补作用。因为味精里含有大量的谷氨酸，是人体所需要的一种氨基酸，96% 能被人体吸收，形成人体组织中的蛋白质。

1.1.2　味精的用途

氨基酸主要用于食品、医药、农业、化妆品的生产等方面，分述如下。

在食品工业上，甘氨酸、丙氨酸具有甜味，天冬氨酸、谷氨酸具有酸味，谷氨酸钠、

1

天冬氨酸钠具有鲜味，它们都可用作食品添加剂。如甘氨酸用于清凉饮料、肉汤、酱菜等的加工，不仅能增加甜味，还能缓和苦味。赖氨酸、蛋氨酸等人体必需的氨基酸常作为食品添加剂，用以提高食品的营养价值。

在医药工业上，氨基酸在医药上的应用很广。例如，氨基酸的混合液可供病人注射用，氨基酸的混合粉剂可作宇航员、飞行员的补品。又如，精氨酸药物用于治疗由氨中毒造成的肝昏迷；丝氨酸药物用作疲劳回复剂；蛋氨酸、胱氨酸用于治疗脂肪肝；甘氨酸、谷氨酸用于调节胃液；L-谷氨酸与L-谷氨酰胺用于治疗脑出血后的记忆力障碍等。

在化妆品生产中，因氨基酸及其衍生物与皮肤的成分相似，具有调节皮肤pH值和保护皮肤的功能，现已广泛用于配制各种化妆品。例如，胱氨酸用于护发素中，丝氨酸用于面霜中。又如，谷氨酸、甘氨酸、丙氨酸与脂肪酸形成的表面活性剂，具有清洗、抗菌等功能，用于护肤品、洗发剂中。

在农业上，一些氨基酸在体外并无杀菌功能，但它们能干扰植物与病原菌之间的生化关系，使植物的代谢及抗病能力发生变化，从而达到杀菌的目的。例如，苯丙氨酸和丙氨酸可用于治疗苹果疮痂病。又如，美国一家公司用甘氨酸制成了除草剂。这类农药易被微生物分解，不会造成环境污染。

1.2 接受生产任务书

本学习情境的工作任务是以北京棒杆菌AS1.299为菌种，以玉米淀粉、葡萄糖为碳源，以豆饼粉、尿素为氮源，以$MgSO_4 \cdot 7H_2O$、KH_2PHO_4等为无机盐，以玉米浆为生长素，各成分按一定比例混合制作培养基，通过菌种的扩大培养，把扩大培养的合格种子液接种到已经灭菌的通风搅拌发酵罐中进行发酵，发酵醪液通过预处理后，再经过等电点和不溶盐法提取谷氨酸，谷氨酸再用Na_2CO_3中和制成谷氨酸钠，通过脱色、浓缩结晶精制、产品气流干燥等生产过程，制得产品——味精。生产任务书见表1-1。

表1-1 生产任务书

产品名称	调味品——味精	任务下达人	教 师
生产责任人	学生组长	交货日期	年 月 日
需求单位		发货地址	
产品数量		产品规格	谷氨酸钠99%
一般质量要求 （注意：有客户要求，标注生产）	GB/T 8967—2000《谷氨酸钠质量标准》		
进度备注：			

注：此表由市场部填写并加盖部门章，共3份。在客户档案中留底一份，总经理（教师）一份，生产技术部（学生小组）一份。

2 工作任务分析

依据接受的工作任务书，已经明确我们的任务是味精生产。虽然上一节我们已经介绍了味精的物化性质、产品用途、发展简史，对味精产品有了初步了解。但要完成味精的生产任务，还须了解生产味精所需的原料、菌种、设备和管道灭菌、发酵工艺、生产运行的参数操控以及发酵的主要设备等相关知识。下面就完成工作任务所需的原料、培养基、发酵技术和生产工艺等进行详细分析。

2.1 生产原料

谷氨酸生产原料有碳源、氮源、无机盐和生长因子等。作为发酵原料的选择要考虑多方面的因素，其中包括：菌体生长繁殖的营养需求、有利于谷氨酸大量积累、产品提取容易、生产周期短及原料价格便宜、因地制宜等因素。

2.1.1 碳源

碳源是构成菌体和合成谷氨酸的碳骨架以及能量的来源。工业上谷氨酸发酵采用的碳源一般都是淀粉原料，如玉米、小麦、甘薯、大米等，其中甘薯和淀粉最为常用。这些淀粉原料要先通过制糖工艺水解成微生物可直接利用的葡萄糖，然后经过中和、脱色再投放到发酵罐。工业中常用的碳源：

1）淀粉

应用最广的是玉米、马铃薯、木薯淀粉。淀粉水解后得葡萄糖。使用条件：微生物必须能分泌可以水解淀粉、糊精的酶类。

优点：来源广泛、价格低廉，可解除葡萄糖效应。

缺点：（1）难利用、发酵液比较稠，一般 >2.0% 时需加入一定的 α – 淀粉酶。

（2）成分较复杂，有直链淀粉和支链淀粉等。

2）葡萄糖

所有的微生物都能利用葡萄糖，但会引起葡萄糖效应。工业上常用淀粉水解糖，但是糖液必须达到一定的质量指标。

3）糖蜜

糖蜜是制糖工业上的废糖蜜或结晶母液。包括：甘蔗糖蜜（糖高氮少）；甜菜糖蜜。糖蜜使用的注意事项：除糖分外，还含有较多的杂质，对发酵产生不利影响，需要进行预处理才能使用。

2.1.2 氮源

氮源是合成菌体蛋白质、核酸及氨基酸的原料。又可分为无机氮和有机氮。

1）无机氮（又称速效氮）

种类：氨水、铵盐或硝酸盐、尿素。

特点：吸收快，但会引起 pH 值的变化。如硫酸铵，反应式：

$$(NH_4)_2SO_4 \longrightarrow 2NH_3 + 2H_2SO_4$$

选择合适的无机氮源有两层意义：满足菌体生长；稳定和调节发酵过程中的 pH 值。

2）有机氮

来源：一些廉价的原料，如玉米浆、豆饼粉、花生饼粉、鱼粉、酵母浸出膏等。其中玉米浆（玉米提取淀粉后的副产品）和豆饼粉既能做氮源又能做碳源。一般来说，有机氮

成分复杂：除提供氮源外，还提供大量的无机盐及生长因子。

微生物早期容易利用无机氮，中期菌体的代谢酶系已形成可利用有机氮源。有机氮源来源不稳定，成分复杂，所以利用有机氮源时要考虑到原料波动对发酵的影响。

相对来说：氮源比碳源对谷氨酸发酵影响更大，约85%的氮源被用于合成谷氨酸，另外15%氮源用于合成菌体。一般发酵工业碳氮比为100：(0.2~2.0)，谷氨酸发酵的碳氮比为100：(15~21)。目前生产上多采用尿素作为氮源，进行分批流加，流加时温度不宜过高（不超过45℃），否则游离氨过多，使初始pH值升高，可抑制菌体生长。

2.1.3 无机盐及微量元素

无机盐是微生物维持生命活动不可缺少的物质。可以调节渗透压、pH值等，也可作为自养菌的能源。无机盐包括：磷酸盐、钾盐、镁盐和钙盐；还有一些微量元素：锰、钴、铁等。

许多金属离子对微生物生理活性的作用与其浓度有关，低浓度往往具有刺激作用，而高浓度具有抑制作用。

无机盐含量对菌体生长和产物的生成影响很大，其中磷酸盐在谷氨酸发酵中非常重要，它是谷氨酸发酵过程中必需的，但浓度不能过高，否则会转向缬氨酸发酵。

2.1.4 生长因子

生长因子是微生物生长不可缺少的微量有机物质，如氨基酸、嘌呤、嘧啶、维生素等。生长因子不是所有微生物都必需的，只是对于某些自己不能合成这些成分的微生物才是必不可少的营养物。如以糖质原料为碳源的谷氨酸生产菌均为生物素缺陷型，必须以生物素为生长因子。

1）生物素作用

生物素主要影响细胞膜通透性，影响菌体的代谢途径。生物素浓度对菌体生长和谷氨酸积累均有影响。大量合成谷氨酸所需要的生物素浓度比菌体生长的需要量低，即为菌体生长需要的"亚适量"。

生物素过量：菌体大量繁殖，不产或少产谷氨酸。

生物素不足：菌体生长不好，谷氨酸产量低。

2）提供生长因子的农副产品

生物素存在于动植物组织中，多与蛋白质呈结合状态，用酸水解可以分开。那么，生产上有哪些原料可以作为生物素的来源呢？

（1）玉米浆：最具代表性。玉米浆主要用作氮源，但含有乳酸、少量还原糖和多糖，含有丰富的氨基酸、核酸、维生素、无机盐等。也常作为提供生长因子的物质。

（2）麸皮水解液：可代替玉米浆，但蛋白质、氨基酸等营养成分比玉米浆少。

（3）糖蜜：可代替玉米浆。但氨基酸等有机氮含量较低。

（4）酵母：可用酵母膏、酵母浸出液或直接用酵母粉。

总之，谷氨酸发酵以生物素为生长因子。"亚适量"的生物素有利于谷氨酸积累。在实际生产中常通过添加玉米浆、麸皮水解液来满足谷氨酸生产菌的需求。

2.2 培养基

培养基就是提供微生物生长繁殖和生物合成各种代谢产物所需要的，按一定比例配制的多种营养物质的混合物。

2.2.1 培养基的基本要求

1) 原料因地制宜，价格便宜；性能稳定，资源丰富，便于储运，能满足大规模生产。
2) 能满足微生物生长和代谢合成，副产物少，不产生有毒性物质。
3) 能满足发酵生产工艺的需要，不影响通气、搅拌、提取、纯化和废物处理。

2.2.2 培养基的分类

培养基按其组成物质的来源、状态、用途可分为三大类型：

1) **按营养来源划分**

（1）合成培养基：采用化学成分明确、性质稳定的物质配制的培养基。

（2）天然培养基：采用天然的动植物原料配制的培养基，其化学成分不明确。

（3）综合培养基：在合成培养基中加入天然物质配制的培养基。

（4）基础培养基：只能满足微生物生长的最低需要。

2) **按状态分**

（1）固体培养基：在液体中加入凝固剂（琼脂），与水和无机盐混合配制的培养基。适合于菌种、孢子的培养和保存。

（2）半固体培养基：即在配好的液体培养基中加入少量的琼脂，一般用量为 0.5% ~ 0.8%，主要用于微生物的鉴定。

（3）液体培养基：常温下呈液体状态的培养基。80% ~ 90% 是水，其中配有可溶性的或不溶性的营养成分，是发酵工业大规模使用的培养基。

3) **按用途分**

（1）孢子培养基：孢子培养基是供制备孢子用的。要求该培养基能使孢子迅速发芽和生长，形成大量优质孢子，但不能引起菌种变异。一般来说孢子培养基中的基质浓度（特别是有机氮）要低些，否则影响孢子形成。无机盐浓度要适量，否则影响孢子的数量和质量。孢子培养基组成因菌种不同而异。

（2）种子培养基：种子培养基是供孢子发芽和菌体生长繁殖用的。营养成分应是易被菌体吸收利用、营养成分比较丰富和完整，其中氮源和维生素含量应略高些，但总浓度以略稀薄为宜，以便于菌体的生长繁殖。

（3）发酵培养基：发酵培养基是供菌体生长繁殖和合成大量目的产物使用的。要求该培养基组成应丰富完整，营养成分的浓度和黏度适中，利于菌体生长、合成大量目的产物。采用的原材料质量相对稳定，不影响产品的分离、提取、精制和发酵产品的质量。

2.2.3 味精生产用培养基

味精生产用培养基均是合成培养基，由多种组分按一定比例配制而成。可分为：

1) **斜面培养基（%）**

葡萄糖 0.1，牛肉膏 1.0，蛋白胨 0.5 ~ 1.0，NaCl 0.5，琼脂 2.0，pH 值 7.0 ~ 7.2。

2）一级种子培养基（%）

葡萄糖 2.5，尿素 0.5，KH_2PHO_4 0.1，$MgSO_4 \cdot 7H_2O$ 0.04，pH 值 6.8 ~ 7.0。

3）二级种子培养基（%）

水解糖 2.5，玉米浆 2.5 ~ 3.5，KH_2PHO_4 0.2，尿素 0.4 ~ 0.5，$MgSO_4 \cdot 7H_2O$ 0.04 ~ 0.05，pH 值 6.8 ~ 7.0。

4）发酵培养基（%）

水解糖 14 ~ 18，玉米浆 0.5 ~ 0.6，$MgSO_4 \cdot 7H_2O$ 0.06，KH_2PHO_4 0.2，$FeSO_4$ 0.02，尿素 0.6，$MnSO_4$ 2 mg/kg，消泡剂 0.03，pH 值 6.8 ~ 7.2。

2.3 生产菌种

生产谷氨酸的菌种是棒状杆菌，属于细菌类微生物。所以在了解生产菌以前，首先介绍一下细菌的相关知识。

2.3.1 细菌

细菌是工业发酵常用的生产菌，是自然界中分布最广、数量最多的微生物。细菌属于单细胞原核生物，一般通过细胞分裂来繁殖。细菌体积很小，在 1000 倍的光学显微镜或是电子显微镜下才能看到。

1）细菌细胞的形态和大小

细菌的形态主要以杆状、球状和螺旋状 3 种最为典型（见图 1 - 1），其中以杆状为最常见，球状次之，螺旋状较为少见。杆状的细菌称杆菌。杆菌长 1 ~ 8 μm，宽 0.5 ~ 1μm。根据分裂后是否相连或排列方式，又分为单杆菌、双杆菌和链杆菌。杆菌形态多样，有短杆或球杆状，如甲烷短杆菌属；有长杆大棒杆状，如枯草杆菌（*Bacillus subtilis*）；有两端平截，如炭疽芽孢杆菌（*B. anthracis*）；有的两端稍尖，如松菌属。

球状的细菌称球菌。直径 0.5 ~ 2μm，根据其细胞的分裂面和子细胞分离与否，有不同的排列状态：单球菌、双球菌、链球菌、四联球菌、八叠球菌和葡萄球菌等。

螺旋状的细菌称螺菌。长为 5 ~ 50μm，宽 0.5 ~ 5μm。螺旋不到一周的称弧菌，其菌体呈弧形或逗号状。有一周或多周（6 周）螺旋，外形坚挺的称螺菌。螺旋在 6 周以上，柔软易曲的称螺旋体。

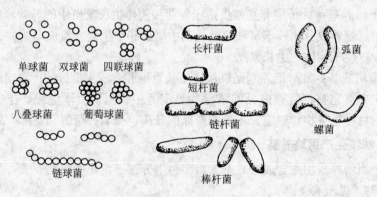

图 1 - 1　细菌形态

除了上述 3 种基本的细菌形态外，还有罕见的其他形态，如丝状、梨状、叶球状、盘碟状、方形、星形及三角形等。

2）细菌细胞的结构

图 1-2 是细菌细胞结构的模式图。其中的细胞膜、核区和细胞质（合称为原生质体）以及细胞壁是一般细菌细胞共有的结构，被称为基本结构或不变结构，其余的结构只是某些细菌所有，故称特殊结构或可变结构，包括未在图中表示的菌鞘、附器、伴孢晶体和气泡等。

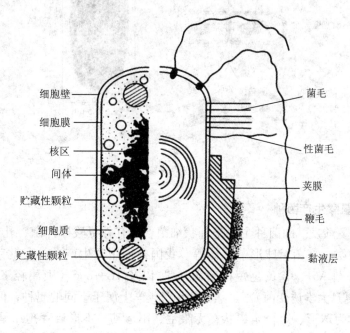

图 1-2　细菌细胞结构的模式图

根据细胞的结构又可分为原核细胞和真核细胞。它们的区别见表 1-2。

表 1-2　原核细胞和真核细胞的区别

名称	原核细胞	真核细胞
细胞核	有明显核区，无核膜、核仁	有核膜、核仁
细胞器	无线粒体，能量代谢和许多物质代谢在质膜上进行	有线粒体，能量代谢和许多合成代谢在线粒体中进行
核糖体	分布在细胞质中，沉降系数为70S	分布在内质网膜上，沉降系数为80S

3）细菌的繁殖

在自然环境或培养基中生活的细菌，从环境中获取能量和营养物质，经代谢转化后形成新的转化物质，菌体亦随之长大，最后由一个母细胞产生两个或多个子细胞的过程称为繁殖。细菌的繁殖方式主要是裂殖，即从一个母细胞分裂产生两个子细胞的过程，如图 1-3所示。

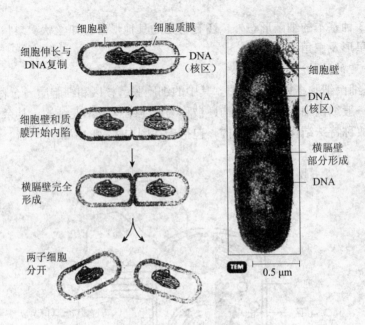

图 1 - 3 细菌的裂殖过程

2.3.2 谷氨酸生产菌种

目前用于谷氨酸发酵的菌种主要是杆状细菌。如有谷氨酸棒杆菌、乳糖发酵短杆菌、黄色短杆菌、嗜氨小杆菌、球形节杆菌等。我国常使用的生产菌株是北京棒杆菌 7338、D110，钝齿棒杆菌 $A5_{1.542}$，黄色短杆菌 $T_6 - T_{13}$ 以及 TG—866（天津轻工院诱变菌）和 FM8207（上海复旦大学诱变菌）。虽然它们在分类学上属于不同的属种，但都有一些共同的特点，如菌体为球形、短杆至棒状，无鞭毛、不运动、不形成芽孢、呈革兰氏阳性细菌，需要生物素做生长素，在通气条件下培养产生谷氨酸等。本学习情境使用的菌种是北京棒杆菌 AS1.299。

1）AS1.299 菌落形态特征

光学显微镜观察：在肉汁斜面上培养 6h、12h、24h 及 48h 的染色培养物，细胞通常为短杆至小棒状，有时微呈弯曲状，两端钝圆，不分枝，呈多种形态，培养 6h 细胞有延长现象；细胞呈单个、成对及 V 字型排列；细胞大小为 (0.7～0.9) $\mu m \times$ (1.0～2.5) μm。

2）培养特征

普通肉汁琼脂斜面：中间划直线培养，呈中度生长，菌苔线状，24h 为白色，48h 后稍呈淡黄色，随培养时间的延长颜色稍增深、表面湿润、光滑、有光泽、无黏性、不产生水溶性色素。

普通肉汁琼脂平板：菌落圆形，培养 24h 菌落为白色，直径约 1mm；48h 为 2.5mm。延长培养至一周可达 4.5～6.5mm，淡黄色、中央隆起、表面湿润、光滑且有光泽、边缘整齐并呈半透明状、无粘性、不产生水溶性色素。

2.3.3 工业菌种的保藏技术

在发酵生产中，需对高产、有重要经济价值的微生物菌种进行保存或长期保藏。

保藏原理：根据菌株生理生化特性，人工创造条件（低温、干燥、真空）使菌体的代谢活动处于休眠期状态。

目的要求：经长期保藏后，菌种存活健在，保证菌种不改变表型和基因型，特别是不改变菌种代谢产物的生产能力。

1）冷冻保藏

冷冻保藏（-20℃以下）：是保藏微生物菌种的最简单而有效的方法，将菌种加入菌种保护剂（甘油或二甲基亚砜），通过冷冻，使微生物代谢活动停止。冷冻温度愈低，效果愈好。同时要掌握好冷冻速度和解冻速度。冷冻保藏的缺点是运输较困难。

保藏方法：将菌悬液或斜面培养物细胞加入菌种保护剂，密封于试管或 EP 管内，贮藏于冰箱的冷藏室或普通冰箱（-20℃）中。保藏期限：1~2 年。

注意事项：经解冻的菌株不宜二次保藏；保藏过程中应注意控制保藏温度，培养瓶或试管应严格密封；不适宜多数微生物的长期保藏。

2）矿油保藏法

这种方法是当菌种在斜面上长好以后，将灭过菌并已将水分蒸发掉的液体石蜡倒入斜面，油层高于斜面末端 1cm，使培养物与空气隔绝，斜面即可直立在室温下或冰箱内保藏。此法也比较简单，保藏时间可长达一年以上。适于保存部分霉菌、酵母菌和放线菌，但对保藏细菌效果较差，对于某些能同化烃类的微生物也不宜使用。

3）载体吸附保藏法

其原理是使微生物吸附在适当的载体上，进行干燥保藏。通常使用的载体有砂土、麸皮、谷粒或麦粒、硅胶、滤纸等，这些载体对微生物起着一定的保护作用。保存期一般1~2 年。

4）冻干保藏

保藏方法：将混有保护剂的菌种冰冻至 -60℃，迅速转移至 -40℃的真空箱中启动真空泵，使真空度减压到 2.67~4.00Pa 条件下，使冻结的细胞悬液中的水分升华，使菌种干燥成粉，分装密封安瓿，低于 5℃下保藏。保藏期限：10 年以上。

注意事项：冷冻干燥过程中必须使用冷冻保护剂，如脱脂乳糖和蔗糖，冻干后的菌株无须进行冷冻保藏，便于运输。

5）液氮冷冻保藏技术

保藏方法：斜面用 10% 甘油制备悬液，或培养液体物用 20% 甘油制备悬液，混匀，取 0.5~1mL 分装玻璃安瓿或液氮冷藏专用塑料瓶，酒精喷灯封口；先于 5℃冰箱中 3min，后置于金属容器，以 1~2℃/min 控速冷冻至细胞冻结点（通常为 -30℃），再以 1℃/min 控速冷冻至 -50℃；迅速移入液氮罐中于液相（-196℃）或气相（-156℃）中保存。

复苏方法：从液氮罐中取出所需的安瓿，立即冰浴 10min；再迅速将安瓿置于 37~40℃水浴中，轻摇融解；取 0.1~0.2mL 转接入琼脂斜面上。保藏期限：10 年以上。

2.3.4 防止菌种衰退的措施

菌种经过长期人工培养或保藏，出于自发突变的作用而引起某些优良特性变弱或消失的现象，称为菌种衰退。菌种衰退的原因主要有两方面：一是菌种保藏不妥；二是没满足菌种生长的条件，或遇到某些不利的条件。其实质是基因的负突变，主要表现为：在形态上，分

生孢子减少或颜色改变；在生理上，常指产量的下降。防止菌种衰退的常用方法有：

1）尽量减少传代次数

基因的变化往往发生在复制和繁殖过程中，传代次数越多，基因发生变化的几率也就越高。因此，应尽量避免不必要的接种和传代，把传代次数控制在最低水平，以降低突变几率。

2）选择合适的培养条件

培养条件对菌种衰退有一定影响，选择一个适合原种生长的条件可以防止菌种衰退。另外，生产上应避免使用陈旧的斜面菌种。

3）利用不同类型的细胞进行传代

在放线菌和霉菌中，由于它们的菌丝细胞常含有许多核，其次是异核体，因此用菌丝接种时就会出现衰退和不纯的子代。而孢子一般是单核的，利用孢子来接种，可以达到防止衰退的目的。但是这也必须注意到微生物细胞本身的特点。

4）选择合适的保藏方法

不同的菌种采用不同的保藏方法，至于具体采用什么方法。要根据具体菌种和具体情况来决定。

2.4 灭菌方法及操作

工业发酵绝大多数是需氧的纯种发酵，味精发酵生产也是如此。因此所使用的培养基、各种设备和附件以及通入罐内的空气均需彻底除菌，这是防止发酵过程染菌、确保正常生产的关键过程。

2.4.1 概念

1）灭菌

采用强烈的理化因素使任何物体内外部的一切微生物永远丧失其生长繁殖能力的措施，称为灭菌，如各种高温灭菌措施等。

灭菌实质上可分杀菌和溶菌两种，前者指菌体虽死，但形体尚存，后者则指菌体被杀死后，其细胞发生溶化、消失的现象。

2）消毒

从字义上来看，消毒就是消除毒害，这里的"毒害"就是指传染源或致病菌的意思，英文中的"dis-infection"也是"消除传染"的意思。所以，消毒是一种采用较温和的理化因素，仅杀死物体表面或内部一部分对物体有害的病原菌，而对被消毒的物体基本无害的措施。消毒不一定能达到灭菌要求，而灭菌则可达到消毒目的。

2.4.2 灭菌方法

1）加热灭菌

高温致死原理：加热使微生物的蛋白质和核酸等重要生物大分子发生变性、破坏。例如，它可使核酸发生脱氨、脱嘌呤或降解，以及破坏细胞膜上的类脂质成分等。加热灭菌又可分为干热灭菌和湿热灭菌。

（1）干热灭菌法：将金属制品或清洁玻璃器皿放入电热烘箱内，在150～170℃下维持 1~2h 后，即可达到彻底灭菌的目的。在这种条件下，可使细胞膜破坏、蛋白质变性、原生质干燥，以及各种细胞成分发生氧化。其中灼烧，是一种最彻底的干热灭菌方法。它只能用于接种环、接种针等少数对象的灭菌。

（2）湿热灭菌法：湿热灭菌是直接用蒸汽灭菌。蒸汽冷凝时释放大量潜热，并具有强大的穿透力，在高温和水存在时，微生物细胞中的蛋白质极易发生不可逆的凝固性变性，致使微生物在短时间内死亡。

① 几个相关概念。

致死温度：杀死微生物的极限温度（微生物不能维持生命活动）；

致死时间：在致死温度下，杀死全部微生物所需要的时间；

热阻：微生物在某一特定的条件下（一定温度和加热方式下）的致死时间；

② 对数残留定律。

在灭菌过程中，微生物受到不利环境条件的作用，随时间而逐渐死亡，其减少的速率（dN/dt）与此瞬间残留的菌数成正比。即

$$dN/dt = -KN$$

式中　　N——菌体残留个数，个；

　　　　t——灭菌时间，s；

　　　　K——反应速度常数，1/s，与灭菌温度、菌种特性有关；

　　　　dN/dt——菌体的瞬时变化速率，个/s。

积分得

$$\int_{N_0}^{N_t} dN/N = -k\int_0^t dt$$

$$\ln(N_0/N_t) = K_t$$

$$t = (1/k)\ln(N_0/N_t) = (2.303/k)\lg(N_0/N_t)$$

式中　　N_0——灭菌前原有菌数，个；

　　　　N_t——灭菌结束时残留菌数，个。

由上式可知，要达到彻底灭菌，$N_t = 0$，需时间无限长，实际生产采用 $N_t = 0.001$（即 1000 批次灭菌中只有一次失败）。

反应速度常数 K 值是判断微生物受热死亡难易程度的指标，K 值愈小，热阻愈大；实际灭菌过程以杀死芽孢杆菌为指标。

多数细菌和真菌的营养细胞在 60℃ 左右处理 5~10min 后即可被杀死；酵母菌和真菌的孢子稍耐热些，要用 80℃ 以上的温度处理才能杀死；而细菌的芽孢最耐热，一般要在 120℃ 处理 15min 才能杀死。

湿热灭菌要比干热灭菌更有效。这一方面是由于湿热易于传递热量，另一方面是由于湿热更易破坏保持蛋白质稳定性的氢键等结构，从而加速蛋白质变性。由于湿热灭菌具有经济和快速等特点，因此被广泛用于发酵工业生产。

（3）化学物质灭菌：许多化学物质如甲醛、苯酚、高锰酸钾、新吉尔灭、氯化汞、漂白粉等能与微生物细胞中的某些成分反应而杀灭微生物，具有杀菌作用。但由于化学物质难除掉有毒性的残留物，只适合于局部或某些器具的消毒和防腐，不适用于培养基灭菌。化学物质的灭菌方法，根据灭菌对象不同，可使用浸泡、擦拭、喷洒和气态熏蒸等方法。

（4）辐射灭菌：利用高能量的电磁辐射和微粒辐射来杀灭微生物；如紫外线在250～270nm范围内与菌体核酸的光化学反应来杀灭微生物；x射线、γ射线等引发自由基反应，生成有机过氧化物，这些过氧化物能阻碍微生物的代谢活动而导致菌体迅速死亡，达到灭菌目的。

2）工业灭菌操作

（1）空罐灭菌：空罐灭菌也称空消。无论是种子罐、发酵罐、还是尿素（或液氨）罐、消泡罐，当培养基（或物料）尚未进罐前对罐进行预先灭菌，称为空罐灭菌。为了杀死所有微生物特别是耐热的芽孢，空罐灭菌要求温度较高，灭菌时间较长，只有这样才能杀死设备中各死角残存的杂菌或芽孢。

（2）实罐灭菌：将培养基置于发酵罐中用蒸汽加热，达到预定灭菌温度后，维持一定时间，再冷却到发酵温度，然后接种发酵，这叫做实罐灭菌，又称分批灭菌。

操作要点：直接将蒸汽从通风口、取样口和出料口进入罐内直接加热，直到所规定的温度，并维持一定时间。这就是所谓的"三路进气"。

实消时先将配好的培养基从配料池输送到发酵罐中，搅拌打散团块，然后密闭。打开各种排气阀，通入高压蒸汽直接加热。通用的发酵罐一般都有出料管、进风管和取样管三路进汽，为了缩短升温时间，灭菌时要求三路进气。当有蒸汽冒出时，将排气阀逐渐关小，待罐温上升到120℃，罐压维持在0.1MPa（表压）并保温30min左右。灭菌结束后，应迅速关闭部分排气阀和全部进气阀，待罐压低于过滤器空气压力时，通入无菌空气保压，同时冷却降温到接种温度。实消设备如图1-4所示。

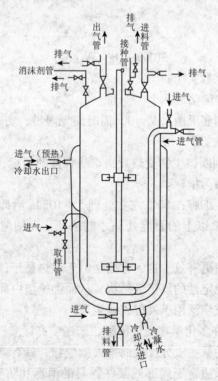

图1-4　实消设备示意图

如果培养基在发酵罐外经过一套灭菌设备连续的加热灭菌，冷却后送入空消过的发酵罐的灭菌方法称为连续灭菌。该方法包括：加热灭菌、维持时间和培养基冷却三个过程，可连续进行操作。其优点是：提高劳动效率、占地少、热效率高、节约能源等。

2.4.3　空气除菌

空气中的微生物种类以细菌和细菌芽胞较多，也有酵母、霉菌和病毒。这些微生物大小不一，一般附着在空气中的灰尘上或雾滴上，空气中微生物的含量一般为 $10^3 \sim 10^4$ 个/m^3。灰尘粒子的平均大小约 $0.6\mu m$ 左右，所以空气除菌主要是去除空气中的微粒（$0.6 \sim 1\mu m$）。

好气性发酵过程中需要大量的无菌空气。空气要做到绝对无菌目前是不可能的，也是不经济的。发酵对无菌空气的要求是：无菌、无灰尘、无杂质、无水、无油、正压等几项指标。发酵对无菌空气的无菌程度要求是：只要在发酵过程中不因无菌空气染菌，而造成损失即可。在工程设计中一般要求 1000 次使用周期中只允许有一个细菌通过，即经过滤后空气的无菌程度为 $N = 10^{-3}$。

目前，空气除菌的主要方法：辐射除菌、加热除菌、静电除菌和过滤除菌。介质过滤除菌是使空气通过经高温灭菌的介质过滤层，将空气中的微生物等颗粒阻截在介质层中，而达到除菌目的。是目前工业上最常用的获得大量无菌空气的方法。

1）过滤除菌原理

微粒随气流通过滤层时，由于滤层纤维的层层阻碍，使气流出现无数次改变运动速度和方向的绕流运动，引起微粒与滤层纤维间产生惯性冲击、拦截、布朗扩散、重力沉降、静电引力等作用将空气中的微生物等颗粒拦截在介质层中，实现过滤的目的。目前工厂和实验室大多采用该方法。

2）过滤介质的种类

过滤介质的滤孔要小于细胞和孢子。孔径 $<0.3\mu m$，菌体大小一般为 $0.5 \sim 5\mu m$。

（1）纤维状或颗粒状过滤介质。

棉花：常用脱脂棉，有弹性，纤维长度适中，填充密度 $130 \sim 150 kg/cm^3$。

玻璃纤维：直径小，不易折断，过滤效果好，填充密度 $130 \sim 280 kg/cm^3$。

活性炭：要求质地坚硬，颗粒均匀。常用小圆柱体的颗粒活性碳。对 $0.3\mu m$ 以下颗粒的过滤效率仅为 99%，需多次过滤。

缺点：体积大，装填费时费力，松紧度不易掌握，空气压降大。介质灭菌和吹干耗用大量蒸汽和空气。

（2）纸类过滤介质。

纤维间空隙约为 $1 \sim 1.5\mu m$，将 $3 \sim 6$ 张纸叠在一起使用，过滤效率高，压降小。对 $0.3\mu m$ 以上颗粒的过滤效率为 99.99%，而且阻力小，压力降较小。

缺点：强度不大（特别是受潮后）。可在纸浆中加 7% $\sim$ 50% 木浆或其他化学处理。

（3）微孔滤膜类过滤介质（空隙 $<0.5\mu m$）。

发酵生产中使用微孔滤膜类过滤介质，制备无菌空气的大致过程：

空气→空压机→贮气罐→冷却→除油水→加热→总过滤器→分过滤器→无菌空气

除菌流程中，要有一系列冷却、分离和加热设备保证空气的相对湿度在 50% $\sim$ 60% 条件下过滤。高效的过滤除菌设备能除去空气中的微生物颗粒。为了保证过滤器效率并维持

一定的气速和不受油、水干扰，需要一系列的加热、冷却及分离和除杂设备来保证，其他附属设备则要求尽量采用新技术以提高效率，精简设备，降低投资，并简化操作，但流程的制定要根据具体的气候、地理环境及设备条件来考虑。空气净化典型的工艺流程如图1-5所示。

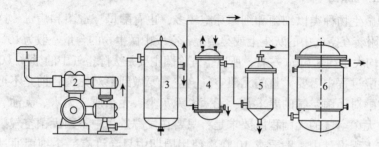

图1-5　冷热空气混合除菌流程

1—粗过滤器；2—空压机；3—储罐；4—冷却器；5—丝网分离器；6—过滤器

2.5　发酵工艺及原理

发酵主要指在优化的最适条件下，在发酵罐中大量培养细胞和生产代谢产物的工艺技术。发酵过程包括采用高温高压对发酵原料和发酵设备、管道进行灭菌；对不断通入的空气进行空气过滤灭菌；对发酵工程中参数进行优化控制等。

发酵工程的内容随着科学技术的发展不断扩大和充实，其主要内容有：生产菌种的选育；发酵条件的优化与控制；生物反应器的设计；产物的分离、提取与纯化精制等。概括来说，分成上游技术、发酵和下游技术三大部分。

上游技术包括优良菌种的分离、纯化、选育、复壮、保藏，发酵条件（温度、pH 值、溶氧和营养组成等）的优化与控制，培养基的制备等。

下游技术指发酵液的分离、提取和产品的纯化精制技术。包括液固分离技术、细胞破壁技术、蛋白质纯化技术，最后还有产品的后处理及包装技术等。

2.5.1　发酵工艺

对于味精的发酵生产，依据操作方式、生产量和生产设备条件可分为三种模式：间歇发酵、连续发酵和补料分批发酵。

1）间歇发酵

最常见的工业发酵操作方式是间歇发酵，也称分批发酵。这是一种最简单的操作方式。将发酵罐和培养基灭菌后，向发酵罐中接入种子，开始发酵过程。典型的分批发酵工艺流程如图1-6所示。

间歇发酵的优点是操作简单，不容易染菌，投资低。主要缺点是生产能力低，劳动强度大，而且每批发酵结果都不完全一样，对后续的产物分离将造成一定困难。

在一个密闭系统内投入有限数量的营养物质后，接入少量的微生物菌种进行培养，在特定条件下只完成一个生长周期的微生物培养方法。间歇培养过程中微生物生长一般可分为：延滞（或适应）期、对数（生长）期、稳定期和衰亡期四个阶段，如图1-7所示。

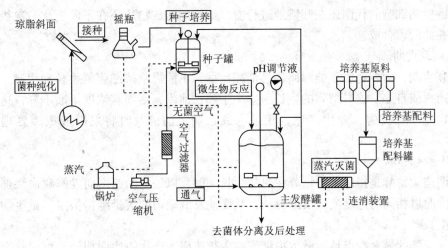

图 1-6　间歇发酵工艺流程

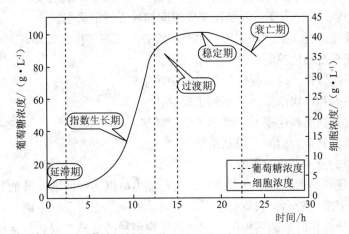

图 1-7　间歇发酵中微生物生长曲线

（1）延滞期。

把微生物从一种培养基中转接到另一种培养基的最初一段时间里，尽管微生物细胞的重量有所增加，但细胞数量没有增加。这段时间称为延滞期，也是微生物对新环境的适应过程。

（2）对数生长期。

在适应环境后，微生物开始繁殖，数量成倍增加。如果以微生物浓度的自然对数与时间作图，将得到一条直线，因而这一时期称作指数生长期。如对细菌、酵母等单细胞微生物来讲，单位时间内其细胞数目将成倍增加；而对于丝状微生物而言，单位时间内其生物量将加倍。

（3）稳定期。

在细胞生长代谢过程中，培养基中的底物不断被消耗，一些对微生物生长代谢有害物质在不断积累。受此影响，微生物的生长速率和死亡速率就会逐渐相等，直至完全一致，这时就进入稳定期。处于稳定期的生物量增加十分缓慢或基本不变。

但微生物细胞的代谢还在旺盛地进行着，细胞的组成物质还在不断变化，次级代谢产物一般在此阶段合成。

（4）衰亡期。

在衰亡期，营养物质和能源储备已消耗殆尽，不能再维持细胞的生长和代谢，因而细胞开始死亡或自溶。这时细胞的生长速率小于死亡速率，活细胞浓度不断下降，这个阶段称为衰亡期。在发酵工业生产中，在进入衰亡期之前应及时将发酵液放罐处理，终止发酵。

2）连续发酵

所谓连续发酵是指微生物培养在对数生长期时，以一定的速度向发酵罐内添加新鲜培养基，同时以相同的速度流出发酵料液，从而使发酵罐内的液量维持恒定，微生物在稳定状态下生长。

连续发酵的最大特点是：微生物细胞的生长速率、产物的代谢均处于恒定状态，有效地延长对数期到稳定期的阶段，可达到稳定、高速培养微生物细胞或产生大量代谢产物的目的，菌种的浓度、产物浓度、限制性基质浓度均处于恒定状态。

优点：① 连续运行，生产周期短，提高了设备利用率和生产效率；
　　　② 便于自动化控制，产品质量稳定。

缺点：① 连续操作，设备复杂，易受杂菌污染；
　　　② 收率和产物浓度低，不利于提取；
　　　③ 营养物质利用率低，增加了生产成本；
　　　④ 需要复杂的检测、控制系统；
　　　⑤ 易受菌种退化的影响。

连续发酵的优点是可以长期连续进行，生产能力可以达到间歇发酵的数倍。但连续发酵对操作控制的要求比较高，投资一般要高于间歇发酵。连续发酵中两个比较难以解决的问题是：长期连续操作时杂菌污染的控制和微生物菌种的变异。因此，连续培养在工业生产上并不多见，只局限于酒精、单细胞蛋白、丙酮、丁醇等少数几个产品。在生产实践中，完全封闭式的分批培养或者纯粹的连续培养较少见，常见的是补料分批培养。

3）补料分批发酵

补料分批发酵又称半连续发酵。是指在发酵过程中，间歇或连续地补加新鲜培养基的培养方法。介于分批发酵和连续发酵之间的操作方法，是发酵工业常使用的方式。

补料分批发酵特点是按一定的规律向发酵罐连续地补加营养物，由于发酵罐不向外排放产物，罐中的发酵体积将不断增加，直到规定体积后放罐。

优点：

与分批培养相比：

（1）解除了底物抑制、产物的反馈抑制和葡萄糖的分解阻遏效应；

（2）延长次级代谢产物的生产时间；

（3）可避免在分批培养过程中因一次性投糖过多造成细胞大量生长，耗氧过多的状况；

（4）达到高浓度细胞培养；

（5）稀释有毒代谢产物。

与连续培养相比：

（1）降低了染菌风险，避免了菌种遗传不稳定性（退化和变异）；

（2）最终产物浓度较高，有利于产物的分离；

（3）使用范围广。在生产次级代谢产物和细胞高浓度培养中普遍采用。是发酵技术上的一个划时代的进步。

缺点：

（1）由于没有物料取出，产物的积累最终导致生产速率的下降；

（2）由于物料的加入增加了染菌机会。

补料分批发酵可以分为两种类型：单一补料分批发酵和反复补料分批发酵。在开始时投入一定量的基础培养基，到发酵过程的适当时期，开始连续补加碳源或氮源或其他必须基质，直到发酵液体积达到发酵罐最大操作容积后停止补料，最后将发酵液一次全部放出，这种操作方式称为单一补料分批发酵。反复补料分批发酵是在单一补料分批发酵的基础上，每隔一定时间按一定比例放出一部分发酵液，使发酵液体积始终不超过发酵罐的最大操作容积，从而在理论上可以延长发酵周期，直至发酵产率明显下降，才最终将发酵液全部放出。这种操作类型既保留了单一补料分批发酵的优点，又避免了它的缺点。目前，味精生产主要采用的就是此发酵方式。

2.5.2 发酵原理

谷氨酸的生物合成途径大致是：葡萄糖经糖酵解（EMP 途径）利己糖磷酸支路（HMP 途径）生成丙酮酸，再氧化成乙酰辅酶 A，然后进入三羧酸循环（TCA 循环），再通过乙醛酸循环、CO_2 固定作用生成 α - 酮戊二酸，α - 酮戊二酸在谷胺酸脱氢酶的催化及有 NH_4^+ 存在的条件下生成谷氨酸。

由葡萄糖生成谷氨酸的总反应式为：

$$C_6H_{12}O_6 + NH_3 + \frac{3}{2}O_2 \rightarrow C_5H_9O_4N + CO_2 + 3H_2O$$

在谷氨酸发酵过程中，影响菌种代谢途径的影响因素见表 1 - 3。谷氨酸生产菌需要生长因子——生物素，当生物素缺乏时，菌种生长十分缓慢，而生物素过量时，则转为乳酸发酵。因此，一般生物素控制在亚适量条件下，才能得到高产量的谷氨酸。

表 1 - 3　影响谷氨酸代谢途径的因素

因素	代谢途径
氧	乳酸或琥珀酸 $\underset{不足}{\overset{适量}{\rightleftharpoons}}$ 谷氨酸
NH_4^+	α - 酮戊二酸 $\underset{缺乏}{\overset{适量}{\rightleftharpoons}}$ 谷氨酸 $\underset{适量}{\overset{过量}{\rightleftharpoons}}$ 谷氨酰胺
pH	谷氨酰胺或 N - 乙酰谷氨酰胺 $\underset{过量}{\overset{适量}{\rightleftharpoons}}$ 谷氨酸
磷酸盐	缬氨酸 $\underset{过量}{\overset{亚适量}{\rightleftharpoons}}$ 谷氨酸

在发酵过程中，氧、温度、pH 值和磷酸盐等的调节和控制如下：

① 氧。谷氨酸产生菌是好氧菌，通风和搅拌不仅会影响菌种对氮源和碳源的利用率，而且会影响发酵周期和谷氨酸的合成量。尤其是在发酵后期，加大通气量有利于谷氨酸的合成。

② 温度。菌种生长的最适温度为 30~32 ℃。当菌体生长到稳定期，适当提高温度有利于产酸，因此，在发酵后期，可将温度提高到 34~37 ℃。

③ pH 值。谷氨酸产生菌发酵的最适 pH 值在 7.0~8.0。但在发酵过程中，随着营养物质的利用，代谢产物的积累，培养液的 pH 值会不断变化。如随着氮源的利用，放出氨，pH 值会上升；当糖被利用生成有机酸时，pH 值会下降。

④ 磷酸盐。它是谷氨酸发酵过程中必需的，但浓度不能过高，否则会转向缬氨酸发酵。

2.6 发酵工艺参数

发酵过程是发酵生产中决定其产量的主要过程。发酵时，产生菌在合适的培养基、pH 值、温度和通气搅拌等条件下进行生长和合成代谢活动。

利用各种参数来反映发酵条件和代谢变化，并根据代谢变化来控制发酵条件，使生产菌的代谢沿着人们需要的方向进行，以达到预期的生产水平。因此，我们必须了解与发酵相关的参数及控制方法。通常将发酵的各种工艺参数分为物理参数、化学参数和生物学参数。

2.6.1 物理参数

发酵过程中的物理参数包括温度、压力、流量、转速、补料和泡沫等，它们可以直接在线测量和控制。各种物理参数的测量方法和意义见表 1-4。

表 1-4 发酵过程中物理参数的测量方法和意义

名称	测量方法	意义和主要功能
发酵液温度/℃ 或 K	温度计	保证生产、繁殖和产物合成
发酵罐压力/Pa 或 kg·m^{-2}	压力表	维持正压、增加溶解氧
空气流量/m^3·min^{-1} 或 L·min^{-1}	流量	供氧、排除废气
搅拌速度/r·min^{-1}	转速表	物料和气体混合
发酵液黏度/Pa·s	黏度计	反映菌体生长情况
发酵罐装量/m^3 或 L	液位计	反映发酵生产批量
发酵液密度/g·L^{-1} 或 kg·m^{-3}	密度计	反映发酵液性质
补加糖速率/kg·h^{-1}	流量计	反映糖发酵情况
补加其他料速率/kg·h^{-1}	流量计	反映其他料利用情况
加消泡剂量/kg	流量计	反映发酵液性质和代谢情况

其中主要物理参数有：

1）温度

是指发酵整个过程或不同阶段中所维持的温度。它的高低与发酵中的酶反应速率、氧在培养液中的溶解度和传递速率、菌体生长速率和产物合成速率等有密切关系。不同产品，发酵不同阶段所维持的温度也不同，一般采用分段控制的方法。

2）压力

是指发酵过程中发酵罐维持的压力。罐内维持正压可以防止外界空气中的杂菌侵入，避免污染，以保证纯种的培养。同时罐压的高低还与氧和二氧化碳在培养液中的溶解度有关，间接影响菌体代谢。罐内压力一般维持在 $2 \times 10^4 \sim 5 \times 10^4 Pa$。

3）搅拌转速

对好氧发酵，在发酵的不同阶段控制不同的搅拌转速，以调节培养基中的溶氧量。它的大小与氧在发酵液中的传递速度和发酵液的均匀度有关。

4）搅拌功率

是指搅拌器搅拌时所消耗的功率，常指每个方米发酵液所消耗的功率（$kW \cdot m^3$），它的大小与氧存量传递系数 $K_L a$ 有关。

5）空气流量

是指每分钟内、每单位体积发酵液通入空气的体积，也可以叫通风比。它的大小与氧的传递和其他控制参数有关。一般控制在 $0.5 \sim 1.0 L \cdot L^{-1} \cdot min^{-1}$。

6）黏度

黏度大小可以作为细胞生长或细胞形态的一项指标，也能反映发酵罐中菌丝分裂过程的情况，通常用表观黏度表示。它的大小可改变氧传递的阻力，又可表示相对菌体浓度。

7）泡沫

泡沫是发酵醪中具有表面活性蛋白类物质，在通气条件下形成的。泡沫是一种胶体体系。一般分为：面上泡沫，分布在醪液上面，气液界面明显，气相比例大；面下泡沫，又称流态泡沫，分布在醪液中，气液界面不明显，体系稳定。泡沫产生，会减少发酵罐工作体积，引起醪液逃液；降低溶氧，减少氧传递系数；引起污染，严重时会导致倒罐。

发酵醪液中泡沫的控制主要通过以下方法：

（1）调整培养基成分。

避免或减少使用易起泡沫的培养基成分；改善发酵工艺，采用分批补料方法发酵；改变发酵的部分物理化学参数，如温度、pH 值、通气和搅拌。

（2）机械消泡。

消泡机理：靠机械强烈振动、压力的变化，促使气泡破裂，或借机械力将排出气体中的液体加以分离回收。

优点：节省原料，减少由于消泡剂所引起的污染机会。

缺点：需要一定的设备和消耗一定的动力；不能从根本上消除引起泡沫的因素。

机械消泡方式又分为：

① 罐内消泡：包括耙式消泡浆的机械消泡；旋转圆板式的机械消泡；流体吹入式消泡；气体吹入管内吸引消泡；击反射板消泡；碟片式消泡器的机械消泡等。

② 罐外消泡：包括离心式消泡；偏心刮板式消泡器；喷雾消泡；旋风分离器消泡等。

图 1-8 所示的离心式消泡器装于排气口上，夹带液沫的气流以切线方向进入分离器中，由于离心力的作用，泡沫被甩向器壁，经回流管返回发酵罐，气体则自中间管排出。此种分离器只能分离含有少量泡沫的气体，如果大量泡沫进入器中，分离器就会失去作

用。对于小泡沫，不能全部破碎分离，消泡作用不够完全。

偏心刮板式消泡器如图1-9所示。设备由刮板、轴承、外壳、气液进口、回流口、气体出口组成。刮板的中心与壳体中心有一偏心距。工作原理是，刮板旋转时使泡沫产生离心力被甩向壳体四周，受机械冲击而达到消泡作用。

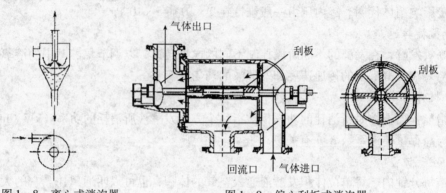

图1-8 离心式消泡器   图1-9 偏心刮板式消泡器

（3）化学消泡。

优点：来源广泛、消泡效果好，作用迅速可靠，用量少，容易实现自动控制。

化学消泡机理：消泡剂表面张力低，使气泡膜局部的表面张力降低，使得平衡受到破坏以达到消除泡沫的目的。

一般消泡剂种类有：天然油脂、高碳醇、脂肪酸和酯类、聚醚类、硅酮类等。

天然油脂类：包括豆油、玉米油、棉籽油、菜子油和猪油等；

聚醚类：GP型聚合物（氧化丙烯和甘油聚合而成，亲水性差）；GPE型聚合物（氧化丙烯、环氧乙烷和甘油聚合而成，亲水性好，又称泡敌）。

硅酮类：聚硅油，适用于微碱性的细菌发酵。

高碳醇、脂肪酸和酯类：适用于霉菌发酵。

消泡剂的选择和使用，一般根据实际生产来确定。

2.6.2 化学参数

发酵过程中的化学参数包括 pH 值、溶解氧、氧化还原电势、二氧化碳溶解氧、排气组分（二氧化碳、氧气）和溶液成分（总糖、总氮、各种无机离子等），它们中有些可以直接在线检测，如 pH 值、溶解氧和排气组分，而有些则不能或难以在线检测。各种化学参数的测量方法和意义见表1-5。其中 pH 值和溶解氧等对发酵的影响较大。

表1-5 各种化学参数的测量方法和意义

名称	测定方法	意义和主要功能
酸碱度/pH 值	pH 值传感器	反映菌体的代谢情况
溶解氧/mg·L^{-1}	溶解传感器	反映氧的供给和消耗情况
排气氧浓度/Pa	氧传感器	了解氧的消耗情况
氧化还原电势/mv	电势传感器	反映菌体的代谢情况

续表

名称	测定方法	意义和主要功能
排气二氧化碳/%	红外吸收	了解菌体的呼吸情况
氨基酸浓度/mg·mL^{-1}	取样测定	了解氨基酸的变化情况
总糖和还原糖/g·L^{-1}	取样测定	了解糖的变化和消耗情况
前体或中间体/mg·mL^{-1}	取样测定	了解产物合成情况
无机盐浓度（Fe^{+2}、NH_4^+）/mol 或%	取样测定	了解无机离子对发酵的影响

其中主要的化学参数有下列几种：

1）基质浓度

这是发酵液中糖、氮、磷等重要营养物质的浓度，它们的变化对产生菌和产物的合成有着重要影响，也是提高代谢产物质量的重要控制手段。因此，在发酵过程中，必须定时测定糖（还原糖和总糖）、氮（氨基酸或氨氮）等基质的浓度。

2）发酵液 pH 值

发酵液的 pH 值是发酵过程中各种生化反应的综合反映，它是发酵工艺控制的重要参数之一。pH 值的高低与菌体的生长和产物合成有着重要的关系。

在发酵过程中，发酵液的 pH 值影响微生物的生长和代谢途径。pH 值过高、过低都会影响微生物的生长繁殖及代谢产物的积累。控制 pH 值不但可以保证微生物良好的生长，而且可防止杂菌污染。一般采用分段控制的方法。通常采用氨水流加法或尿素流加法调节发酵液 pH 值，也可通过调整培养基成分或加入缓冲溶液（如磷酸盐）来控制 pH 值。

3）溶解氧

工业微生物发酵多数是好氧发酵。溶解氧是好氧菌发酵的必备条件。发酵过程中溶解氧浓度的大小和氧的传递速率及产生菌的摄氧率有关。它可以了解产生菌对氧利用规律，指示发酵的异常情况，作为发酵中间控制的参数及设备供氧能力的指标。因此，发酵液中溶氧浓度的控制是非常重要。一般把满足微生物呼吸的最低氧浓度称为临界溶氧浓度。在临界氧浓度以下，微生物的呼吸速率随溶解氧浓度降低而显著下降。氧是难溶气体，在25℃和105Pa 时，氧在纯水中的溶解度为 0.25mol/m³。但发酵液中每小时培养液中的需氧量是溶解量的 750 倍。所以，在发酵过程中必须通入大量的灭菌空气。如果中断供氧，菌体会在几秒钟内耗尽溶氧，菌体的呼吸将会受到强烈抑制。工业生产中，一般通过调节通气量、搅拌速度和增加罐压等方法来控制溶氧量。

2.6.3 生物参数

发酵过程中的主要生物学参数包括生物量、细胞数、细胞形态和大小、生物素、酶活性、辅酶、ATP、ADP、AMP、蛋白质、核酸、细胞活力等，它们一般不能在线检测。各种生物学参数的测量方法和意义见表 1-6。

表 1-6　各种生物学参数的测量方法和意义

名称	测量方法	意义和主要功能
菌体浓度/g·L^{-1}	取样测定	了解菌体的生长情况

续表

名称	测量方法	意义和主要功能
菌体中 RNA、DNA/mg·g^{-1}	取样测定	了解菌体的生长情况
菌体中 ATP、ADP、AMP/mg·g^{-1}	取样测定	了解菌体的能量代谢情况
菌体中 NADH/mg·g^{-1}	在线荧光法	了解菌体的合成能力
菌体中蛋白质/mg·g^{-1}	取样测定	了解菌体生长和产物情况
效价或产物浓度/g·L^{-1}	取样测定	了解菌体的合成情况
细胞形态	取样测定	了解菌体的生长情况

其中主要的生物参数有：

1）菌丝形态

丝状菌发酵过程中菌丝形态的改变是生化代谢变化的反映。一般都以菌丝形态作为衡量种子质量、区分发酵阶段、控制发酵过程的代谢变化和决定发酵周期的依据之一。

2）菌体浓度

菌体浓度的大小和变化速度对菌体的生化反应都有影响，因此测定菌体浓度具有重要意义。菌体浓度与材料及供氧工艺等都有关系，掌握了菌体干重，即可决定合适的补料量和供氧量，以保证生产达到预期的水平。菌体浓度与培养液的表观黏度有关，间接影响发酵液的溶解氧浓度。

3）脱氧核糖核酸（DNA）

DNA 是细胞生长的基本物质。以 DNA 为参数可以清楚地区分发酵的各个阶段。有人认为 DNA 是发酵动力学研究中正确反映细胞生长的参数。

根据发酵液的菌体量和单位时间的菌体浓度、溶氧浓度、糖浓度、氮浓度和产物浓度等变化值，即可分别算出菌体的生长速率、氧化消耗速率、糖化消耗速率、氮化消耗速率的产物生成速率。这些参数也是控制生长菌的代谢，决定补料和供氧工艺条件的主要依据，多用于发酵动力学研究中。

4）生长因子

某些微生物不能从普通的碳源、氮源合成，而需要另外加入少量来满足生长需要的有机物质，称为生长因子。包括一些氨基酸、维生素、嘌呤等。而以糖质为碳源的谷氨酸产生菌几乎都是生物素缺陷型菌株，发酵时均以生物素为生长因子。在实际生产中常添加玉米浆、麸皮水解液、糖蜜等作为生长因子来源。当生物素缺乏时，菌种生长很缓慢；当生物素过量时，则转化为乳酸。一般将生物素控制在亚适量条件下，才能得到高产量的谷氨酸。

2.7 谷氨酸发酵液的提取与精制

谷氨酸发酵液的预处理和菌体分离是发酵工程下游工程的第一步。通过预处理来改变发酵液的性质，除去部分可溶性杂质和悬浮物，以利于发酵液后续的提取和精制工序操作。

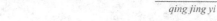

2.7.1 发酵液的预处理

1）发酵液的特性

（1）谷氨酸发酵液中产物浓度较低，一般只含有 10% 左右谷氨酸，90% 都是水；

（2）发酵液中的悬浮固形物主要是培养基残留、无机盐、菌体和蛋白质的胶状物。它们不仅使发酵液粘度增加，不利于过滤，同时也增加了提取和精制工序的操作难度。

（3）发酵液中除了产物谷氨酸外常有其他少量的副产物如乳酸、谷氨酰胺等。有的其结构特性与谷氨酸近似，这都会给分离提纯操作带来困难。

2）发酵液的预处方法

根据谷氨酸发酵液的这些特性，一般要对发酵液进行预处理。发酵液的预处理包括以下几个方面：

（1）加热处理。

由于加热可能使某些热敏感性蛋白质发生不可逆的变性，因此这种预处理方法仅适用于对非热敏性产品的预处理。适当加热之后，发酵液中的蛋白质由于变性而凝聚，形成较大的颗粒，发酵液黏度就会降低，一般加热温度为 65 ~ 80℃。

（2）调节 pH 值处理。

适当的 pH 值可以提高产物的稳定性，减少其在随后分离纯化过程中的损失。此外，发酵液 pH 值改变会影响发酵液中某些成分的电离程度，从而降低发酵液粘度。在调节 pH 值时要注意选择比较温和的酸、碱，以防止局部过酸或过碱。草酸是一种较常用的 pH 值调节剂，通过调节发酵液的酸碱度可使钙、镁及一些重金属离子作为不溶性盐而去除掉。同时，通过调节发酵液的 pH 值达到等电点方法还可除去杂质蛋白。

（3）加入絮凝剂处理。

通常情况下，细菌表面都带有负电荷，可以在发酵液中加入带正电荷的絮凝剂，从而使菌体细胞与絮凝剂结合形成絮状沉淀，降低发酵液的粘度，利于菌体分离。

2.7.2 谷氨酸的提取

谷氨酸发酵液经过预处理后，液体体积很大，产物浓度仍然很低，需要进一步的提取。提取目的主要是纯化、浓缩发酵液。以下介绍常用的提取方法。

1）等电点法

（1）等电点原理。

等电点法主要用于一些两性电解质的产物提取。氨基酸是两性电解质，在溶液中可离解为阳离子（RNH_3^+）和阴离子（R^-CCO^-），两种离子的浓度随溶液 pH 值变化而变化。在酸性条件下，即 pH 值 <3.22 时，α - 羧基的电离受抑制，谷氨酸主要以阳离子形式存在，带正电荷；当 pH 值 >3.22 时，谷氨酸主要以阴离子形式存在，带负电荷；当 pH 值在 3.22 时（即等电点 P1），谷氨酸净电荷为零，呈电中性，而此时其溶解度最小，会从溶液中析出，通过过滤、离心分离等可提取出谷氨酸。如图 1 - 10 所示。

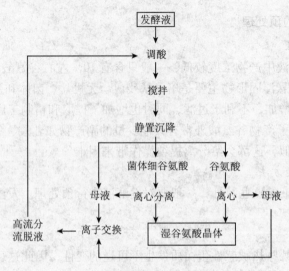

图 1 - 10　等电点法提取谷氨酸流程

（2）等电点提取工艺。

谷氨酸含量：用等电点法提取谷氨酸时，要求谷氨酸含量在 4% 以上，否则可以先浓缩或加晶种后，再提取。

结晶温度及降温速度：谷氨酸的溶解度随温度降低而降低，为了利于形成 α - 型晶体，温度要低于 30℃，且降温速度要慢。

加酸：加酸主要为了调节溶液 pH 值至等电点，在操作时前期加酸稍快，中期晶核形成前要缓，后期加酸要慢，直至降至等电点。

投晶种与育晶：加入一定量晶种，有利于提高谷氨酸收率。通常谷氨酸含量 5% 左右，pH 值 4.0 ~ 4.5 时加入晶种；谷氨酸含量在 3.5% ~ 4.0%，pH 值为 3.5 ~ 4.0 时投放晶种，投放量约为发酵液的 0.2% ~ 0.3%。

搅拌：在结晶过程中，搅拌有利于晶体的长大，但也不宜过强烈，否则还会使晶体破碎，一般以 20 ~ 30r/min 为宜。

离心分离：谷氨酸发酵液经等电搅拌后，静置 4 ~ 6h，谷氨酸晶体大多沉淀在设备底部，上清液（母液）再回收利用，而底部的固形物通过离心的方法得到谷氨酸粗品。

2）不溶盐法

在发酵液中加入盐酸使氨基酸成为氨基酸盐酸盐析出，再加碱中和到氨基酸等电点，使氨基酸沉淀析出。盐酸盐法提取谷氨酸是利用它与低温浓盐酸溶液不溶，形成谷氨酸盐酸晶体的特性将其分离提纯。其反应方程式为：

$$HOOCCH（NH_2 \cdot HCl）CH_2CH_2COOH + NaOH \longrightarrow HOOCCH（NH_2）CH_2CH_2COOH + NaOH + H_2O$$

将发酵液经一次减压蒸发浓缩和酸性水解，谷氨酸在盐酸溶液中形成谷氨酸盐酸盐，焦谷氨酸和谷氨酰胺水解生成谷氨酸盐酸盐。菌体蛋白质水解成各种氨基酸，残糖被破坏成为腐殖质，经过滤除去。将上述滤液进行二次真空浓缩，然后冷却，在室温 15 ~ 35℃下，冷却结晶 5 ~ 10 天，使谷氨酸盐酸盐自然结晶析出。结晶完全后用真空抽滤法除去结晶中夹杂的滤液。用浓盐酸洗涤，使谷氨酸盐酸盐得到分离提纯。用碱中和至谷氨酸等电点 3.22，使谷氨酸冷却，结晶析出。

3）金属盐法

在发酵液中加入重金属盐，使难溶的氨基酸金属盐沉淀析出，经溶解后再调节 pH 值到氨基酸等电点，使氨基酸沉淀析出。

谷氨酸能与 Zn^{2+}、Ca^{2+}、Cu^{2+} 等金属离子作用，均可生成难溶的金属盐。将沉淀溶解后，通过调节 pH 值到氨基酸等电点，使其析出。目前主要有锌盐和钙盐法。

（1）等电点 – 锌盐法。

发酵液中加入硫酸锌，调节 pH 值至 6.3，使谷氨酸与硫酸锌作用，生成难溶解的谷氨酸锌盐沉淀。然后在酸性条件下，再将沉淀溶解，调节 pH 值 3.22，析出谷氨酸结晶。锌盐法工艺设备简单，操作方便，节约水电。

（2）钙盐法提取谷氨酸。

谷氨酸二钙在 pH 值 10 ~ 12 时，低温下难溶于水，高温下溶解度显著增加。向发酵液中加入石灰，加热过滤除掉菌体和其他凝固物后，冷却得到谷氨酸盐结晶。用纯碱脱钙，制成味精。其工艺流程如图 1 – 11 所示。

图 1 – 11　钙盐法提取谷氨酸工艺流程

2.8　味精的生产

味精的化学名称为谷氨酸钠，它是通过对谷氨酸的进一步加工制得具有特别鲜味的调味品。

2.8.1　味精的生产工艺流程

味精是直接用于食品中的调味品，所以它在谷氨酸生产的基础上还必须通过中和、脱色和除铁等处理，才能制得能食用的谷氨酸钠晶体，其生产工艺流程如图 1 – 12 所示。

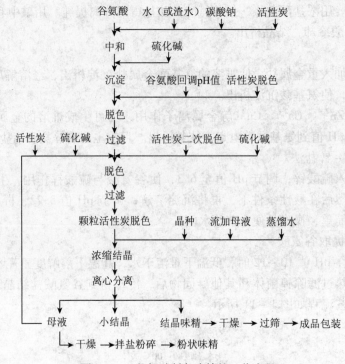

图 1-12　谷氨酸制备味精的工艺流程

2.8.2　味精生产工艺控制

1）中和

将谷氨酸加水溶解，用碳酸钠或氢氧化钠中和，是味精精制的开始。操作中应该使谷氨酸一钠（单钠盐）的生成量最大，所以在中和时，应先加谷氨酸后加碱，开启搅拌，温度控制在65℃左右（低于70℃）中和液浓度21~24Be，pH值6.6~6.8，控制pH值不超过7，否则会形成二钠盐。

2）脱色与除铁

生产上要求经过脱色及除铁后，液体透光率达到90%以上，二价铁离子浓度低于5mg·L^{-1}。从活性炭脱色的角度出发pH值在4.5~5.0范围内脱色效果较好，但此时溶液中还有约40%左右的谷氨酸未生成谷氨酸一钠，会影响收率。因此，实际操作中应该摸索出合适的pH值。依靠Na_2S和Fe^{2+}、Zn^{2+}反应生成沉淀除去，另外还可用离子交换树脂代替Na_2S来除铁。

3）中和液的浓缩和结晶

谷氨酸钠在水中的溶解度较高，在进行结晶前必须浓缩。生产中多采用减压浓缩工艺。操作时，罐内真空度控制在0.075~0.08MPa，温度60℃左右，加热蒸0.1~0.25MPa，夹套加热，当中和液浓缩到29.5~30.5Be时，加入晶种，温度维持在65~70℃。结晶时间在12~20h，析出的晶体可通过离心的方法收集。

4）味精的干燥及包装

离心分离后的晶体还必须经过干燥处理。晶体干燥可采用浮式干燥、气流式干燥等。

干燥后经化验，含量符合国家标准后，配入精盐，真空抽取至混盐器混合15min，取出即为成品。

气流干燥就是把呈泥状、粉粒状或块状的湿物料，经过适当方法使之分散于热气流中，在与热气流并流输送的同时，进行干燥而得到的粉粒状干燥制品的过程。

气流干燥具有以下优点：① 干燥强度大；② 干燥时间短，适用于热敏性或低熔点物料的干燥；③ 热效率高；④ 处理量大；⑤ 设备简单；⑥ 应用范围广。

缺点是：气流速度较高，粒子有一定磨损和粉碎，因此不适用于对成品外形有一定要求的物料或非常粘稠的液体物料，热利用效率较低。

气流干燥器类型很多，目前我国常用的可分为长管式气流干燥器（长10～20m）、短管式气流干燥器（长4m左右）、旋风气流干燥器和短管旋风气流干燥器等。长管式气流干燥味精的流程如图1－13所示。空气被鼓风机抽吸，经过过滤器、空气加热器后，被送入气流干燥管。味精（含水分约4%）经料斗和分配器均匀地由干燥管的下部送入，由热空气流送入干燥管脱水干燥，再经过旋风分离器分离，进入振筛分级得到味精产品（含水约0.2%）。尾气经粉尘回收器回收味精粉末后排入大气。

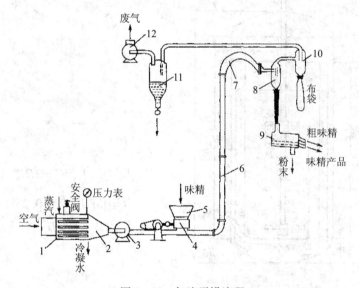

图1－13　气流干燥流程

1—过滤；2—生气加热器；3—鼓风机；4—螺旋分配器；5—料斗；6—气流干燥管；7—缓冲管；8—级旋风分离器；9—振筛；10—二级旋风分离器；11—湿式收集器；12—排风机

2.9　味精生产主要设备

2.9.1　机械搅拌通风式发酵罐

生物反应器，通常是指利用生物催化剂进行生物产品生产的反应装置。它不仅包括传统的发酵罐、酶反应器，还包括采用固定化技术后的固定化器或固定化细胞反应器、动植物细胞反应器等。而发酵工程上所讲的生物反应器，一般是指发酵罐，其作用就是为细胞代谢提供一个优化稳定的物理与化学环境，使细胞能更快更好地生长，得到更多需要的生

物量或者目标代谢产物。发酵工业中常用的是通风式发酵设备，主要包括：机械搅拌式发酵罐、自吸式发酵罐和气升式发酵罐。

对于味精生产过程来说，人们首选的发酵罐就是机械搅拌通风式发酵罐。因为它能适应大多数的生物过程，并能形成标准化的通用产品。通常只有在机械搅拌通风式发酵罐不能满足生物过程时才会考虑使用其他类型的发酵罐。

1）发酵罐的尺寸

机械搅拌发酵罐是借助机械搅拌器的作用，使空气与发酵液得以充分混合，促使氧在发酵液中溶解，以保证微生物生长繁殖。

发酵罐的尺寸要满足适当的比例，其高度与直径之比一般为 1.7 ~ 4 倍。通常发酵罐带两组搅拌器，其间距 S 为搅拌器直径 D_i 的 3 倍。对于大型发酵罐以及液体深度较高的，可安装三组或三组以上的搅拌器。最下面一组搅拌器通常与风管出口较接近为好，与罐底的距离 C 一般等于搅拌器直径 D_i，但也不宜过小，否则会影响液体的循环。常用的发酵罐各部分的比例尺寸如图 1 - 14 所示。

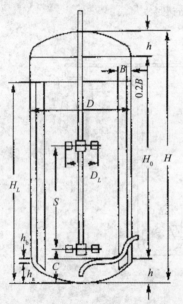

$$D_i = \frac{1}{3}D \quad H_0 = 2D$$

$$B = 0.1D \quad h_a = 0.25D$$

$$S = 3D_i \quad C = D_i$$

图 1 - 14　通用式发酵罐的尺寸

2）发酵罐的结构

机械搅拌通风发酵罐，又称为好气性机械搅拌发酵罐，该发酵罐是密封式受压设备，主要部件包括罐体、搅拌器、轴封、消泡器、联轴器、中间轴承、空气吹泡管（或空气喷射器）、挡板、冷却装置、人孔及管路等。图 1 - 15 所示为常见的机械搅拌发酵罐结构。

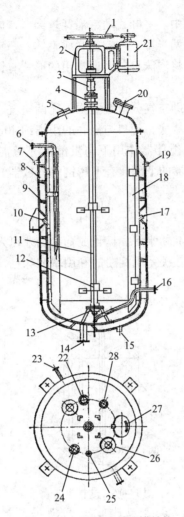

图 1 – 15 通用式发酵罐结构

1—三角皮带；2—轴承支架；3—连轴结；4—轴封；5—窥镜；6—取样口；7—冷水出口；

8—夹套；9—螺旋片；10—温度计；11—轴；12—搅拌器；13—底轴承；14—放料口；

15—冷水进口；16—通风管；17—热电偶；18—挡板；19—压力表接口；20—手孔；

21—电动机；22—排气口；23—取样口；24—进料口；25—压力表接口；26—窥镜；

27—手孔；28—补料口

罐体：罐体一般由碳钢制（或不锈钢）圆柱体及椭圆形封头焊接而成，大型发酵罐可用衬不锈钢板或复合不锈钢制成。工业用发酵罐体积多在 5000L 以上，大至 200000L。罐壁厚度取决于罐径及罐压的大小。在罐顶上的接管有进料管、补料管、排气管、接种管和压力表接管等。在罐身上的接管有冷却水进出管、进气管、温度计管等测控仪表接口。排气管应尽量靠近封头的中心轴封位置，在其顶盖的内面顺搅拌器转动方向装有弧形挡板，可以减少跑料。取样管可装在罐侧或罐顶，视操作方便而定。

挡板和搅拌器：挡板的作用在于改变液流的方向，增加溶解氧，防止溢流，同时也可用于提高搅拌效率，罐内无挡板则可直接影响发酵液的搅拌效率。

常见的搅拌器有平叶式、弯叶式、箭叶式三种，其作用是打碎气泡，使空气与发酵液

均匀接触，使氧溶解于发酵液中。平叶式功率消耗较大，弯叶式次之，箭叶式最小。为了拆装方便，大型搅拌器可做成两半型，用燎栓联成整体。

消泡器：消泡器的作用是将泡沫打破。最常用的形式有锯齿式，其孔径约 $10 \sim 20mm$。消泡器的长度约为直径的 65%。

空气分散装置：发酵罐借助空气分散装置吹入无菌空气，并使空气均匀分布。常用的分充装置为单管式，管口正对罐底，管口与地底的距离约 40mm，这样空气分散效果较好。空气由分布管喷出上升时，在搅拌器作用下与发酵液充分混合。通风罐空气流速大约为 20 m/s 左右。通常在空气分布器的下部装有不锈钢的分散器，以免吹管吹入的空气直接喷击罐底，可延长罐底的寿命。

2.9.2 淀粉水解罐

利用淀粉制味精首要把淀粉水解、糖化成葡萄糖才可发酵利用。因此，淀粉水解在味精生产过程的非常关键，直接关系到淀粉的利用率和味精产率。所以，要对水解罐作一简单介绍。如图 1 - 16 所示。

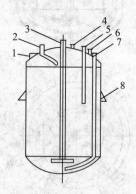

图 1 - 16　淀粉水解罐

1—人孔；2—进料口；3—蒸汽进口；4—放汽口；

5—取样口；6—压力表口；7—排液管；8—罐耳

淀粉水解一般要在 pH 值为 $1 \sim 4$ 条件下进行。所以一般水解罐采用不锈钢制作。锅体为圆筒形，上下封头均为碟形，上封头开有人孔 1，淀粉浆由锅顶管 2 进入，加热蒸汽由管 3 通入到罐下部，该垂直管下端有十字形加热管。管下开小孔。压入粉浆之前需先把罐内不凝性气体由管 4 排出。罐顶设有取样管 5 和压力表接管 6，排液管 7 直通到罐底中心位置，以使液排尽。罐上有四个支架的锅耳 8，用于安装固定罐体。

水解锅容积，根据每罐投料量，燕汽冷凝液量及充满系数来计算，充满系数为 55% ~ 70%。水解罐容积算出后，就可确定其基本尺寸：

$$H = 1.2 D \quad h = 0.25 D$$

式中　H——圆筒部分高度，m；

　　　D——罐简部分的直径，m；

　　　h——上下部球形部分高度，m。

2.9.3 真空结晶罐

味精结晶速度比较快，容易自然起晶，且要求结晶晶体较大的产品，多采用真空结晶罐进行结晶。它的优点是可以控制溶液的蒸发速度和进料速度，以维持溶液一定的过饱和度进行育晶，同时采用连续加入未饱和溶液来补充溶质的量，使晶体长大。

真空结晶罐结构比较简单，是一个带搅拌的夹套加热真空蒸发罐，如图 1 - 17 所示，整个设备可分为加热蒸发室、加热夹套、汽液分离器、搅拌器等四部分。

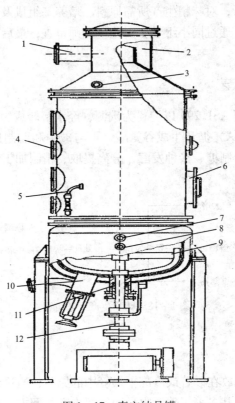

图 1 - 17　真空结晶罐

1—二次蒸汽排除管；2—汽液分离管；3—清洗口；4—视境；5—吸液口；6—人孔；
7—压力表孔；8—蒸汽进口；9—搅拌器；10—卸料阀；11—轴封；12—搅拌轴

加热蒸发室为一圆筒壳体，封底可根据加工条件和设备尺寸大小做成半球形、碟形或锥形。采用半球形容量较大，搅拌动力较省，但加工比较困难。加工后要求设备弧度误差不超过 1cm，以保证搅拌间隙均匀。器身上下圆筒都装有视镜，用以观察溶液的沸腾状况、泡沫夹带的高度、溶液的浓度、溶液中结晶的大小、晶体的分布情况等，同时，罐体还装有人孔，以方便清洗和检修。另外有进料的吸液管、晶种吸入管、取样装置、温度计插管、排气管、真空压力表接管等。罐底装有卸料管和流线型卸料阀，罐底焊有加热夹套，夹套高度通过计算蒸发所需的传热面积而定，夹套宽度 30 ~ 50mm，夹套上装右进蒸汽管，安装于夹套中上部，使蒸汽分布均匀，进口加装挡板。夹套上还装有压力表，不凝气体排除阀和冷凝水排除阀。冷凝水排除阀安装在夹套的最低位置，以防止冷凝水积聚，降低传热系数。

3　制订工作计划

通过工作任务的分析，对味精生产所需原料、培养基组成及发酵工艺已有所了解。在总结上述资料的基础上，通过同小组学生讨论，教师审查，最后制订出工作任务的实施过程和计划。

3.1　确定味精生产工艺

味精是谷氨酸生产菌 AS1.299 以淀粉为碳源，经水解转成为葡萄糖，再经糖酵解途径（EMP）和己糖磷酸（TCA）循环生成谷氨酸，再与碱中和而制成。其生产的工艺过程包括菌种的扩大培养、淀粉制糖、接种发酵、分离提取、精制加工等过程。生产工艺流程如图 1 - 18 所示。

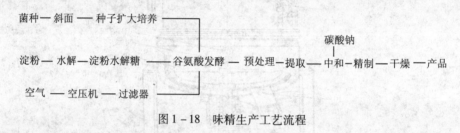

图 1 - 18　味精生产工艺流程

3.2　斜面种子制备

种子斜面培养，是把放在砂管或冷冻干燥管中的原种，通过斜面培养进行复壮、活化的过程。细菌的斜面培养基多采用碳源限量而氮源丰富的配方，牛肉膏、蛋白胨常用作有机氮源。

（1）斜面培养基组成：葡萄糖 0.1%，牛肉膏 1.0%，蛋白胨 0.5% ~ 1.0%，NaCl 0.5%，琼脂 2.0%，pH 值 7.0 ~ 7.2。

（2）培养条件：于 32 ~ 34℃恒温培养 18 ~ 24h，培养好的菌种斜面在 4℃冷藏。

斜面转接不宜多次移种。一般只移接三次，防自然变异。

（3）培养基特点：原料较精细，营养丰富。

3.3　菌种的扩大培养

由于工业生产规模的增大，发酵所需的种子（纯种培养物）量增多。要使小小的微生物在几十小时内完成如此巨大的发酵转化任务，必须具备数量巨大的微生物细胞才行。菌种的扩大培养是发酵生产的第一道工序，该工序又称为种子制备或种子的扩大培养，其目的就是为每次发酵罐的投料提供生产性能稳定、数量充足，而且不被其他杂菌污染和代谢旺盛的种子。图 1 - 19 为一般种子扩大培养的工艺流程。

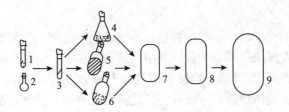

图 1 - 19　种子扩大培养流程

1、2—原种；3—斜面培养；4—摇瓶液体培养；5—茄形瓶斜面培养；

6—固体培养；7——级种子培养；8—二级种子培养；9—发酵罐

3.3.1　一级种子制备

某些孢子发芽和菌丝繁殖速度慢的菌种，需将孢子经过摇瓶培养后再进入种子罐，这就是摇瓶种子（母种）。摇瓶相当于缩小了的种子罐。摇瓶种子培养基要求比较丰富和完全，并易于被菌体分解利用，氮源丰富，有利于菌丝生长。各种营养成分不宜过浓，种子瓶培养基浓度比母瓶略高、更接近种子罐的培养基配方。

（1）一级种子培养基（％）：葡萄糖 2.5，尿素 0.5，$KH_2PHO_40.1$，$MgSO_4 \cdot 7H_2O$ 0.04，pH 值 6.8 ~ 7.0。

（2）培养条件：在 1000ml 三角瓶内装液 200mL，于 30℃、96 ~ 100r/min 摇床振荡培养 12h。

（3）质量要求：菌体光密度 OD≥0.5，残糖≤0.5%；镜检：革兰氏染色阳性，菌体强壮，排列整齐，无杂菌污染。

（4）培养基特点：使用的原料基本接近于发酵培养基。

3.3.2　种子罐二级种子制备

将一级种子接入体积较大的种子罐内，经过培养形成更多的细胞（菌丝），这样制备的种子称为二级种子。将二级种子转入发酵罐内发酵称为三级发酵。

（1）二级种子培养基（％）：水解糖 2.5，玉米浆 2.5 ~ 3.5，$KH_2PHO_40.2$，尿素 0.4 ~ 0.5，$MgSO_4 \cdot 7H_2O0.04 ~ 0.05$，pH 值 6.8 ~ 7.0。

（2）培养条件：接种量 0.5%，温度 32 ~ 33℃，通风量 1:（V/V），视种子罐大小而变动，种龄 7 ~ 9h。

（3）质量要求：菌体光密度 OD≥0.5；镜检：革兰氏染色阳性，菌体强壮，排列整齐，无杂菌污染。

（4）培养基的特点：和一级种子相似，其中葡萄糖用水解糖代替，更接近于发酵培养基。

3.3.3　接种龄与接种量

1）种龄

种子的培养时间称种龄。生产中，一般种龄选在生命力极为旺盛的对数生长期。种龄过于年轻：前期生长缓慢，发酵周期延长；种龄过于年老：导致生产能力衰退。最适种龄应通过实验来确定。

2）接种量

接种量是指移入的种子液体积和接种后培养液体积的比例。发酵罐的接种量大小与菌种特性、种子质量和发酵条件等有关。一般细菌接种量在 1% 左右，霉菌接种量在 10% 左右（7%~15%）。一般一次初糖谷氨酸发酵的接种量以 0.6%~1.7% 为好。种量过多，使菌体生长速度过快，菌体娇嫩，不强壮，易提前衰老自溶，后期产酸不高；如果种量过少，则菌体增长缓慢，会导致发酵时间延长，容易染菌。

近年来，味精生产中，以大接种量和丰富的培养基作为高产措施，得到了普遍应用。

3.4 淀粉水解糖制备

淀粉在高温加酸或酶的作用下，其颗粒结构被破坏，$\alpha-1,4$ 和 $\alpha-1,6$ 糖甘键被切断，使相对分子质量逐渐变小，先分解为糊精，再分解成麦芽糖，最后转化成葡萄糖。总反应式为：

$$(C_6H_{10}O_5)_n + nH_2O \longrightarrow nC_6H_{12}O_6$$

淀粉水解糖的制备方法有酸解法、酸酶法、酶酸法、双酶法四种。

1）酸解法

酸解法是利用无机酸为催化剂，在高温高压条件下，将淀粉水解转化为葡萄糖。该法工艺简单，水解时间短，生产效率高，设备周转快。缺点是水解过程中生成的副产物多，影响糖液纯度，使淀粉转化率降低。采用酸解法生产的糖液，一般 DE 值（葡萄糖值）只有 90% 左右。而且酸解法制葡萄糖对淀粉原料要求严格，不能采用粗淀粉，而要求纯度较高的精制淀粉。目前在工业上应用较少。

2）双酶法

双酶法是用淀粉酶和糖化酶将淀粉水解成葡萄糖的工艺，可分为两步：第一步是液化过程，利用 $\alpha-$淀粉酶将淀粉液化，转化为糊精及低聚糖，使淀粉的可溶性增加；第二步是糖化，利用糖化酶将糊精或低聚糖进一步水解为葡萄糖。采用双酶法水解制葡萄糖副产物少，水解液纯度高，DE 值可达 98% 以上，可以在较高的淀粉浓度下水解，还原糖含量可达到 30% 左右。水解条件温和，不要求设备耐高温、高压、耐酸碱，对原料要求粗放，可使用大米或粗淀粉原料。缺点是生产周期长。味精发酵一般采用此法较多。

目前双酶法制糖是国内外普遍采用的方法，因为糖液质量好（含糖量高，透光率高），淀粉转化率高，有利于发酵和提取。目前透光率 85% 以上，含糖 30% 以上，糖纯度 98% 以上，转化率 95% 以上。

3.5 谷氨酸发酵及参数控制

3.5.1 谷氨酸发酵

谷氨酸生产菌的扩大培养普遍采用二级种子培养。即生产菌经活化、一级种子、二级种子扩大培养后，得到质量、数量符合生产要求的种子液，按确定好的种龄和接种量接入发酵罐中进行发酵操作。工业发酵用培养基组成如下：

发酵培养基组成（%）：水解糖 14~18，玉米浆 0.5~0.6，$MgSO_4 \cdot 7H_2O$ 0.06，KH_2PHO_4 0.2，$FeSO_4$ 0.02，尿素 0.6，$MnSO_4$ 2mg/kg，消泡剂 0.03，pH 值 6.8~7.2。

3.5.2 发酵工艺参数及控制

1）温度控制

温度是影响味精发酵的主要参数。一般采用分段控制的方法。谷氨酸发酵前期，主要是长菌阶段，如果温度过高、菌种易衰老，严重影响菌体生长繁殖。因此，温度控制在谷氨酸最适生长温度 32℃ 左右。在发酵后期，菌体生长基本结束，为了满足大量生成谷氨酸，可适当提高温度，控制在 34~37℃。

发酵温度的控制，一般通过发酵罐的夹套、内置蛇管通水冷却。南方夏季冷却水温较高，可用冷冻盐水降温。

2）pH 值控制

在谷氨酸发酵过程中，发酵液的 pH 值影响微生物的生长和代谢途径。pH 值过高、过低都会影响微生物的生长繁殖以及代谢产物的积累。一般也采用分段控制的方法。在谷氨酸发酵前期如果 pH 值偏低，则菌体生长旺盛，产生谷氨酰胺，即菌体生长而不产酸；如果 pH 值偏高，则菌体生长缓慢，发酵时间拉长，不但影响生产效率，而且易感染杂菌。一般在谷氨酸发酵前期 pH 值控制在 7.5~8.0 较为合适，而在发酵中、后期将 pH 值控制在 7.0~7.6 对提高谷氨酸产量有利。通常采用氨水流加法或尿素流加法调节发酵液的 pH 值。

3）溶氧控制

在谷氨酸发酵过程中供氧过大或过小均对菌体生长和谷氨酸积累有很大影响。在菌体生长阶段，若供氧过量，在生物素限量的情况下，抑制菌体生长，表现为耗糖慢，菌体生长慢。所以发酵前期以低通风量为宜。在发酵阶段，若供氧不足，发酵的主产物由谷氨酸转变为乳酸，所以发酵中、后期以高通风量为宜。工业生产中，一般通过调节通气量、搅拌速度和增加罐压等方法来控制溶氧量。

4）泡沫控制

谷氨酸发酵中泡沫的控制主要通过以下方法：

（1）采用分批补料方法和流加尿素、氨水等，改变发酵的部分物理化学参数。

（2）采用耙式消泡浆的机械消泡；旋转圆板式的机械消泡。

（3）采用流加豆油、玉米油或 GPE 型聚合物消泡剂。

3.6 谷氨酸的提取精制

谷氨酸发酵液经过预处理后，液体体积很大，产物浓度仍然很低，需要进行进一步的提取。一般采用等电点提取工艺（工艺流程见图 1-10）。采用等电点法提取谷氨酸时，要求谷氨酸含量在 4% 以上，否则可先浓缩或加晶种后，再提取。

3.6.1 加酸

加酸主要为了调节溶液 pH 值至等电点，在操作过程中前期加酸稍快，中期晶核形成前要缓，后期加酸要慢，直至降至等电点。

3.6.2 投晶种与育晶

加入一定量晶种，有利于提高谷氨酸收率。通常谷氨酸含量在 5% 左右、pH 值 4.0~

4.5 时加入晶种；若谷氨酸含量在 3.5% ~ 4.0%，pH 值 3.5 ~ 4.0 时投放晶种，投放量约为发酵液的 0.2% ~ 0.3%。

3.6.3 搅拌

在结晶过程中，搅拌有利于晶体的长大，但也不宜过强，否则会使晶体破碎，一般控制在 20 ~ 30r·min⁻¹ 为宜。

3.6.4 结晶温度及降温速度

谷氨酸的溶解度随温度降低而降低，为了利于形成 α - 型晶体，一般控制温度要低于 30℃，且降温速度要慢。

3.6.5 离心分离

谷氨酸发酵液经等电点搅拌后，静置 4 ~ 6h，谷氢酸晶体大多沉淀在设备底部，上清液（母液）再回收利用，而底部的固形物通过离心分离的方法得到谷氨酸粗品。

3.7 味精生产

味精是在谷氨酸生产的基础上通过中和、脱色和除铁等处理，才能制得能食用的谷氨酸钠晶体。其生产工艺流程如图 1 - 12 所示。

3.7.1 中和

将谷氨酸加水溶解后，用碳酸钠或氢氧化钠溶液中和，这是味精精制的第一步。操作中应该使谷氨酸一钠（单钠盐）的生成量最大，所以在中和时，应先加谷氨酸后加碱。开启中和罐的搅拌，温度控制在 65℃ 左右（低于 70℃）中和液浓度 21 ~ 24Be，pH 值为 6.6 ~ 6.8，控制 pH 值不超过 7，否则形成二钠盐。

3.7.2 脱色与除铁

生产上要求经过脱色及除铁后，液体透光率达到 90% 以上，二价铁离子浓度低于 5mg·L⁻¹。从活性炭脱色的角度出发 pH 值在 4.5 ~ 5.0 范围内脱色效果较好，但此时溶液中还有约 40% 左右的谷氨酸末生成谷氨酸一钠，会影响收率。因此，实际操作中应该摸索出合适的 pH 值。依靠 Na_2S 和 Fe^{2+}、Zn^{2+} 反应生成沉淀除去，另外还可用离子交换树脂代替 Na_2S 来除铁。

3.7.3 中和液的浓缩和结晶

谷氨酸钠在水中的溶解度较高，在进行结晶前必须浓缩。生产中多采用减压浓缩工艺。操作时，罐内真空度 0.075 ~ 0.08MPa，温度 60℃ 左右，加热蒸汽 0.1 ~ 0.25MPa，夹套加热。当中和液浓缩到 29.5 ~ 30.5Be 时，加入晶种，温度维持在 65 ~ 70℃，结晶时间 12 ~ 20h，析出的晶体可通过离心分离来收集。

3.7.4 味精的干燥及包装

离心分离后的晶体还必须经过干燥处理。一般味精干燥采用气流式干燥等。气流式干燥流程如图 1 - 13 所示。干燥后经化验含量符合国家标准后，配入精盐，真空抽取至混盐器混合 15min，取出即为成品。

4 工作任务实施

通过前面对工作任务的分析和计划制订，已经对生产味精生产的原料、培养基组成、灭菌技术以及生产味精生长工艺过程等基本知识有了解和掌握。下面就味精生产的实际工作任务的实施进行阐述。

4.1 灭菌操作

4.1.1 空罐灭菌

空消前对主要阀门（接种阀、进料阀、放料阀）进行检查。同时连续送蒸汽升压。待大罐压力升到 0.2MPa、120℃时进行排污。排污完毕，压力 0.2MPa 计时 40min，空消过程中各阀门要充分排汽，原则是罐上所有管道蒸汽不进就出，不留死角。空消完毕，罐内、外层蒸汽阀排污，等罐压压力 0.03MPa 时，及时换风。关闭各阀门，保压 0.08MPa 待进料。

4.1.2 实罐灭菌

实消时先将配好的培养基从配料池输入发酵罐中，搅拌打散团块，然后密闭。打开出料管、进风管和取样管三路连续通入高压蒸汽。当有蒸气冒出时，将排气阀逐渐关小，待罐温上升到 120℃，罐压维持在 0.1MPa（表压）并保温 20min 左右。加入 Na_2HPO_4、$KC1$，再进糖蜜、玉米浆等。进料毕前 20min 加入 $MgSO_4$、$MnSO_4$，最后进部分清水冲刷螺旋板式换热器和连消管道。进料完毕，用蒸汽将料全部吹入罐内。灭菌结束后迅速关闭部分排气阀和全部进气阀，待罐压低于分过滤器空气压力时，通入无菌空气保压，同时冷却降温到接种温度。

4.2 菌种的扩大培养

谷氨酸生产菌的扩大培养普遍采用二级种子培养。

4.2.1 斜面种子制备

斜面培养基组成（%）：葡萄糖 0.1，牛肉膏 1.0，蛋白胨 0.5～1.0，NaCl 0.5，琼脂 2.0，pH 值 7.0～7.2。

培养条件：于 32～34℃恒温培养 18～24h。培养好的菌种斜面在 4℃冷藏。

4.2.2 一级种子制备

一级种子培养基中各种营养成分不宜过浓，子瓶培养基浓度比母瓶略高、更接近种子罐的培养基配方。一级种子培养基（%）：葡萄糖 2.5，尿素 0.5，KH_2PHO_4 0.1，$MgSO_4 \cdot 7H_2O$ 0.04，pH 值 6.8～7.0。

培养条件：在 1000mL 三角瓶内装液 200mL，于 30℃，96～100r/min 摇床振荡培养 12h。

质量要求：菌体光密度 OD≥0.5，残糖≤0.5%，镜检：革兰氏染色阳性，菌体强壮，排列整齐，无杂菌污染。

4.2.3 二级种子制备

二级种子培养基（%）：水解糖 2.5，玉米浆 2.5~3.5，KH_2PHO_4 0.2，尿素 0.4~0.5，$MgSO_4 \cdot 7H_2O$ 0.04~0.05，pH 值 6.8~7.0。

培养条件：接种量 0.5%，温度 32~33℃，通风量 1:0.5（V/V），视种子罐大小而变动，种龄 7~9h。

质量要求：菌体光密度 OD≥0.5，镜检：革兰氏染色阳性，菌体强壮，排列整齐，无杂菌污染。

4.3 发酵及参数操控

味精是谷氨酸生产菌以葡萄糖为碳源，经糖酵解途径（EMP）和己糖磷酸（TCA）循环生成谷氨酸，再与碱中和、精制而制成。其生产工艺过程包括菌种的扩大培养、淀粉制糖、接种发酵、分离提取、精制加工过程，如图 1-20 所示。

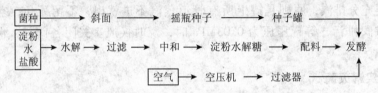

图 1-20 谷氨酸发酵流程

4.3.1 水解和糖化工段

淀粉在 α-淀粉酶的作用下，其 α-1，4 和 α-1，6 糖甘键被切断将淀粉液化，转化为糊精及低聚糖，使淀粉的可溶性增加；再利用糖化酶将糊精或低聚糖进一步水解为葡萄糖。目前水解糖液的透光率可达到 85%，含糖 30%，糖纯度 98%，转化率在 95% 以上。

一般糖化控制操作条件：

（1）水解液 pH 值 4.2±0.1；

（2）温度 60±1℃，为防止糖焦化，用热水循环保温；

（3）糖化酶用量 150U/g 淀粉，糖化酶越少，副反应越少，且可溶性蛋白越少；

（4）糖化时间 32~40h，糖化时间增长可以达到较高的 DE 值；

（5）当用无水酒精检验无糊精存在时，糖化结束，然后将 pH 值 4.2±0.1 调节到 pH 值 4.8~5.0，并加热至 70~80℃，维持 15min。

4.3.2 过滤工段

经过糖化后的水解糖液内还含有很多不溶性杂质和杂质蛋白。加入发酵罐前应该进行过滤操作，除去杂质。一般过滤工段控制条件为：

① 过滤前将料液冷却至 65~70℃；

② 过滤时所有板框压滤机同时使用。滤布为两套，以减少过滤及贮糖时间；

③ 过滤时通过调节回流，使过滤压力线性增加。为了减少滤液中的悬浮物及缩短过滤时间，过滤压力不能超过 2MPa。过滤困难时，可以通蒸汽，以疏通滤渣；

④ 为防止糖液变质，在糖化料液过滤完成时清洗糖化罐，洗液也要用泵去过滤；

⑤ 过滤结束后用热水洗涤板框，温度 65～70℃，用水量为 1.65～2.0t/m³ 板框空隙体积；

⑥ 过滤洗涤后，用风将滤渣吹干；

⑦ 贮糖时间不宜过长，发酵什么时间用糖，什么时间过滤；并且糖液在贮存时，维持在 60℃ 以上，糖液加入发酵罐后，糖化计量罐要清洗干净，洗液排掉。

4.3.3 接种

谷氨酸发酵的接种量以 0.6%～1.7% 为好。把种子罐中培养合格的种子，移入发酵罐，大罐压力 0.05MPa，接种完毕，先关种子罐保压阀，再关接种阀。

4.3.4 发酵运转

发酵罐接种后就可以进行发酵操作。运转过程随时注意泡沫情况，按少量多次原则加消泡剂。认真操作，杜绝任何操作失误。

1）温度控制

谷氨酸发酵前期，温度控制在 32℃ 左右。在发酵后期，可适当提高温度，控制在 34～37℃。

发酵温度的控制，一般通过发酵罐的夹套、内置蛇管通水冷却。南方夏季，冷却水温度高，可用冷冻盐水降温。

2）pH 值控制

在谷氨酸发酵前期 pH 值控制在 7.5～8.0；而在发酵中、后期将 pH 值控制在 7.0～7.6。通常采用氨水流加或尿素流加来调节发酵液 pH 值。

3）溶氧控制

工业生产中，一般通过调节通气量、搅拌速度和增加罐压等方法来控制溶氧量。罐压控制通常控制在 0.05～0.1MPa，以防止外界的不洁空气进入造成染菌。

4）生长因子控制

在生产中常添加玉米浆作为生长因子来源。一般将生物素控制在亚适量条件下，才能得到高产量的谷氨酸。

5）泡沫控制

谷氨酸发酵中泡沫的控制主要通过以下方法：

（1）机械消泡。

一般通过在搅拌轴上方安装消泡浆来消除液面上泡沫。

（2）化学消泡。

为配合机械消泡，提高消泡效果，一般还可以通过添加少量的消泡剂来消泡。常用的消泡剂有豆油、玉米油。要遵循少量多次添加消泡剂原则。

4.4 谷氨酸的提取

4.4.1 等电点提取

用等电点法提取谷氨酸时，要求发酵液中谷氨酸含量在 4% 以上。当 pH 值 3.22 时（即等电点 P1），谷氨酸净电荷为零，呈电中性，而此时其溶解度最小，会从溶液中析出，通过过滤、离心等可提取出谷氨酸。等电点法提取谷氨酸流程如图 1-10 所示。

提取工艺控制：

1）放罐前，首先检查等电罐盘管是否漏水，各管道、搅拌、阀门开关情况。发酵液放入等电罐应及时开启搅拌并加酸。

2）加酸

在操作时前期加酸稍快，中期晶核形成前要缓，后期加酸要慢，直至降至等电点。当料液 pH 值 5.0 时，应放慢加酸速度并观察晶核形成情况，如发现有新晶核形成后应立即投加晶种。

3）投晶种与育晶

加入一定量晶种，有利于提高谷氨酸收率。通常谷氨酸含量 5% 左右，pH 值 4.0 ~ 4.5 时加入晶种；谷氨酸含量在 3.5% ~ 4.0%，pH 值 3.5 ~ 4.0 时投放晶种，投放量约为发酵液的 0.2% ~ 0.3%。

加晶种温度应控制在 28 ~ 30℃，加晶种后继续加酸，保持 pH 值稳定，待 pH 值稳定后关酸育晶，从投加晶种到关酸育晶时间一般控制在 60min 左右，育晶 2h，育晶温度控制在 26 ~ 28℃。育晶 pH 值 4.0 ~ 4.5。

4）结晶温度及降温速度

谷氨酸的溶解度随温度降低而降低，为了利于形成 α - 型晶体。第一次育晶后，继续降温，下酸至 pH 值 3.0。后停酸继续缓慢降温至 5℃，以 20 ~ 30r · min^{-1} 搅拌 12 ~ 16h。

5）离心分离

谷氨酸发酵液经等电搅拌后，静置 4 ~ 6h，开动离心机分离，分离后及时用 0.5% ~ 1% 漂白粉或 0.5% KMnO$_4$ 溶液清洗等电罐。

等电点法的优点是许多蛋白质的等电点在酸性范围内，而许多无机酸价廉且符合食品标准，因此对于残余的酸，无须除去即可进行下一步纯化操作。但主要缺点是蛋白质对低 pH 值敏感，酸化时可能会引起蛋白质失活。因此，可以和不溶盐法配合使用。

4.4.2 等电点—锌盐法

发酵液中加入硫酸锌，调 pH 值至 6.3，使谷氨酸与硫酸锌作用，生成难溶解的谷氨酸锌盐沉淀。然后在酸性条件下，再将沉淀溶解，调 pH 值至 2.4，析出谷氨酸结晶。锌盐法工艺、设备简单，操作方便，节约水电等。等电点—锌盐法流程如图 1 - 21 所示。

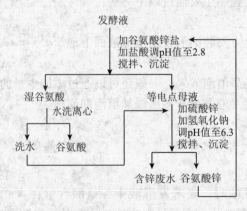

图 1 - 21　等电点—锌盐法流程

4.5 味精生产

味精是直接用于食品中的调味品，所以它在谷氨酸的基础上还必须通过中和、脱色和除铁等处理，才能制得能食用的谷氨酸钠晶体，其生产工艺流程见图 1-12。

4.5.1 中和

将湿谷氨酸以 1:1.5 比例加水配成溶液，并进行蒸汽直接加热，温度不超过 65℃，若温度太高，会产生焦谷氨酸。开启搅拌，温度控制在 65℃ 左右，边搅拌边加入 30% 纯碱溶液，控制 pH 值不超过 7（6.6~6.8），同时加入一定量的活性炭进行第一次脱色。

4.5.2 脱色与除铁

第一次脱色在中和时进行。第二次在 pH 值为 6.9~7.0 时进行，同时加硫化碱进行除铁。取样少许料液于试管中，滴加 105% 硫酸铁溶液，出现黑色沉淀，则除铁完全。操作中由于含有 1/2000 硫化氢的空气会引起中毒，因此要注意车间的通风。

4.5.3 中和液浓缩和结晶

结晶罐先吸入少量水洗净后加入中和脱色液 13000L 作底料。开夹套蒸汽阀加热，进行真空浓缩，罐内真空度 0.075~0.08MPa，温度 65℃ 以下。当罐内浓度达到 31.5Be 时，先开搅拌机，关掉蒸汽，用真空吸入晶种起晶。此时若出现混浊，可将温度提高到 68~70℃，经过一段时间后，晶核有所成长，并有新晶核出现时（伪晶），应加入同温热水进行整晶（加水量由晶形决定），以溶掉形成的伪晶为宜，又要防止晶种深化。结晶时间 12~20h，析出的晶体可通过离心的方法收集。通过装料→离心→水洗→离心→出料。分离后味精含水量在 1% 以下，要达到低于 0.2% 成品，需干燥。

4.5.4 味精的干燥及包装

离心分离后的味精晶体还必须经过干燥处理。由于味精结晶中含有一分子结晶水，在高于 120℃ 就会失水，从而失去鲜味，因此干燥温度需加以控制，以低于 80℃ 为好。一般采用气流式干燥。干燥后经化验，含量符合国家标准后，配入精盐，真空抽取至混盐器混合 15min，取出包装即为成品。

4.6 控制要点

4.6.1 糖化车间

严格控制高温液化喷射器的蒸汽流量与压力，严格控制糖化酶与液化酶的用量与 pH 值，根据环境变化及时调整糖化温度。

4.6.2 发酵车间

严格控制种子同步扩培质量，发酵培养基调配与灭菌质量，发酵过程控制参数。

4.6.3 提取车间

严格控制底料调配参数、连续等电结晶控制参数、母液水解参数、膜过滤控制参数。

4.6.4 精制车间

严格控制底料调配参数、结晶罐中补料速度、加热结晶时间参数。

4.6.5　工段或质量考核指标

1）糖化车间：

色泽：浅黄、杏黄色，透明液；

糊精反应：无；

葡萄糖含量：30% 左右；

透光率：95% 以上；

pH 值：6.5。

2）发酵车间：

产酸率：10% 以上；

糖酸转化率：60% 以上；

发酵时间：36h 以内；

噬菌体感染：无。

3）提取车间

收率：92% 以上；

透光率：50% 以上。

5　工作任务检查

通过同小组的学生互查、讨论，对工作任务的实施过程进行全程检查，最后由教师审查，并提出修改意见，给出合理评价。检查主要内容为：

5.1　原材料及培养基组成

由学生分组讨论，对工作任务实施过程中生产原料的选用，培养基组成和配比以及培养基的混合配制等是否正确进行互查和自查。对检查出的错误要说明原因，并找出改正的方法和措施。由指导老师审核，并给出评价。

5.2　培养基及发酵设备的灭菌

每一小组的学生都要对培养基、设备管道和空气的灭菌的实施过程进行检查、互查。指导教师根据学生的检查情况，要对空消、实消和空气灭菌的工艺过程逐一进行审查和评价。特别是对生产过程中是否发生杂菌污染、溢料等情况进行审查。

5.3　种子的扩大培养和种龄确定

由同小组的学生对生产菌种扩大培养条件、种龄、接种量和发酵级数等实施过程进行互查和讨论，并对方案实施过程中出现的问题提出改进意见，由指导教师审查。

5.4　发酵工艺及操控参数的确定

让学生结合工作任务实施的发酵工艺和设备，对味精发酵设备的选用、发酵方式以及发酵温度、pH 值、通气量和消泡剂等发酵参数的调控进行检查和讨论，并对方案实施过程中出现的问题提出改进意见，由指导教师审查后提出修改意见，并进行评价。

5.5 提取精制工艺

针对味精发酵液的特性，让同小组学生对味精料液在预处理方法、等电点和不溶盐中和等提取工艺以及浓缩、结晶、干燥等生产过程的实施情况进行互查和讨论。要对本工作任务实施过程中的不足提出改正意见，指导教师要对学生的检查和修改意见进行审查和评价。

5.6 产品检测及鉴定

对工作任务实施结束后，要对生产的味精产品进行检测和鉴定。主要包括对产品产量、收率和质量进行检查。其中产品质量检测以国家标准 GB/T 8967—2000《谷氨酸钠质量标准》为准。

检验项目：产品感官、重量、收率，谷氨酸钠、铅、砷、锌的含量。其中谷氨酸钠、铅、砷、锌的含量的检验依据为：GB/T 8967—2000《谷氨酸钠质量标准》。见表 1 – 7。

表 1 – 7　谷氨酸钠质量标准

项目　指标	99% 味精	95% 味精	90% 味精	80% 味精
谷酸钠 ≥%	99	95	90	80
透光率 ≥%	98	95	92	89
氯化物（以 NaCl 记)%	0.11	5.0	10.0	20.0
干燥失重 ≤%	0.5	0.5	0.7	0.9
铁 ≤mg/kg	10			
硫酸盐（以 SO_4^{2-} 记）≤%	0.03			
锌 ≤mg/kg	5			
砷（以 As 记）≤mg/kg	0.5			
重金属（以 Pb 记）≤mg/kg	10			

总之，通过对工作任务的检查，让学生发现在味精这一生产任务的实施过程中出现的问题、错误以及取得的成绩，有利于学生在今后实际工作中改进和完善，提高其岗位操作、处理问题的综合技能。教师通过对工作任务的检查，进行工作任务评价。

6 工作任务评价

根据每个学生在工作任务完成过程中的表现以及基础知识掌握等情况进行任务评价。采用小组学生之间和不同小组之间互评，由指导教师根据量化的评分标准给出最终评价。本情境总分 100 分，其中理论部分占 40 分，生产过程及操控部分占 60 分。

6.1　理论知识（40 分）

依据学生在本工作任务对上游技术、发酵和下游技术方面理论知识的掌握和理解程度，每一步实施方案的理论依据的正确与否进行量化。以小组学生之间互评为依据，由指导教师给出最终评分，必要时可通过理论试卷考试。

6.2　生产过程与操控（60 分）

6.2.1　原料识用与培养基的配制（10 分）

① 碳源、氮源及无机盐、生长素的选择是否准确；② 称量过程是否准确、规范；③ 加料顺序是否正确；④ 物料配比和培养基制作是否规范、准确。

6.2.2　培养基和发酵设备的灭菌（10 分）

在味精生产以前，学生必须对培养基、设备、管道和通入的空气进行灭菌，确保发酵过程中无杂菌污染现象。因此，指导教师要对空消、实消顺序、灭菌方法等环节对学生作出评分，根据检测结果进行最终评价。

6.2.3　种子的扩大培养（10 分）

根据学生在谷氨酸生产菌种扩大培养过程中的操作规范程度、温度、pH 值、摇床转速或通气量的调控能力，接种消毒操作、接种量和种龄的控制方面由指导教师进行打分。

6.2.4　发酵工艺及参数的操控（15 分）

① 温度控制及温度调节是否准确；② pH 值控制及调节是否准确及时；③ 根据发酵现象调控通气量是否及时准确；④ 泡沫控制是否适当、消泡剂的加入是否及时准确；⑤ 发酵终点的判断是否准确；⑥ 发酵过程中是否出现染菌、溢料等异常现象。

6.2.5　提取精制（10 分）

① 发酵液预处理方法是否正确；② 谷氨酸等电点提取及不溶盐中和提取操作是否正确规范；③ 味精的中和、脱色等生产工艺是否规范、正确；④ 味精料液的浓缩、结晶和湿产品的气流干燥操作是否准确。

6.2.6　产品质量（5 分）

检验项目：产品感官、重量、收率，谷氨酸钠、铅、砷、锌的含量是否达标。

检验依据：GB/T 8967—2000《谷氨酸钠质量标准》。

7　知识拓展

一般发酵产物经过提取、精制后，还必须完成浓缩、结晶以及干燥等单元操作，才能获得质量合格的成品。下面主要介绍发酵液的浓缩、结晶和干燥过程。

7.1 浓缩

浓缩是将低浓度溶液通过除去一定量的溶剂，转化为高浓度溶液的过程。浓缩通常在发酵液提取前后和结晶前进行，有时贯穿于整个发酵产品提取过程。常用的浓缩方法有以下四种。

7.1.1 蒸发浓缩法

蒸发是将稀溶液加热沸腾，使溶液中部分溶剂（通常是水）汽化后除去，从而将溶液浓缩的过程。它常作为下一工序（如结晶、干燥之前）的预处理，以缩小被处理料液的体积，节约能源和操作费用，提高收率。

蒸发设备通常是指创造蒸发必要条件的设备组合，由蒸发器、冷凝器、抽气泵等组成。工业上为了强化蒸发过程，一般采用的蒸发设备都是在沸腾状态下进行。因为液体在沸腾状态下，给热系数高、传热速度高。作为强化蒸发，还可采用真空蒸发。真空蒸发时沸点降低，具有许多优点：如对热敏性物料破坏减小、减少蒸发器所需传热面积、可利用低压蒸汽或废蒸汽作为加热蒸汽等。出于各种溶液性质不同，蒸发要求的条件差别很大，所以选择蒸发器时，必须考虑溶液的耐热性、结垢性、发泡性、结晶性、腐蚀性、黏滞性等。

工业生产应用的蒸发设备类型繁多，分类方式多样，按液体循环方式分为自然循环型、强制循环型、无循环型；按液体在传热面的形状分为膜式和浸液式；按加热器的类型分直接加热型、夹套式、管式、板式等；按蒸发器的压力分为常压和真空蒸发设备。

7.1.2 冰冻浓缩法

冰冻浓缩法常用于工业发酵中生物大分子和具有生物活性的发酵产品浓缩。冰冻时水分子结成冰，而盐类、发酵产品不进入冰内。浓缩时先将浓缩溶液冷却，使之成为固体，然后缓慢融解，利用溶质和溶剂融解点的差别，达到去除大部分溶剂的目的。例如，冰陈法浓缩酶制剂的盐溶液时，纯水结晶浮在液面，而酶在下层溶液，移去上层冰块可得酶浓缩液。

7.1.3 吸收浓缩法

通过吸收剂直接吸收除去溶液中溶剂分子，使溶液浓缩。吸附剂与溶液不起化学反应，对生物大分子、发酵产品无吸附作用，易与溶液分开。吸附剂除去后，可重复使用。实验室中常用的吸附剂有聚乙二醇、蔗糖、激胶等。

7.1.4 超滤浓缩法

超滤是利用特别的薄膜对溶液中各种溶质分子进行选择性过滤。适用于生物大分子发酵产品，特别是酶和蛋白质的浓缩或脱盐，具有成本低、操作方便、条件温和、较好保持生物大分子生理活性、回收率高等优点。

7.2 结晶

结晶是过饱和溶液缓慢冷却（或蒸发）使溶质呈晶体析出的过程。结晶过程具有高度选择性，只有同类分子或离子才能结合成晶体，以此析出的晶体很纯粹。很多发酵产品如

味精、柠檬酸、核苷酸、酶制剂、抗生素等，都是通过结晶方法来制取高纯度产品。

7.2.1 结晶原理

晶体置于未饱和溶液中，会吸附能量而溶解。同时已溶解的固体也会因释放能量而重新结晶析出。溶解与结晶处于动态平衡时的溶液称为饱和溶液。物质的溶解度主要由它的化学性质和溶液性质决定，也与温度有关。溶解度与温度的关系可以用饱和曲线描述。从理论上讲，任何温度下浓度超过饱和曲线，就会有固体溶质析出。但实际上用缓慢冷却方法或移除部分溶剂的方法使溶液微呈过饱和，通常并没有晶体析出，只有达到某种程度的过饱和状态，才会有晶体自然析出。晶体的产生最初是形成极细小的晶核，然后再成长为一定大小的晶体。开始有晶核形成的过饱和浓度与温度的关系用过饱和曲线来描述（如图1-22）。图中实线表示饱和曲线，虚线表示过饱和曲线，各种溶液的过饱和曲线与饱和曲线大致平行，由此把温度—浓度图分成三个区域：

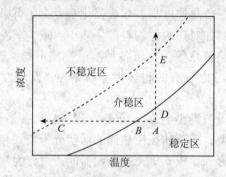

图1-22　饱和曲线与过饱和曲线

（1）稳定区（不饱和区）：不会发生结晶。

（2）不稳定区（过饱和区）：结晶能自发形成。

（3）介稳区：在介稳区与不稳定区之间，结晶不能自动进行，但在介稳溶液中加入晶体，能诱导结晶产生，晶体能生长。这种加入的晶体称为晶种。

溶液在介稳或不稳定区才能结晶，在不稳定区结晶形成很快，易形成大量细小晶体，这是工业结晶所不希望的。为获得颗粒较大、整齐的晶体，通常加入晶种后，把溶液浓度控制在介稳区，在较长时间内晶体在晶种表面慢慢长大。使溶液达到结晶区域，有以下方法：

（1）冷却结晶：将一定浓度溶液冷却到介稳区域以上；

（2）蒸发结晶：将稀溶液加热去除部分溶剂，使浓度达到介稳区域以上；

（3）真空结晶：利用真空使溶液同时冷却和蒸发。

7.2.2 起晶方法

1）自然起晶法

将溶液用蒸发浓缩方法排除大量溶剂，使溶液浓度进入过饱和不稳定区，溶液自然结晶，大量生成晶核。随晶核生成，溶液浓度迅速下降，降至介稳区下部，不再生成晶核，晶体只在已有晶面上长大。自然起晶法起晶迅速，但难以控制晶核数量，而且需要的过饱和浓度较高，耗热多，蒸发时间长。

2）刺激起晶法

溶液以蒸发浓缩法排除部分溶剂，使溶液浓度进入介稳区。再加以冷却从而进入不稳定区，生成晶核，晶核数量达到一定时，改变条件，降低一些温度，进入介稳区，然后再慢慢冷却，同时搅拌使晶体长大。如味精、柠檬酸结晶可采用此法。

3）晶种起晶法

溶液浓缩到介稳区，加一定大小、数量的晶种，缓慢搅拌使晶种均匀悬浮于溶液中。溶液中饱和溶液慢慢扩散到晶种周围，在晶种各晶面上排列，使晶种长大。晶种起晶法操作比较方便，在保持不产生新晶核的条件下，适当提高饱和浓度可增加结晶速度，产品大小均匀，晶型一致。工业结晶过程大多采用此法。

7.3　成品干燥

干燥是利用热能使湿物料中的湿分（水或其他溶剂）汽化而除去。干燥是发酵产品提取过程中最后一个环节。许多发酵产品，如味精、酶制剂、柠檬酸、酵母等，需要进行干燥以除去物料中的水分，使产品便于储存、运输，并防止产品的变性、变质。下面主要介绍工业中常用的干燥方法。

7.3.1　气流干燥

气流干燥就是把呈泥状、粉粒状或块状的湿物料，经过适当方法使之分散于热气流中，在与热气流并流输送的同时，进行干燥而得到的粉粒状干燥制品的过程。此法适用于味精、柠檬酸、葡萄糖等产品的干燥。上面已经讲述，不再重复。

7.3.2　喷雾干燥

喷雾干燥是利用不同的喷雾器，将溶液、乳浊液、悬浊液或浆料喷成雾状，使其在干燥空中与热空气接触，水分被蒸发而成为粉末状或颗粒状的产品。酶制剂粉、酵母粉、链霉素粉及其他药品或各种热敏性物料，多采用喷雾干燥方法。

喷雾干燥具有以下优点：干燥速度快，干燥时间短；干燥过程中液滴的温度不高，产品质量较好；产品具有良好的分散性、流动性和溶解性；生产过程简化，操作控制方便，适宜连续化大规模生产。缺点是：干燥强度较小；干燥设备比较庞大，占地面积较大，设备投资费用较大；热利用率较低，热能消耗较多；废气中回收微粒的分离装置要求较高。

按照喷雾方法不同，喷雾干燥又可分为压力式喷雾干燥、气流式喷雾干燥和离心喷雾干燥。

（1）压力式喷雾干燥：利用喷嘴在高压之下（5.1～20.3MPa）将物料喷成均匀的雾滴。此法不适用于悬浮液的喷雾。

（2）气流式喷雾干燥：利用压缩空气（压强为147～490kPa），通过气流喷雾器而使液体喷成雾状，适用于各种料液的喷雾。气流喷雾干燥器的流程如图 1－23 所示。

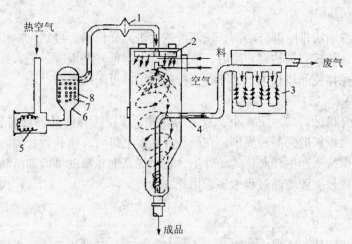

图 1-23　气流喷雾干燥流程

1、6—过浊器；2—空气分配盘；3—袋滤器；4—回风管；

5—电加热器；7—瓷环；8—棉花

（3）离心喷雾干燥：将料液注于急速旋转的喷雾盆上，借助离心力的作用，使料液分散成雾状。此法适用于各种料液的喷雾，应用较广，但功率消耗比压力式喷雾干燥大。离心式喷雾干燥器的流程如图 1-24 所示。

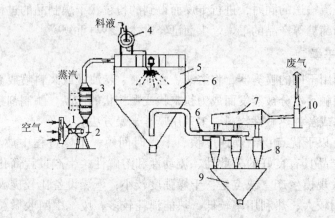

图 1-24　离心喷雾干燥流程

1—空气过滤器；2—离心通风机；3—空气加热器；4—保温罐；5—干燥塔；

6—温度计；7—粉尘回收器；8—旋风分离器；9—料斗；10—离心通风机

7.3.3　冷冻干燥

在冷冻干燥过程中，被干燥的产品首先进行预冻，然后在真空状态下进行升华，使水分直接由冰变成汽而获得干燥。冷冻干燥可以有效地干燥热敏性物料，而不致影响其生物活性或效价。冷冻干燥后物料呈多孔的海绵状结构，保持完整形态、完整的生物活性和溶解度，并可长期保存。缺点是冷冻干燥速率较低，设备复杂，操作要求高，投资和管理耗费较大，使成品的成本较高。

7.4　菌种分离与选育

发酵生产用的菌种,可直接向有关科研单位、高等院校、工厂或菌种保藏部门索取或购买。但很多情况下需要直接从大自然中分离筛选新的微生物菌种或者对原有生产菌株进行人工育种,从而获得性能优良、表达性高、满足特殊要求的生产菌株。

7.4.1　菌种分离与筛选步骤

定方案:查阅资料,了解所需菌种的生长培养特性。

采样:有针对性地多点采集样品。

富集:人为地通过控制养分或培养条件,使所需菌种增殖培养后,在数量上占优势。

分离:利用分离技术得到纯种。

发酵性能测定:需先进行生产性能测定。这些特性包括形态、培养特征、营养要求、生理生化特性、发酵周期、产品品种和产量、耐受最高温度、生长和发酵最适温度、最适pH 值、提取工艺等。下面对菌种的分离、纯化和选育过程进行阐述。

1)采样

采样对象:以采集土壤为主,取地面 5～15cm 的土壤。一般田土和耕作过的沼泽土中,以细菌和放线菌为主,富含碳水化合物的土壤和沼泽地中酵母和霉菌较多,如一些野果生长区和果园内。采样的对象也可以是植物,腐败物品,某些水域等。

采样季节:以温度适中,雨量不多的初秋为好。

采土方式:在选好适当地点后,用小铲子除去表土,取离地面 5～15cm 处的土约10g,盛入清洁的牛皮纸袋或塑料袋中,扎好,标记,记录采样时间、地点、环境条件等,以备查考。为了使土样中微生物的数量和类型尽少变化,宜将样品逐步分批寄回,以便及时分离。

2)富集培养(增殖)

通过配制选择性培养基,选择一定的培养条件来控制无关的微生物,至少是数量上尽量减少无关的微生物。

(1)控制培养基的营养成分:如淀粉琼脂培养基用于丝状真菌增殖。选定糖、淀粉、纤维素或者石油等,以其中的一种为唯一碳源,选择利用这唯一碳源才能大量正常生长的微生物,而淘汰其他微生物。

(2)控制培养条件:

细菌,放线菌:pH 值 7.0～7.5　35～37℃

霉菌,酵母菌:pH 值 4.5～6.0　20～28℃

(3)抑制不需要的菌类。

分离细菌:加入丙酸钠以抑制霉菌,酵母。

分离厌氧菌:加入焦性没食子酸与氢氧化钠反应除氧。

3)纯种分离

将增殖培养效果显著的优势菌种(混杂生长的微生物),进一步控制增殖培养的选择性条件,采用划线分离法、稀释平板分离法等纯化方法获取单菌落。

(1)划线法:简单、快速。

（2）稀释法：在培养基上分离的菌落单一均匀，获得纯种的几率大，适合分离具有蔓延性的微生物。

4）高产菌株的筛选

这一步是采用与生产相近的培养基和培养条件，通过三角瓶进行小型发酵试验，获得适合于工业生产用菌种。

5）毒性试验

自然界一些微生物是在一定条件下产毒的，将其作为生产菌种应当十分小心，尤其与医药、食品工业有关的菌种，更应慎重。据有关国家规定，微生物中除啤酒酵母、脆壁酵母、黑曲霉、米曲霉和枯草杆菌作为食用无须作毒性试验外，其他微生物作为食用，均需通过两年以上的毒性试验。

7.4.2 诱变育种

通过分离、纯化得到的野生型菌株，往往性能较差，达不到生产菌株的要求，通常需要采取各种诱变育种方法，进行人工选育工作。

利用各种物理、化学因素人工诱发基因突变是当前菌种选育的一种主要方法。因为人工诱变能提高突变频率和扩大变异谱，速度快、方法简便。但诱发突变随机性大，必须与大规模的筛选工作相配合。所以诱变育种的主要环节是：

诱变——以合适的诱变剂处理细胞悬浮液；

筛选——用合适的方法淘汰负效应变异株，选出性能优良的正变异菌株。通常我们把能够提高生物体突变频率的物质称为诱变剂。

1）诱变剂的种类与选择

（1）物理诱变剂

如紫外线、X-射线、γ-射线、快中子等。

（2）化学诱变剂

碱基类似物、5-氟尿嘧啶、烷化剂、亚硝基胍和甲基磺酸乙酯等。

化学诱变剂，比物理诱变剂电离辐射有效，而且很经济，但大部分诱变剂是致癌剂，危害较大。

（3）诱变剂的选择

碱基类似物和羟胺具有很高的特异性，恢复突变率高，效果不大。

亚硝酸和烷化剂应用的范围较广，造成的遗传损伤较多。

紫外线仍十分有效。但会造成不可恢复的缺突变，还会影响邻近基因的性能。

2）诱变育种的程序

选择出发菌株→制备菌悬液→前培养（添加嘌呤，嘧啶或酵母膏提高变异率）→诱变（物理诱变，化学诱变）→变异菌株的分离和筛选。

（1）突变株的筛选：

摇瓶筛选法：挑单菌落接斜面→接摇瓶→测生产能力；

琼脂块筛选法：打孔器取出培养，置鉴定平板测发酵产量。

① 随机筛选：传统方法，但要耗费大量的人力物力。近年来，随着遗传学，生物化学知识的积累，人们对于代谢途径，代谢调控机制了解得更多，所以筛选方法逐渐转向理

化性筛选。② 理化性筛选：介绍初级代谢产物高产菌株的筛选。根据代谢调控机理，氨基酸、核苷酸合成途径中普遍存在反馈阻遏和反馈抑制。这对于生产菌本身是有意义的，可以避免合成过多的代谢物而造成浪费。但在工业中，需要生产菌产生大量的氨基酸，核苷酸等产物。所以，要打破微生物原有的反馈调节系统。

（2）诱变筛选的典型流程：

出发菌株→斜面培养24h→单孢子悬液→诱变处理→稀释涂布平皿→单菌落转接斜面→摇瓶初筛→取高产斜面→菌种保藏→转接斜面→摇瓶复筛→高产菌株（稳定性试验）→中试考查→生产。

（3）紫外线诱变育种的基本要求：

被照射的菌悬液细胞数，细菌为 10^6 个/mL 左右，霉菌孢子和酵母细胞为 $10^6 \sim 10^7$ 个/mL。由于紫外线穿透力不强，要求照射液不要太深，约 0.5～1.0cm 厚，同时要用电磁搅拌器或手工进行搅拌，使照射均匀。

由于紫外线照射后有光复活效应，所以照射时和照射后的处理应在红灯下进行。

3）诱变育种的操作步骤

（1）将细菌培养液以 3000r/min 离心 5min，倾去上清液，将菌体打散加入无菌生理盐水再离心洗涤。

（2）将菌悬液放入一已灭菌的、装有玻璃珠的三角瓶内用手摇动，以打散菌体。将菌液倒入有定性滤纸的漏斗内过滤，单细胞滤液装入试管内，一般处于浑浊态的细胞液含细胞数可达 10^8 个/mL 左右，作为待处理菌悬液。

（3）取 2～4mL 制备的菌液加到直径 9cm 培养皿内，放入一无菌磁力搅拌子，然后置于磁力搅拌器上、15W 紫外线下 30cm 处。在正式照射前，应先开紫外线 10min，让紫外灯预热，然后开启皿盖正式在搅拌下照射 10～50s。操作均应在红灯下进行，或用黑纸包住，避免白炽光。

（4）取未照射的制备菌液和照射菌液各 0.5mL 进行稀释分离，计数活菌细胞数。

（5）取照射菌液 2mL 于液体培养基中（300mL 三角瓶内装 30mL 培养液），120r/min 振荡培养 4～6h。

（6）取中间培养液稀释分离、培养。

思考题

1. 常用的工业微生物有哪些？分别叙述各自的菌落特点和繁殖方式？
2. 常用的菌种选育方法有哪些？
3. 培养基的组成有哪些？各自的作用是什么？
4. 菌种扩大培养的目的和要求？一般过程如何？
5. 什么是诱变剂？化学诱变和物理诱变的特点是什么？
6. 常用谷氨酸的菌种有哪些？有何共同点？
7. 简述由糖质原料合成谷氨酸的生物合成途径。
8. 谷氨酸的提取方法有哪些？

9. 味精制备的工艺过程是怎样的？

参考文献

[1] 黄方一，叶斌. 发酵工程 [M]. 武汉：华中师范大学出版社，2006.

[2] 钱铭镛. 发酵工程最优化控制 [M]. 南京：江苏科学技术出版社，1998.

[3] 胡永松，王忠彦. 微生物与发酵工程 [M]. 成都：四川大学出版社，1987.

[4] 华南工学院，大连轻工业学院等. 发酵工程与设备 [M]. 北京：轻工业出版社，1985.

[5] 白秀峰. 发酵工艺学原理 [M]. 北京：中国医药科技出版社，2003.

[6] 冯德一. 发酵调味品工艺学 [M]. 北京：化工出版社，1993.

情境二 α-淀粉酶的发酵合成

 学习目的和要求

(1) 知识目标：理解酶的国际系统命名法；理解酶的组成和化学本质，结构特点，活性中心和催化理论；理解影响酶促反应的主要因素，简单酶催化反应动力学；掌握中温和高温 α-淀粉酶区别及生产方法、用途；了解典型酶酶活的测定方法；掌握常用酶的提取方法，如盐析，有机溶剂沉淀法，吸附法；酶反应器的类型、特点及工艺，α-淀粉酶用反应器；酶的精制方法，电泳，凝胶层析，介绍冷冻干燥的原理、设备和工艺。

(2) 能力目标：学习运用观察、实验等多种手段获取信息，并运用比较、迁移等方法对信息进行加工升华。进一步培养学生自主探索问题、解决问题的能力和分析、推理和判断等思维能力。

(3) 情感目标：培养学生学习过程中形成的使命感、责任感、自信心、进取心、团队合作精神等方面的自我认识和自我发展。

1 接受工作任务

α-淀粉酶是淀粉酶的一种。1833 年，Payon 及 Persoz 于从麦芽提取液中分离得到一种能水解淀粉的物质，他们称之为淀粉酶（diastase）。淀粉酶属于水解酶类，是催化淀粉、糖原、糊精中糖苷键水解的一类酶的统称。此类酶广泛存在于动植物和微生物中，几乎所有动物、植物和微生物中都含有淀粉酶。淀粉酶是研究较多、生产最早、产量最大和应用最广泛的一种酶。特别是 20 世纪 60 年代以来，由于淀粉酶在淀粉糖工业生产和食品工业中的大规模应用，酶的需要量与日俱增。虽然到目前为止，各类新酶层出不穷，总产量也在不断增加，但淀粉酶的产量仍旧占到整个酶制剂产量的 50% 以上。

根据对淀粉的作用方式不同，可将淀粉酶分为 α-淀粉酶、β-淀粉酶、葡萄糖淀粉酶、脱支酶等。其中表 2-1 显示了淀粉酶的类型、来源、作用方式和主要水解产物。

表 2-1　淀粉酶的类型、来源、作用方式和主要水解产物

类型	系统命名	E. C 编号	作用方式	主要水解产物	主要来源
α-淀粉酶	α-1, 4-葡聚糖-4-葡聚糖水解酶	3.2.1.1	随机切开淀粉分子内的 α-1, 4 糖苷键	葡萄糖，麦芽糖，糊精等	动物、植物、细菌和霉菌等
β-淀粉酶	α-1, 4-葡聚糖-4-麦芽糖水解酶	3.2.1.2	从非还原性末端以麦芽糖为单位顺次切开 α-1, 4 糖苷键	麦芽糖，糊精等	植物（红薯、大豆、大麦、麦芽等）、细菌
葡萄糖淀粉酶	α-1, 4 葡聚糖 4 葡萄糖水解酶	3.2.1.3	从非还原性末端以葡萄糖为单位顺次切开 α-1, 4 糖苷键	葡萄糖	植物、霉菌、细菌和酵母等
脱支酶	支链淀粉 α-1.6 葡聚糖水解酶	3.2.1.9	切开支链淀粉分支点的 α-1, 6 糖苷键	糊精	植物、酵母、细菌等

1.1　α-淀粉酶的结构及催化机理

α-淀粉酶是一种内切酶，其相对分量约为 50 000 左右，作用于淀粉时，可从淀粉分子内部随机切开 α-1, 4 糖苷键，不能切开 α-1.6 糖苷键以及与 α-1, 6 糖苷键相连的 α-1, 4 糖苷键，但能越过支点切开内部的 α-1.4 糖苷键，从而可以使淀粉的黏度减小，对碘呈色反应为蓝—紫—红—无色。因此，淀粉酶又称液化酶。淀粉酶不能水解麦芽糖，但可以水解含有 3 个或 3 个以上 α-1, 4 糖苷键的低聚糖。α-淀粉酶的水解终产物中除含葡萄糖、麦芽糖等外，还含有具有 α-1, 6 糖苷键的极限糊精和含 α-1, 6 糖苷键的具葡萄糖残基的低聚糖。因其产物的还原性末端葡萄糖残基 Cl 碳原子为 α-构型的，因此将该作用方式的酶称作 α-淀粉酶。

1.2　α-淀粉酶的分类

α-淀粉酶一般按照最适反应温度和最适反应 pH 值进行分类。

1.2.1　按照最适反应温度分类

按照最适反应温度的分类方法可将 α-淀粉酶分成不同的类别。对于最适反应温度在 60℃ 以上的命名为中温型 α-淀粉酶；最适反应温度在 90℃ 以上的命名为高温 α-淀粉酶，耐高温淀粉酶在淀粉制糖工艺，纺织品退浆等方面起着重要作用。目前，真菌 α-淀粉酶的最适作用温度为 55℃ 左右，超过 60℃ 开始失活；其水解淀粉的产物主要是高含量的麦芽糖和一些低聚糖及少量的葡萄糖。而细菌 α-淀粉酶最适作用温度高（中温 α-淀粉酶 70~80℃，耐高温 α-淀粉酶为 95~105℃），水解淀粉的主要产物是糊精。

1.2.2　按照最适反应 pH 值分类

按最适反应 pH 值分类，最适反应 pH 值 =5 的为酸性 α-淀粉酶；最适反应 pH 值 =9 的为碱性 α-淀粉酶。

酸性 α-淀粉酶其显著的耐酸性可广泛应用于发酵、纺织、饲料、医药等多种领域，

可以明显地提高收得率，降低消耗，特别是能节约工业用粮。早在 1963 年，日本研究者就发现可以用真菌生产酸性 α - 淀粉酶，以后欧洲、美国、韩国、中国等国家都对酸性 α - 淀粉酶的菌株进行了研究。目前工业用的酸性 α - 淀粉酶大多来源于微生物，产酸性 α - 淀粉酶的微生物主要是芽孢杆菌和曲霉，如 *B. acidocaldariusA - 2*，*B. acidocaldarius- ATCC2709*，*Bacillusdocaldarius10P1*，*Alicyclobacillus acidocaldarius*，*Aspergillus niger*，*Bacillus steorothermopilius* 等。

而碱性 α - 淀粉酶常用于洗涤和纺织品工业中，它的添加可有效地去除餐具和衣物上的淀粉类食物污垢和提高纺织品的印染质量。1971 年日本学者 Horikoshi 首次报道了产自嗜碱性芽孢杆菌 A - 40 - 2 的碱性 α - 淀粉酶。目前已发现的绝大多数碱性 α - 淀粉酶产自芽孢杆菌。

1.3 淀粉酶的应用

1.3.1 在焙烤工业中的应用

目前，焙烤工业使用的 α - 淀粉酶主要来自大麦麦芽、真菌和细菌。1955 年，美国批准真菌 α - 淀粉酶作为面包添加剂。1963 年，英国证实了它们的安全性。现在，α - 淀粉酶已经在全世界范围内使用。面粉中添加的外生真菌 α - 淀粉酶具有较高的活力，在面粉中添加 α - 淀粉酶不仅能提高发酵速率，而且能降低面团的粘度，从而增加面包的体积，提高产品的质地，并且由于 α - 淀粉酶的存在，面团会产生额外的糖，可以提高面包的风味，改善外表的色泽。

1.3.2 在淀粉工业中的应用

α - 淀粉酶用于淀粉工业，可用来生产变性淀粉，淀粉糖等。由于 α - 淀粉酶在适宜条件下对淀粉具有较强的水解能力，控制反应的条件，可以控制淀粉的水解率，从而将淀粉水解成多孔状的多孔淀粉。多孔淀粉可以作为微胶囊芯材和吸附剂，作为香精香料、风味物质、色素、药剂及保健食品中功能成分的吸附载体，成本低，可自然降解，现已广泛应用于食品、医药、化工、农业、保健品等领域。

1.3.3 在纺织退浆中的应用

由于棉织物在编织过程中需使用较大的张力，容易使丝线断裂，因此需加入一些浆料对其保护。由于淀粉资源广泛，廉价易得，易退浆，因此纺织工业中多采用淀粉浆。织物退浆主要使用 α - 淀粉酶，它会使淀粉大分子发生分解，生成可溶性的水解产物，减弱了对纤维的粘附力，因此可以通过水洗将其除去，最后从纤维上脱除。早期是用麦芽产生的一种内生酶来退浆，近期则使用真菌或细菌淀粉酶。细菌淀粉酶尤其适用，因为它们能够耐高温，在碱性的环境里有一定的稳定性，具有一个中性的最适 pH 值（5 ~ 7.5）。酶的催化效率高，有利于提高生产效率。如用碱分解淀粉退浆需要 10 ~ 12h，而用 α - 淀粉酶只要 20 ~ 30min 即可完成退浆过程。淀粉酶退浆的另一原因是比其他退浆剂（如酸或氧化剂）更利于环保。在退浆浴中添加钙盐，可提高淀粉酶的稳定性，从而可用较高的温度或较低的酶剂量来达到退浆的目的。

1.3.4 在造纸中的应用

当代造纸工业中，造纸用化学品在提高纸品质量、增加纸品功能、提高生产效率和降低生产成本等方面发挥着极为重要的作用。由于淀粉与造纸用植物纤维素结构相近，相互间有良好的亲和作用，资源广泛，廉价易得，尤其是经变性处理的淀粉，能赋予纸张优异的性能，因此各类变性淀粉在造纸中广泛用于湿部添加、层间喷雾、表面施胶和涂布粘合。α-淀粉酶可以生产涂布粘合用变性淀粉。

1.3.5 在清洁剂中的应用

目前，各种酶制剂广泛地应用于现代高密度清洁剂。酶用在清洁剂中最主要的优点是它的反应条件比无酶清洁剂温和，早期的洗碟机用洗涤剂反应需要的条件比较苛刻，使用时容易对餐具造成损伤，而且它不能用于清洗精巧瓷器和木质餐具，因此清洁剂工业开始寻找条件温和，更加有效的清洁剂，而将酶制剂用于清洁剂以后，可以在较低的清洗温度下就到达很好的清洗效果。1975 年，α-淀粉酶开始用于洗衣粉中。现在，几乎 90% 以上的液体清洁剂中都含有 α-淀粉酶，而且其在洗碟机用洗涤剂中的应用需求还在不断的增加。

1.3.6 在啤酒酿造中的应用

啤酒是最早用酶的酿造产品之一，在啤酒酿造中添加 α-淀粉酶使其较快液化以取代一部分麦芽，使辅料增加，成本降低，特别在麦芽糖化力低，辅助原料使用比例较大的场合，使用 α-淀粉酶和 β-淀粉酶协同麦芽糖化，可以弥补麦芽酶系不足，增加可发酵糖含量，提高麦汁率，麦汁色泽降低，过滤速度加快，提高了浸出物得率，同时又缩短了整体糊化时间。啤酒酿造中糊化时添加 α-淀粉酶，在 20 世纪 70 年代主要用 BF7658α-淀粉酶；80 年代用食品级枯草杆菌 α-淀粉酶；80 年代末，我国无锡酶制剂厂首先生产出耐高温 α-淀粉酶，可使副原料比例从原来的 30% 增加到 40% 以上，实现了无麦芽糊化，节粮、节能效果显著，使啤酒行业的综合经济效益得到进一步提高。

1.3.7 在酒精工业中的应用

在玉米为原料生产酒精中添加 α-淀粉酶低温蒸煮的新工艺，每生产 1t 酒精可节煤 224.42kg。又可减少冷却用水，提高出酒率 8.8%，酒精成品质量也有显著提高。酒精生产应用耐高温 α-淀粉酶。采用中温 95~105℃ 蒸煮，既可有效地杀死原料中带来的杂菌，降低入池酸度和染菌机率，又可保护原材料中的淀粉组织不被破坏，形成焦糖或其他物质而损失，从而提高原料利用率。

1.4 接受生产任务书

以玉米粉为主要碳源、豆粕为主要氮源，枯草芽孢杆菌为发酵菌种，发酵后采用采取酒精沉淀与和淀粉吸附相结合的方式，得到合格的工业用 α-淀粉酶制剂。生产任务书见表 2-2。

表 2-2　α-淀粉酶生产任务书

产品名称	α-淀粉酶	任务下达人	教师		
生产责任人	学生组长	交货日期	年	月	日
需求单位		发货地址			

产品名称	α-淀粉酶	任务下达人	教师
产品数量		产品规格	固态α-淀粉酶制剂商品
一般质量要求 （注意：如有客户特殊 要求，按其标注生产）	GB 1805.1—1993《工业用α-淀粉酶制剂质量标准》		
进度备注：			

备注：此表由市场部填写并加盖部门章，共 3 份。在客户档案中留底一份，总经理（教师）一份，生产技术部（学生小组）一份。

2 工作任务分析

本情境的工作任务是 α-淀粉酶的生产。因此我们必须了解酶的概念、组成、分类以及酶的催化特性等基础知识；α-淀粉酶的特点，生产所需的原料、菌种、发酵工艺、运行操控参数以及发酵设备等相关技术资料。对工作任务进行详细分析。

2.1 酶的基础知识

2.1.1 酶的概念

酶是生物体活细胞产生的具有催化活性的蛋白质，是生物催化剂。Payon 及 Persoz 于 1833 年从麦芽提取液中分离得到一种能水解淀粉的物质，他们称之为淀粉酶。1876 年，Kuhne 将这类生物催化剂统称为酶。酶的化学本质是蛋白质的结论，是 1926 年，Sumner 第一次从刀豆中提取出脲酶，并得到了结晶，证明该酶具有蛋白质的一切属性之后，才被认定的。

值得提出的是：近年来，不断发现一些核糖核酸物质也表现有一定的催化活性。目前，对于此类有催化活性的核糖核酸，英文定名为 ribozyme，国内译为"核酶"或"类酶核酸"。在酶的概念中，强调了酶是生物体活细胞产生的，但在许多情况下，细胞内生成的酶，可以分泌到细胞外或转移到其他组织器官中发挥作用。通常把由细胞内产生并在细胞内部起作用的酶称为胞内酶（endoenzyme），而把由细胞内产生后分泌到细胞外面起作用的酶称为胞外酶（extroenzyme）。一般主要是水解酶类，如淀粉酶、脂肪酶（lipase）、人体消化道中的各种蛋白酶（proteinase）都属胞外酶。而水解酶类以外的其他酶类都属胞内酶。

在生物化学中，常把由酶催化进行的反应称为酶促反应。在酶的催化下，发生化学变化的物质称为底物，反应后生成的物质称为产物。

2.1.2 酶的催化特点

酶作为生物催化剂和一般催化剂相比，在许多方面是相同的。如与一般催化剂一样，酶仅能改变化学反应的速度，并不能改变化学反应的平衡点，酶在反应前后本身不发生变

化。在细胞中相对含量很低的酶在短时间内能催化大量的底物发生变化，体现酶催化的高效性。酶可降低反应的活化能，但不改变反应过程中自由能的变化（ΔG），因而使反应速度加快，缩短反应到达平衡的时间，但不改变平衡常数。酶的催化作用与一般催化剂相比，又表现出特有的特征。

1）酶催化的高效性

酶的催化活性比化学催化剂的催化活性要高出很多。如过氧化氢酶和无机铁离子都催化过氧化氢发生如下的分解反应：

$$H_2O_2 \longrightarrow H_2O + \frac{1}{2}O_2$$

实验得知，1 mol 的过氧化氢酶，1min 内，可催化 5×10^6 mol 的 H_2O_2 分解。同样条件下，1 mol 的化学催化剂 Fe^{2+}，只能催化 6×10^{-4} mol 的 H_2O_2 分解。二者相比，过氧化氢酶的催化效率大约是 Fe^{2+} 的 10^{10} 倍。

2）酶催化的高度专一性

一种酶只能作用于某一类或某一种特定的物质。这就是酶作用的专一性。如糖苷键、酯键、肽键等都能被酸碱催化而水解，但水解这些化学键的酶却各不相同，分别为相应的糖苷酶、酯酶和肽酶，即它们分别被具有专一性的酶作用才能水解。

3）酶催化的反应条件温和

酶促反应一般要求在常温、常压、中性酸碱度等温和的条件下进行。因为酶是蛋白质，在高温、强酸、强碱等环境中容易失去活性。由于酶对外界环境的变化比较敏感，容易变性失活，在应用时，必须严格控制反应条件。

4）酶活性的可调控性

与化学催化剂相比，酶催化作用的另一个特征是其催化活性可以自动地调控。生物体内进行的化学反应，虽然种类繁多，但非常协调有序。底物浓度、产物浓度以及环境条件的改变，都有可能影响酶催化活性，从而控制生化反应协调有序的进行。任一生化反应的错乱与失调，必将造成生物体产生疾病，严重时甚至死亡。生物体为适应环境的变化，保持正常的生命活动，在漫长的进化过程中，形成了自动调控酶活性的系统。酶的调控方式很多，包括抑制剂调节、反馈调节、共价修饰调节、酶原激活及激素控制等。

2.1.3 酶的组成

1）蛋白酶和结合蛋白酶

我们知道，蛋白质可分为简单蛋白质和结合蛋白质两类。同样，按照化学组成，酶也可分为简单蛋白酶和结合蛋白酶两大类。如脲酶、蛋白酶、淀粉酶、脂肪酶、核糖核酸酶等一般水解酶都属于简单蛋白酶，这些酶的活性仅仅取决于它们的蛋白质结构，酶只由氨基酸组成，此外不含其他成分。而像转氨酶、乳酸脱氢酶及其他氧化还原酶类等均属结合蛋白酶。这些酶除了蛋白质组分外，还含对热稳定的非蛋白小分子物质。前者称为酶蛋白，后者称为辅因子。酶蛋白与辅因子单独存在时，均无催化活力。只有二者结合成完整的分子时，才具有酶活力。此完整的酶分子称为全酶。

全酶 = 酶蛋白 + 辅因子

2）单体酶、寡聚酶和多酶复合体系

根据蛋白质结构上的特点，酶可分为三类：

（1）单体酶。

只有一条多肽链的酶称为单体酶。它们不能解离为更小的单位。其分子量为 13 000 – 35 000。属于这类酶的为数不多，而且大多是促进底物发生水解反应的酶，即水解酶，如溶菌酶、蛋白酶及核糖核酸酶等。

（2）寡聚酶。

由几个或多个亚基组成的酶称为寡聚酶。寡聚酶中的亚基可以是相同的，也可以是不同的。亚基间以非共价键结合，容易为酸、碱、高浓度的盐或其他的变性剂分离。寡聚酶的分子量从 35 000 到几百万。如磷酸化酶、乳酸脱氢酶等。

（3）多酶复合体系。

由几个酶彼此嵌合形成的复合体称为多酶体系。多酶复合体有利于细胞中一系列反应的连续进行，以提高酶的催化效率，同时便于机体对酶的调控。多酶复合体的分子量都在几百万以上。如丙酮酸脱氢酶系和脂肪酸合成酶复合体都是多酶体系。

2.1.4 酶的底物专一性

酶的专一性是指酶对底物及其催化反应的严格选择性程度。通常酶只能催化一种化学反应或一类相似的反应。不同的酶具有不同程度的专一性，酶的专一性可分为以下三种类型：

1）绝对专一性

绝对专一性是酶对底物要求很严格，只能催化一种底物向着一个方向发生反应。若底物分子发生细微的改变，便不能作为酶的底物。如脲酶具有绝对专一性，它只催化尿素发生水解反应，生成氨和二氧化碳，而对尿素的各种衍生物，如尿素的甲基取代物或氯取代物均不起作用。

$$(NH_2)_2CO + H_2O \xrightarrow{\text{脲酶}} 2NH_3 + CO_2$$

2）相对专一性

与绝对专一性相比，相对专一性的酶对底物的专一性程度要求较低，能够催化一类具有相类似的化学键或基团的物质进行某种反应。它又可分为键专一性和基团专一性两类。

（1）键专一性。

具有键专一性的酶，只对底物中某些化学键有选择性的催化作用，对此化学键两侧连接的基团并无严格要求。如酯酶作用于底物中的酯键，使底物在酯键处发生水解反应，而对酯键两侧的酸和醇的种类均无特殊要求。酯酶催化的反应，可用通式表示如下：

$$R - CO - O - R' + H_2O \longrightarrow RCOOH + R'OH$$

R 与 R′分别表示两种不同的烃基或其衍生物。键专一性的酶对底物结构要求最低。

（2）基团专一性。

与键专一性相比，基团专一性的酶对底物的选择较为严格。酶作用底物时，除了要求底物有一定的化学键，还对键的某一侧所连基团有特定要求。如磷酸单酯酶能催化许多磷酸单酯化合物，如 6 – 磷酸葡萄糖或各种核苷酸发生水解，而对磷酸二酯键不起作用。又

如 α-D-葡萄糖苷酶能水解具有 α-1，4-糖苷键的 D-葡萄糖苷，这种酶对 α-糖苷键和 α-D-葡萄糖基团具有严格选择性，而底物分子上的 R 基团则可以是任何糖或非糖基团。所以这种具有基团专一性的酶，既能催化麦芽糖水解生成两分子葡萄糖，又能催化蔗糖水解生成葡萄糖和果糖。α-D-葡萄糖苷酶催化的反应可表示为：

3）立体专一性。

一种酶只能对一种立体异构体起催化作用，对其对映体则全无作用，这种专一性称为立体专一性。在生物体中，具有立体异构专一性的酶相当普遍。如 L—乳酸脱氢酶只催化L—乳酸脱氢生成丙酮酸，对其旋光异构体 D—乳酸则无作用；又如延胡索酸酶只催化延胡索酸（反丁烯二酸）加水生成苹果酸，而不能催化顺丁烯二酸的水。

2.1.5 酶的分类

通常根据酶所催化的反应类型，可将酶分为六大类。

1）氧化还原酶类

凡能催化底物发生氧化还原反应的酶，均称为氧化还原酶。在有机反应中，通常把脱氢加氧视为氧化，加氢脱氧视为还原。此类酶中包括有脱氢酶、加氧酶、氧化酶、还原酶、过氧化物酶等。其中种数最多的是脱氢酶。

2）转移酶类

凡能催化底物发生基团转移或交换的酶，均称为转移酶。根据所转移的基团种类的不同，常见的转移酶有氨基转移酶、甲基转移酶、酰基转移酶、激酶及磷酸化酶。由转移酶所催化的反应可用通式表示为：

$$A-R+B \Longleftrightarrow A+B-R$$

上式中，R 为被转移的基团。

3）水解酶类

凡能催化底物发生水解反应的酶，皆称为水解酶。常见的水解酶有淀粉酶、麦芽糖酶、蛋白酶、肽酶、脂酶及磷酸酯酶等。这类酶的酶促反应通式表示为：

$$A-B+H_2O \longrightarrow AH+BOH$$

4）裂解酶类

凡能催化底物分子中 C-C（或 C-O、C-N 等）化学键断裂，断裂后一分子底物转变为两分子产物的酶，均称为裂解酶，此类酶的酶促反应通式为：

$$A-B \Longleftrightarrow A+B$$

这类酶催化的反应多数是可逆的，从左向右进行的反应是裂解反应，由右向左是合成反应，所以又称为裂合酶。常见的裂解酶有醛缩酶、脱羧酶、异柠檬酸裂解酶、脱水酶、脱氨酶等。

5）异构酶类

异构酶能催化底物分子发生几何学或结构学的同分异构变化。几何学上的变化有顺反异构、差向异构（表异构）和分子构型的改变；结构学上的变化有分子内的基团转移（变位）和分子内的氧化还原。常见的异构酶有顺反异构酶、变位酶和消旋酶等。

6）合成酶类

合成酶是催化两个分子连接在一起，并伴随有 ATP 分子中的高能磷酸键断裂的一类酶，又称连接酶。酶促反应通式可表示为：

$$A + B + ATP \longrightarrow A - B + ADP + Pi$$

$$或 A + B + ATP \longrightarrow A - B + AMP + PPi$$

此类反应多数不可逆。反应式中的 Pi 或 PPi 分别代表无机磷酸与焦磷酸。反应中必须有 ATP（或 GTP 等）参与。常见的合成酶如丙酮酸羧化酶、谷氨酰胺合成酶等。

2.1.6　酶的命名

迄今已鉴定出 2500 多种酶，如此种类繁多、催化反应各异的酶，为防止混乱，需要一个统一的分类和命名。

1）习惯命名法

习惯命名是把底物的名字、底物发生的反应以及该酶的生物来源等加在"酶"字的前面组合而成。如淀粉酶、蛋白酶、脲酶是由它们各自作用的底物是淀粉、蛋白质、尿素来命名的；水解酶、转氨基酶、脱氢酶是根据它们各自催化底物发生水解、氨基转移、脱氢反应来命名的；而胃蛋白酶、细菌淀粉酶、牛胰核糖核酸酶则是根据酶的来源不同来命名的。20 世纪 50 年代以前，所有的酶名都是根据酶作用的底物、酶催化的反应性质和酶的来源这种习惯命名法，由发现者各自拟定的。

2）系统命名法

系统命名要求能确切地表明酶的底物及酶催化的反应性质，即酶的系统名包括酶作用的底物名称和该酶的分类名称。若底物是两个或多个则通常用"："号把它们分开，作为供体的底物，名字排在前面，而受体的名字在后。如乳酸脱氢酶的系统名称是：L − 乳酸：NAD^+ 氧化还原酶。

应当指出，所有酶名，都是由国际生物化学协会的专门机构审定后，向全世界推荐的。其中 20 世纪 60 年代以前发现的酶，它的名称多是过去长期沿用的俗名；20 世纪 60 年代后发现的酶，其名称则是按酶学委员会制定的命名规则拟定的。总之，按照国际系统命名法原则，每一种酶有一个习惯名称和系统名称。例如：草酸氧化酶（习惯名）的系统名为草酸：氧氧化酶；又如谷丙转氨酶（习惯名）的系统名为丙氨酸：α − 酮戊二酸氨基转移酶。

2.1.7　酶学性质

1）底物浓度与酶促反应速度的关系

确定底物浓度（$[S]$）与酶促反应速度（V）间关系，是酶促反应动力学的核心内容。在酶浓度、温度、pH 值不变的情况下，实验测得，酶反应速度与底物浓度的关系，如图 2 − 1 中的曲线所示。

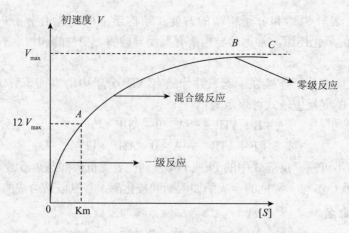

图2-1　底物浓度对酶促反应速度的影响

V—酶促反应速度；$[S]$—底物浓度；V_{max}—最大反应速度；Km—米氏常数

从图2-1中可以看出：当底物的浓度很低时，V与$[S]$呈直线关系（OA段），这时，随着底物浓度的增加，反应速度按一定比率加快，为一级反应。当底物的浓度增加到一定的程度后，虽然酶促反应速度仍随底物浓度的增加而不断地加大，但加大的比率已不是定值，呈逐渐减弱的趋势（AB段），表现为混合级反应。当底物的浓度增加到足够大的时候，V值便达到一个极限值，此后，V不再受底物浓度的影响（BC段），表现为零级反应。V的极限值，称为酶的最大反应速度，以V_{max}表示。

2）酶浓度对酶促反应速度的影响

当酶促反应体系的温度、pH值不变，底物浓度足够大，足以使酶饱和，则反应速度与酶浓度成正比关系（见图2-2）。因为在酶促反应中，酶分子首先与底物分子作用，生成活化的中间产物（或活化络合物），而后再转变为最终产物。在底物充分过量的情况下，可以设想，酶的数量越多，则生成的中间产物越多，反应速度也就越快。相反，如果反应体系中底物不足，酶分子过量，现有的酶分子尚未发挥作用，中间产物的数目比游离酶分子数还少，在此情况下，再增加酶浓度，也不会增大酶促反应的速度。

3）pH值与酶的活性

酶促反应速度与体系的pH值有密切关系。绝大部分酶的活力受其环境的pH值影响，在一定pH值下，酶反应具有最大速度，高于或低于此值，反应速度下降，通常将酶表现最大活力时的pH值称为酶反应的最适pH值，如图2-3所示。一般制作V-pH值变化曲线时，采用使酶全部饱和的底物浓度，在此条件下再测定不同pH值时的酶促反应速度。曲线为较典型的钟罩形。pH值影响酶促反应速度的原因：（1）环境过酸、过碱会影响酶蛋白构象，使酶本身变性失活。（2）pH值影响酶分子侧链上极性基团的解离，改变它们的带电状态，从而使酶活性中心的结构发生变化。在最适pH值时，酶分子上活性中心上的有关基团的解离状态最适于与底物结合，pH值高于或低于最适pH值时，活性中心上的有关基团的解离状态发生改变，酶和底物的结合力降低，因而酶反应速度降低。（3）pH值能影响底物分子的解离。可以设想底物分子上某些基团只有在一定的解离状态下，才适于与酶结合发生反应。若pH值的改变影响了这些基团的解离，使之不适于与酶结合，当然反应速度亦会减慢。

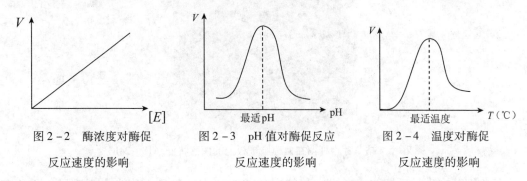

图 2-2　酶浓度对酶促　　图 2-3　pH 值对酶促反应　　图 2-4　温度对酶促
　　　反应速度的影响　　　　　　反应速度的影响　　　　　　反应速度的影响

4) 温度与酶的活性

温度对酶促反应速度的影响很大，表现为双重作用：(1) 与非酶的化学反应相同，当温度升高，活化分子数增多，酶促反应速度加快，对许多酶来说，温度系数 Q10 多为 1～2，也就是说每增高反应温度 10℃，酶反应速度增加 1～2 倍。(2) 由于酶是蛋白质，随着温度升高而使酶逐步变性，即通过酶活力的减少而降低酶的反应速度。以温度 (T) 为横坐标，酶促反应速度 (V) 为纵坐标作图 (如图 2-4)，所得曲线为稍有倾斜的钟罩形。曲线顶峰处对应的温度，称为最适温度。纯化的 α-淀粉酶在 50℃ 以上容易失活，但在有大量 Ca^{2+} 存在或淀粉、淀粉的水解产物糊精存在时酶对热的稳定性会增加。

5) 金属离子与酶的活性

淀粉酶是一种金属酶，每分子酶含有一个 Ca^{2+}，Ca^{2+} 可使酶分子保持相当稳定的活性构象，从而可以维持酶的最大活性及热稳定性。Ca^{2+} 对酶的结合度，按产生菌而言依次是霉菌＞细菌＞动物＞植物。Ca^{2+} 对麦芽产生的 α-淀粉酶的保护作用最为明显。除了 Ca^{2+} 外，其他金属离子如 Mg^{2+}、Ba^{2+} 等也可以提高酶的热稳定性。另外枯草芽孢杆菌液化型淀粉酶也受 Na^- 和 Cl^- 影响，在 NaCl 和 Ca^{2+} 同时存在时更能耐热。由于淀粉中所含的 Ca^{2+} 已经足够，所以在使用时可不必再另外添加 Ca^{2+}。

2.2　生产菌种

α-淀粉酶可由微生物发酵产生，也可从植物和动物中提取。目前，工业生产上都以微生物发酵法进行大规模生产。淀粉酶主要的生产菌种有细菌和曲霉，尤其是枯草杆菌为大多数工厂所采用。生产上有实用价值的产生菌有：枯草杆菌、地衣芽孢杆菌、嗜热脂肪芽孢杆菌、凝聚芽孢杆菌、嗜碱芽孢杆菌、米曲霉、黑曲霉、拟内孢霉等。

2.2.1　枯草芽孢杆菌

枯草芽孢杆菌是一种需氧菌，广泛分布在土壤及腐败的有机物中，易在枯草浸汁中繁殖，单个细胞成杆状，在生长时易形成芽孢。单个细胞 $0.7～0.8\mu m \times 2～3\mu m$，着色均匀。无荚膜，周生鞭毛，能运动。革兰氏阳性菌，芽孢 $0.6～0.9\mu m \times 1.0～1.5\mu m$，椭圆到柱状，位于菌体中央或稍偏，芽孢形成后菌体不膨大。菌落表面粗糙不透明，污白色或微黄色，在液体培养基中生长时，常形成皱醭。如图 2-5 所示。

图2-5　枯草芽孢杆菌在血琼脂平板上的菌落特征（18～24h）

　　某些细菌在生长后期能够形成一种特有的休眠状态的细胞，称为内生孢子，亦称芽孢。在不同细菌中，芽孢所处的位置不同，有的在中部，有的在偏端，有的在顶端。芽孢一般呈圆形、椭圆形、圆柱形。由于芽孢在结构和化学成分上均有别于营养细胞，所以芽孢也就具有了许多不同于营养细胞的特性。芽孢最主要的特点就是抗性强，对高温、紫外线、干燥、电离辐射和很多有毒的化学物质都有很强的抗性。同时，芽孢还有很强的折光性。在显微镜下观察染色的芽孢细菌涂片时，可以很容易地将芽孢与营养细胞区别开，因为营养细胞染上了颜色，而芽孢因抗染料且折光性强，表现出透明而无色的外观（如图2-6）。研究表明芽孢对不良环境因子的抗性主要由于其含水量低（40%）。且含有耐热的小分子酶类，富含大量特殊的吡啶二羧酸钙和带有二硫键的蛋白质，以及具有多层次厚而致密的芽孢壁等原因。图2-7为芽孢结构模式图。

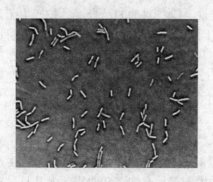

图2-6　显微镜下的枯草芽孢杆菌

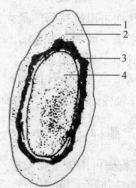

图2-7　芽孢结构模式图
1—原细胞壁；2—残留细胞质；
3—芽孢厚壁；4—芽孢细胞质

　　一般认为，芽孢是在生长后期、营养物质缺乏时形成的，因而是适应不良环境的产物。但实际上，可能不完全是如此。有人在培养枯草芽孢杆菌时，曾作过追踪观察。结果发现，在接种培养4h后即有芽孢生成。以后每隔4h观察一次，芽孢数均呈比例增长。至24h，约半数产生芽孢；至48h，全部变成芽孢。这种情况表明，在此情形下营养细胞转向芽孢形成有一定的概率。芽孢开始形成不必等到生长后期，更不必等到生长完全停止。

2.2.2　黑曲霉

　　黑曲霉是曲霉属真菌中的一个常见种，广泛分布于世界各地的粮食、植物性产品和土壤中。是重要的发酵工业菌种，可生产淀粉酶、酸性蛋白酶、纤维素酶、果胶酶、葡萄糖氧化酶、柠檬酸、葡糖酸和没食子酸等。有的菌株还可将羟基孕甾酮转化为雄烯。生长适温37℃，最低相对湿度为88%，能引致水分较高的粮食霉变和其他工业器材霉变。

黑曲霉常以分生孢子繁殖。分生孢子梗自基质中伸出，直径15～20pm，长约1～3mm，壁厚而光滑。顶部形成球形顶囊，其上全面覆盖一层梗基和一层小梗，小梗上长有成串褐黑色的球状分生孢子。孢子直径2.5～4.0μm。分生孢子头球状，直径700～800μm，褐黑色。菌落蔓延迅速，初为白色，后变成鲜黄色直至黑色厚绒状。背面无色或中央略带黄褐色。有时在新分离的菌株中能找到白色、圆形、直径约1mm的菌核。分生孢子头褐黑色放射状，分生孢子梗长短不一。顶囊球形，双层小梗。分生孢子褐色球形。图2-8为黑曲霉在平板上的菌落特征。图2-9为黑曲霉显微图片。

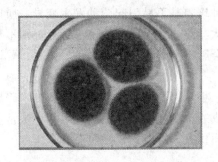
图2-8　黑曲霉在平板上的菌落特征

图2-9　黑曲霉显微图片

2.2.3　米曲霉

米曲霉也是曲霉属真菌中的一个常见种类。分布甚广，主要在粮食、发酵食品、腐败有机物和土壤等处。是我国传统酿造食品酱和酱油的生产菌种，也可生产淀粉酶、蛋白酶、果胶酶和曲酸等。会引起粮食等工农业产品霉变。

米曲霉菌落生长快，10天直径达5～6cm，质地疏松，初白色、黄色，后变为褐色至淡绿褐色。背面无色。分生孢子头放射状，直径150～300μm，也有少数为疏松柱状。分生孢子梗2mm左右。近顶囊处直径可达12～25μm，壁薄，粗糙。顶囊近球形或烧瓶形，通常40～50μm。小梗一般为单层，12～15μm，偶尔有双层，也有单、双层小梗同时存在于一个顶囊上。分生孢子幼时洋梨形或卵圆形，老后大多变为球形或近球形，一般4.5μm，粗糙或近于光滑。图2-10米曲霉在平板上的菌落特征。

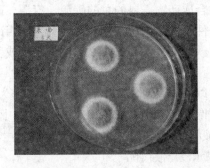
图2-10　米曲霉在平板上的菌落特征

不同菌株所产 α – 淀粉酶在耐热，耐酸碱、耐盐等方面各有差别。一般，细菌 α – 淀粉酶只能用于发酵工业，而真菌 α – 淀粉酶则广泛地应用于淀粉糖浆、低聚糖、啤酒、烘焙食品、面制品等的生产，具有十分广阔的市场前景。

2.3 生产原料

α – 淀粉酶发酵原料多以麸皮、豆饼、米糠和玉米浆等作为主料，添加氯化铵等无机氮作为补充氮源，此外还要添加镁盐、磷酸盐和钙盐等。现把发酵过程中的培养基组成介绍如下：

2.3.1 孢子培养基

孢子培养基是供菌种繁殖孢子的一种常用固体培养基，对这种培养基的要求是能使菌体迅速生长，产生较多优质的孢子，并要求这种培养基不易引起菌种发生变异。所以对孢子培养基的基本配制要求是：第一，营养不要太丰富（特别是有机氮源），否则不易产孢子。第二，所用无机盐的浓度要适量，不然也会影响孢子量和孢子颜色。第三，要注意孢子培养基的 pH 值和湿度。

生产上常用的孢子培养基有：麸皮培养基、小米培养基、大米培养基、玉米碎屑培养基和用葡萄糖、蛋白胨、牛肉膏和食盐等配制成的琼脂斜面培养基。大米和小米常用作霉菌孢子培养基，因为它们含氮量少，疏松、表面积大，所以是较好孢子培养基。

2.3.2 种子培养基

种子培养基是供孢子发芽、生长和大量繁殖菌丝体，并使菌体长得粗壮，成为活力强的"种子"。所以种子培养基的营养成分要求比较丰富和完全，氮源和维生素的含量也要高些，但总浓度以略稀薄为好，这样可达到较高的溶解氧，供大量菌体生长繁殖。

如枯草芽孢杆菌 B. s. 796 发酵生产 α – 淀粉酶的摇瓶种子培养基组成为：麦芽糖 6%、豆粕水解液 6%、$Na_2HPO_4 \cdot 12H_2O$ 0.8%、$(NH_4)_2SO_4$ 0.4%、$CaCl_2$ 0.2%、NH_4Cl 0.15%、pH 值 6.5 ~ 7.0。

2.3.3 发酵培养基

发酵培养基发酵培养基是供菌种生长、繁殖和合成产物之用。它既要使种子接种后能迅速生长，达到一定的菌丝浓度，又要使长好的菌体能迅速合成需产物。因此，发酵培养基的组成除有菌体生长所必需的元素和化合物外，还要有产物所需的特定元素、前体和促进剂等。但若因生长和生物合成产物需要的总的碳源、氮源、磷源等的浓度太高，或生长和合成两阶段各需的最佳条件要求不同时，则可考虑培养基用分批补料来加以满足。α – 淀粉酶固体培养法生产时以麸皮为主要原料，添加少量米糠或豆饼的碱水浸出液作为补充氮源。

α – 淀粉酶发酵培养基多以麸皮、豆饼、米糠和玉米浆等作为主料，添加氯化铵等无机氮作为补充氮源，此外还要添加镁盐、磷酸盐和钙盐等。发酵液中固形物的含量为 5% ~ 6%，最高可达 15%。为了降低发酵液的黏度，利于氧的溶解和菌体的生长．可以加入适量 α – 淀粉酶进行液化，豆饼可以用豆饼碱水浸出液代替。

2.4　发酵工艺及原理

微生物 α-淀粉酶可以用固体培养生产，也可用液体深层培养法生产。

2.4.1　固态培养生产法

固体发酵具有操作简便、能耗低，发酵过程容易控制，对无菌要求相对较低，不易发生大面积的污染等优点。

霉菌的 α-淀粉酶大多采用固体曲法生产。固体培养法以麸皮为主要原料，添加少量米糠或豆饼的碱水浸出液作为补充氮源。在相对湿度 90% 以上，芽孢杆菌在 37℃，曲霉在 32~35℃培养 36~48h 后，立即在 40℃ 左右烘干或风干即得工业用粗酶。酶精制通常是将麸曲用 1% 食盐水浸泡 3h（用量 3~4 倍），然后过滤，调滤液 pH 值至 5.5~6.0，然后加入冷至 10℃ 的酒精使最终浓度为 70%。酶沉淀经离心，无水酒精洗涤、脱水后，于 25℃ 下烘干粉碎，加入填充料等即为精制酶制剂产品。图 2-11 为固体发酵生产 α-淀粉酶流程。

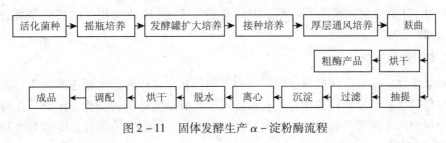

图 2-11　固体发酵生产 α-淀粉酶流程

2.4.2　液体深层发酵生产法

细菌的 α-淀粉酶则以液体深层发酵为主。液体培养多以麸皮、豆饼、米糠和玉米浆等作为主料，添加氯化铵等无机氮作为补充氮源，此外还要添加镁盐、磷酸盐和钙盐等无机盐。发酵液中固形物的含量为 5%~6%，最高可达 1.5%。为了低发酵液的黏度，利于氧的溶解和菌体的生长，可以加入适量 α-淀粉酶进行液化，豆饼可以用豆饼碱水浸出液代替。以霉菌作为生产菌种时，可控制微酸性。细菌生产时可控制中性或微碱性，霉菌生产时控制温度在 32℃，细菌控制 37℃，通气搅拌培养 24~48h。当酶活性达到高峰时结束发酵，离心或以硅藻土作为助滤剂滤去菌体和不溶物。在有 Ca^{2+} 在下低温真空浓缩后，加入防腐剂（苯甲酸钠等）、稳定剂（山梨酸钾等）以及缓冲剂后即得成品。可再在成品中加入一定量的硼酸盐，以提高它的耐热性，这种细菌 α-淀粉酶产品呈暗褐色，带不愉快的臭味，在室温下可以放置数月。生产工艺流程如图 2-12 所示。

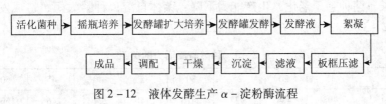

图 2-12　液体发酵生产 α-淀粉酶流程

2.5 发酵参数及控制

为了保证菌种产酶的最佳条件，控制培养基的营养和发酵工艺条件很重要。菌种的营养主要由培养基配方决定，当营养物质已足够的情况下，菌种生长的环境因素就成了重要的控制条件。通常要注意控制以下几种影响因素。

2.5.1 pH 值

培养基的 pH 值对微生物菌种的代谢活动有一定影响。不同种类的微生物都有最适于生长和生成产物的 pH 值，同一菌种产酶的类型与其酶系组成可随 pH 值的改变而变化；如泡盛曲霉突变株在 pH 值为 6.0 培养时，以生成 α - 淀粉酶为主，糖化酶与麦芽糖酶生成较少；在 pH 值为 2.4 的酸性条件下培养时，则生成糖化酶和麦芽糖酶较多，而 α - 淀粉酶的形成受到抑制。以霉菌作为生产菌种时，可控制微酸性。细菌生产时可控制中性或微碱性。

一般培养基的 pH 值在发酵过程中会由菌体的代谢作用而产生变化；高碳源培养基倾向于向酸性 pH 值变化，高氮源培养基则倾向于向碱性 pH 值变化，这与培养基的碳氮比有一定关系。

2.5.2 培养温度

各种微生物生长与产酶的最适温度略有不同，通常有产酶温度低于菌种生长温度，产酶温度与菌种生长温度相同和菌种生长温度低于产酶温度等 3 种类型。因此，在酶制剂生产过程中应根据不同菌种的特点，控制好发酵温度。一般细菌的培养温度通常为 37℃，曲霉的为 32 ~ 35℃。

2.5.3 通气和搅拌

需氧菌或兼性需氧菌的生长和产酶，都需要氧气。不同微生物要求的通风量不同，同一菌种不同生理阶段对通风量的要求也不同。因此在控制通风条件，必须注意菌种生长和产酶期的不同通风量。

搅拌可以提高溶氧效果，促进微生物繁殖。但过度剧烈搅拌会导致发酵液产生大量泡沫，引起喷罐，且易感染杂菌。发酵中对产生的泡沫，除了用发酵罐内的机械装置消泡外，还可以用动植物油物脂肪、表面活性剂、硅油、硅酮树脂等作消泡剂。

2.5.4 种龄

种龄是指种子罐中培养的菌丝体开始移入下一级种子罐或发酵罐时的培养时间。通常种龄是以处于生命力极旺盛的对数生长期，菌体量还未达到最大值时的培养时间较为合适。时间太长，菌种趋于老化，生产能力下降，菌体自溶；种龄太短，造成发酵前期生长缓慢。见表 2 - 3。

表 2 - 3 种龄与酶活力的关系

种龄	15	20	25	30	35	40	45	50	55
酶活力/U · mL^{-1}	408	484	927	2416	2148	2240	2466	1564	1394

2.6 酶的分离纯化

2.6.1 粗酶液的获得

在酶提取之前往往需要进行预处理。对于胞外酶，只要将原料用水或缓冲液浸泡，滤去不溶物后就可得到粗酶提取液。例如固体培养后的麸曲，液态发酵后的发酵液和菌悬液，只需将其离心，过滤，除去菌体的清液即为粗酶液。之后就可作进一步的纯化。

对于胞内酶，首先必须破碎细胞壁，制成无细胞的提取液再提纯。细胞破碎的方法很多，有机械破碎法、物理破碎法、化学破碎法和酶学破碎法。

机械捣碎法是利用高速组织捣碎机的高速旋转叶片所产生的剪切力，将组织细胞破碎，转速可高达 10000r/min。常用于动物内脏、植物叶芽等脆嫩组织细胞破碎，也可用于微生物，尤其是细菌的细胞破碎。此法在实验室和生产规模均可采用。

通过温度、压力、声波等各种物理因素作用，使组织细胞破碎的方法，该称为物理破碎法。物理破碎法包括如下几种方法温度差破碎法和超声波细胞破碎法。温度差破碎法是通过温度的突然变化使细胞破碎。即将冷冻的细胞突然放进较高温度的水中，或将在较高温度中的细胞突然冷冻都可使细胞破坏。而超声波细胞破碎的程度与输出功率和破碎时间有密切关系。超声波破碎在实验室应用具有简便、快捷、效果好等特点，特别适用于微生物细胞的破碎。但要在大规模工业生产中应用，困难很多。

化学破碎法是应用各种化学试剂与细胞膜作用，使细胞膜结构改变而破坏的方法。化学破碎法中，常用的化学试剂有有机溶剂和表面活性剂。

2.6.2 酶的浓缩与纯化

1）盐析

蛋白质是生物大分子，蛋白质溶液是稳定的胶体溶液，具有胶体溶液的特征。蛋白质之所以能以稳定的胶体存在主要是由于：① 分子直径符合胶体颗粒大小，② 生物大分子所带电荷电性相同，③ 由于生物大分子内部结构含有多种极性基团，在生物大分子表面通过氢键等作用力吸附了一部分水分子，形成很厚的一层水化膜，阻止了生物大分子之间的合并。上述三种因素维持了生物大分子胶体溶液的稳定性。

当向蛋白质胶体溶液加入适当试剂，破坏了蛋白质的水化膜或中和了其分子表面的电荷，从而使蛋白质胶体溶液变得不稳定而发生沉淀的现象。无机盐、有机溶剂和重金属离子都能破坏蛋白质胶体使之产生沉淀。

（1）盐析过程。

在蛋白质溶液中加入一定量的中性盐（如硫酸铵、硫酸钠、氯化钠等），使蛋白质溶解度降低并沉淀析出的现象称为盐析。

无机盐能使蛋白质产生沉淀的原因是，盐类离子与水的亲和性大，又是强电解质，可与蛋白质争夺水分子，破坏蛋白质颗粒表面的水膜，另外，大量中和蛋白质颗粒上的电荷，使蛋白质成为既不含水膜又不带同种电荷的颗粒相互合并聚集而沉淀。盐析原理如图 2 - 13 所示。

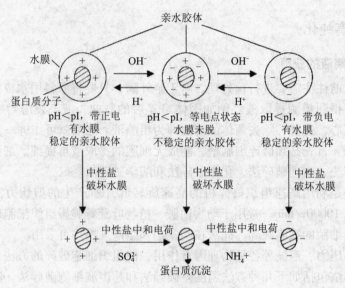

图 2 – 13　盐析原理示意图

另外，当在蛋白质溶液中加入中性盐的浓度较低时，蛋白质溶解度会增加，这种现象称为盐溶，这是由于蛋白质颗粒上吸附某种无机盐离子后，使蛋白质颗粒带同种电荷而相互排斥，并且与水分子的作用加强，从而溶解度增加。

（2）盐析用电解质。

能够作为蛋白质盐析用的中性盐有硫酸铵、硫酸钠、氯化钠等。因为硫酸铵性质稳定，不会引起蛋白质变性，且分离纯化后易去除，所以硫酸铵是最常用盐析试剂。

盐析时所需的盐浓度称为盐析浓度，用饱和百分比表示。由于不同蛋白质的分子大小及带电状况各不相同，所以盐析所需的盐浓度不同。因此，可以通过调节盐浓度使混合液中几种不同蛋白质分别沉淀析出，从而达到分离的目的，这种方法称为分段盐析。

分段盐析能将分子量相差较小的蛋白质分离开来。

（3）影响盐析的因素。

① 蛋白质浓度。高浓度蛋白溶液可以节约盐的用量，但许多蛋白质的 b 和 Ks 常数十分接近，若蛋白浓度过高，会发生严重的共沉淀作用；在低浓度蛋白质溶液中盐析，所用的盐量较多，而共沉淀作用比较少，因此需要在两者之间进行适当选择。用于分步分离提纯时，宁可选择稀一些的蛋白质溶液，多加一点中性盐，使共沉淀作用减至最低限度。一般认为 2.5% ~ 3.0% 的蛋白质浓度比较适中。

② 离子强度和类型。一般说来，离子强度越大，蛋白质的溶解度越低。在进行分离的时候，一般从低离子强度到高离子强度顺次进行。每一组分被盐析出来后，经过过滤或冷冻离心收集，再在溶液中逐渐提高中性盐的饱和度，使另一种蛋白质组分盐析出来。

离子种类对蛋白质溶解度也有一定影响，离子半径小而高电荷的离子在盐析方面影响较强，离子半径大而低电荷的离子的影响较弱，下面为几种盐的盐析能力的排列次序：磷酸钾 > 硫酸钠 > 磷酸铵 > 柠檬酸钠 > 硫酸镁。

③ pH 值。一般来说，蛋白质所带净电荷越多溶解度越大，净电荷越少溶解度越小，

在等电点时蛋白质溶解度最小。为提高盐析效率，多将溶液 PH 值调到目的蛋白的等电点处。但必须注意在水中或稀盐液中的蛋白质等电点与高盐浓度下所测的结果是不同的，需根据实际情况调整溶液 PH 值，以达到最好的盐析效果。

④ 温度。在低离子强度或纯水中，蛋白质溶解度在一定范围内随温度增加而增加。但在高浓度下，蛋白质、酶和多肽类物质的溶解度随温度上升而下降。在一般情况下，蛋白质对盐析温度无特殊要求，可在室温下进行，只有某些对温度比较敏感的酶要求在 0～4℃进行。

（4）硫酸铵盐析操作。

① 操作方式。实验室或小试中常采用添加硫酸铵饱和溶液。首先将硫酸铵配制成饱和溶液，然后再根据所要分离的蛋白质确定饱和溶液的用量。饱和溶液用量可用下式计算：

$$加入硫酸铵体积 = 料液初始体积 \times \frac{硫酸铵最终浓度 - 初始浓度}{1 - 最终浓度}$$

上式中体积单位是 L，浓度单位是质量体积百分比浓度。

配制时，加入过量硫酸铵，加热至 50～60℃，在 0～25℃条件下平衡两天，有固体析出即达到 100% 饱和。

工业上采用直接加固体硫酸铵法。为达到所需饱和度，加入固体硫酸铵的数量可查阅在 0℃和 25℃下硫酸铵溶液饱和度计算表格。

② 操作注意事项。加固体硫酸铵时必须看清楚硫酸铵溶液饱和度计算表中的温度指标，一般分为室温和 0℃两种。分段盐析时要考虑每次盐析后蛋白质浓度发生了改变，相应地盐析时使用硫酸铵浓度也随之改变；必须严格控制 pH 值、温度、硫酸铵纯度和搅拌速度；加入硫酸铵后需要静置 0.5～1h，待沉淀完全才可以过滤或离心分离。低浓度硫酸铵盐析可采用离心分离法，高浓度盐析后，溶液密度大，蛋白质沉淀后需要高速离心机离心，可以采用过滤法分离；盐析过程要在大于 50mmol/L 的缓冲溶液中进行，以平衡硫酸铵带来的酸化作用。

③ 硫酸铵的预处理。硫酸铵中常含有少量的重金属离子，对蛋白质巯基有敏感作用，使用前必须用 H_2S 处理。将硫酸铵配成浓溶液，加入 H_2S 至饱和，放置过夜，过滤除去重金属离子，浓缩结晶，100℃烘干后使用。另外，高浓度的硫酸铵溶液一般呈酸性（pH 值 = 5.0 左右），使用前也需要用氨水或硫酸调节至所需 pH 值。

2）有机溶剂沉淀

（1）基本原理。

有机溶剂本身的极性小，在水溶液中加入了有机溶剂后，会使水的介电常数减小，从而增加蛋白质分子上不同电荷的引力，相互之间静电引力增强，易产生凝聚现象。同时在水溶液中加入有机溶剂后，由于水溶性有机溶剂亲水性强，会抢夺生物大分子表面上的水分子，使其水化膜厚度变薄，生物大分子之间的隔离层被破坏，合并就更加容易。上述两方面的原因促使生物大分子相互合并凝聚而沉淀。

（2）有机溶剂及沉淀对象。

用于生物大分子沉淀的有机溶剂要有一定的亲水性，这样才能很好地分散到溶液中发生沉淀作用。常用的有机沉淀溶剂有乙醇、丙酮和甲醇等。

乙醇具有介电常数小、沉淀能力强、对生物大分子变性作用小、毒性小、价格便宜等优点，因而应用最为广泛。乙醇可以沉淀蛋白质、酶、多糖、核酸、树脂、果胶、粘液质等生物大分子。不同浓度的乙醇可以沉淀不同分子量的蛋白质。当乙醇浓度从 10% 逐渐增大到 90% 时，各蛋白质在不同浓度下沉淀而析出，与盐析用硫酸铵一样，乙醇可用来进行分级沉淀。

（3）优缺点。

优点：有机溶剂沉淀分辨能力较高，一种溶质只在一个比较窄的浓度范围内沉淀；沉淀无需脱盐；有机溶剂密度低，与沉淀物密度差大，易固液分离；有机溶剂易挥发，无残留。

缺点：易引起蛋白变性；易燃、易爆。

（4）影响有机溶剂沉淀的因素。

有多种因素影响有机溶剂的沉淀效果：

① 温度。低温可保持生物大分子活性，同时降低其溶解度，提高提取效率。

有机溶剂与水混合时，会放出大量的热量，使溶液的温度显著升高，从而增加有机溶剂对蛋白质的变性作用。另外，温度还会影响有机溶剂对蛋白质的沉淀能力，一般温度越低，沉淀越完全。因此，在使用有机溶剂沉淀生物高分子时，整个操作过程应在低温下进行。

② 样品浓度和 pH 值。产品较稀时，将增加有机溶剂投入量和损耗；样品太浓会增加共沉作用。一般认为蛋白质的初浓度以 0.5% ~2% 为好，黏多糖则以 1% ~2% 较合适。pH 值多控制在待沉蛋白质的等电点附近。

③ 金属离子。一些多价阳离子如 Zn^{2+} 和 Ca^{2+} 在一定 pH 值下能与呈阴离子状态的蛋白质形成复合物，这种复合物在水中或有机溶剂中的溶解度都大大下降，而且不影响蛋白质的生物活性。

④ 离子强度。较低浓度的中性盐存在有利于沉淀作用，减少蛋白质变性。一般在有机溶剂沉淀时中性盐浓度以 0.01 ~0.05mol/L 为好，盐浓度太高或太低都对分离有不利影响，常用的中性盐为醋酸钠、醋酸铵、氯化钠等。

（5）有机溶剂沉淀操作过程注意事项。

高浓度有机溶剂易引起蛋白质变性失活，操作必须在低温下进行，并在加入有机溶剂时注意搅拌均匀以避免局部浓度过大。由此法析出的沉淀一般比盐析容易过滤或离心沉降，分离后的蛋白质沉淀，应立即用水或缓冲液溶解，以降低有机溶剂浓度。

操作时的 pH 值大多数控制在待沉淀蛋白质的等电点附近，有机溶剂在中性盐存在时能增加蛋白质的溶解度，减少变性，提高分离的效果，在有机溶剂中添加中性盐的浓度为 0.05mol/L 左右，中性盐过多不仅耗费有机溶剂，还可能导致沉淀不好。

沉淀的条件一经确定，就必须严格控制，才能得到可重复的结果。有机溶剂浓度通常以有机溶剂和水容积比或用百分浓度表示。有机溶剂沉淀蛋白质分辨力比盐析法好，溶剂易除去；缺点是易使酶和具有活性的蛋白质变性。故操作时要求条件比盐析严格。对于某些敏感的酶和蛋白质，使用有机溶剂沉淀尤其要小心。

3）层析法

根据填充剂不同，可分为吸附层析法、离子交换层析法和分子筛过滤层析法等。

（1）吸附层析法。

一般吸附剂对不同蛋白质的吸附能力是不同的，利用这一原理可采用不同的吸附剂对酶进行纯化。工业生产中常用的吸附剂有氧化铝、活性白土、磷酸钙凝胶、酶的底物或纤维素衍生物等。该方法是将吸附剂填于柱中，将酶的提取液上柱，杂蛋白及一些杂质随废液流出，而酶则被吸附剂吸附，再用 NaCl 溶液、缓冲剂等洗脱。

（2）离子交换层析法。

在一定 pH 值条件下，不同酶蛋白分子的极性基团解离状况不同。当酶蛋白带负电荷时，与阴离子变换剂进行离子交换；酶蛋白带正电荷时与阳离子交换剂进行交换，同时离子交换剂还有吸附能力，根据不同酶蛋白与树脂等离子交换和吸附能力的差异，可以按先后顺序对酶进行分级处理。

常用的阴离子交换剂有 DEAE - 纤维素（二乙氨基乙基纤维素）、DEAE Saphadex（二乙氨基乙基葡萄糖）、阳离子交换剂有 CMC - 纤维素（羧甲基纤维素）、CMC - Saphadex（羧甲基葡萄糖凝胶）等。

（3）分子筛过滤层析（凝胶过滤层析）法。

凝胶分子筛颗粒有网孔，相当于筛子。小于筛孔的分子能进入凝胶颗粒网孔，大分子进入颗粒间隙，首先流出，从而使不同分子质量的蛋白质分离。

2.7　主要生产设备

2.7.1　机械搅拌通风式发酵罐

详见情境1，不再重复。

2.7.2　板框压滤机

发酵结束后加入絮凝剂需经过板框过滤机进行过滤。板框过滤机是由多块带凸凹纹路的滤板和滤框交替排列于机架而构成。板和框一般制成正方形，其角端均开有圆孔，这样板、框装合，压紧后即构成供滤浆、滤液或洗涤液流动的通道。框的两侧覆以四角开空的滤布，空框与滤布围成了容纳滤浆和滤饼的空间。

2.7.3　转筒过滤机

设备的主体是一个转动的水平圆筒，如图 2-14 所示，其表面有一层金属网作为支承，网的外围覆盖滤布，筒的下部浸入滤浆中。圆筒沿径向被分割成若干扇形格，每格都有管与位于筒中心的分配头相连。凭借分配头的作用，这些孔道依次分别与真空管和压缩空气管相连通，从而使相应的转筒表面部位分别处于被抽吸或吹送的状态。在圆筒旋转一周的过程中，每个扇形表面可依次顺序进行过滤、洗涤、吸干、吹松、卸渣等操作。

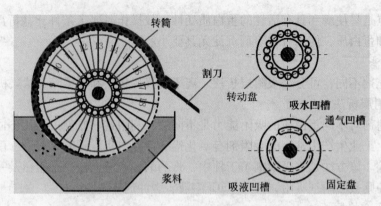

图 2 - 14   转筒过滤机结构

分配头由紧密贴合的转动盘与固定盘构成，转动盘上的每一孔通过前述的连通管各与转筒表面的一段相通。固定盘上有三个凹槽，分别与真空系统和吹气管相连。两同心圆转筒分为 18 个扇区，1～12 区内接真空管，为过滤板区和吸干区。12～13 区接通洗水为洗涤区，14 区为吸干区，16～17 区与压缩空气相通，为卸料区，18 区外侧之刮刀会将滤饼刮下。

转筒过滤机的突出优点是操作自动，对处理量大而容易过滤的料浆特别适宜。其缺点是转筒体积庞大而过滤面积相形之下较小；用真空吸液，过滤推动力不大，悬浮液中温度不能高。

2.7.4   冷冻干燥机

发酵液过滤结束后，用压缩热空气将酶泥吹干，然后放入烘房干燥，也可以将湿酶经真空干燥，即为成品酶。

产品的冷冻干燥需要在一定装置中进行，这个装置叫做真空冷冻干燥机，简称冻干机。冷冻干燥机系由制冷系统、真空系统、加热系统、电器仪表控制系统所组成。主要部件为干燥箱、凝结器或称冷阱、冷冻机组、真空泵、加热/冷却装置等。

干燥腔体是一个能够致冷到 -40℃ 左右，能够加热到 +100℃ 以下的高低温箱，也是一个能抽成真空的密闭容器。它是冻干机的主要部分，需要冻干的产品就放在箱内分层的金属板层上，对产品进行冷冻，并在真空下加温，使产品内的水份升华而干燥。

冷凝器同样是一个真空密闭容器，在它的内部有一个较大表面积的金属吸附面，吸附面的温度能降到 -40℃ 以下，并且能恒定地维持这个低温。冷凝器的功用是把冻干箱内产品升华出来的水蒸气冻结吸附在其金属表面上。

3   制订工作计划

通过工作任务的分析，对 α - 淀粉酶生产所需原料、培养基组成及发酵工艺已有所了解。在总结上述资料的基础上，通过同小组的学生讨论，教师审查，最后制订出工作任务的实施过程。如图 2 - 15 所示。

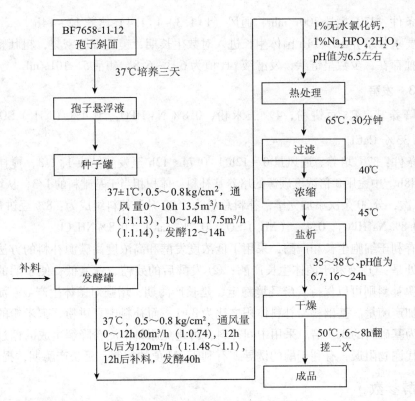

图 2-15 α-淀粉酶生产工艺流程图

3.1 生产菌株

枯草杆菌 BF7658-11-12。原种枯草杆菌 BF7658 在 1965 年投产以后，1975 年又与中国科学院遗传研究所、无锡轻工业学院等协作采用物理化学方法反复处理后，得到一株新菌株 11-12，其产酶提高 50%，该菌株呈短杆状，革兰氏阳性，两端钝圆，单独或成链状，在肉汁表面可生成菌膜，在淀粉培养基上菌落呈乳白色，表面光滑湿润，略有光泽无皱纹，有黏稠性，用碘液试之，菌落周围呈透明圈。

3.2 菌种的扩大培养

3.2.1 斜面培养

斜面种子培养基为马铃薯斜面或淀粉蛋白胨斜面，37℃培养三天使之形成芽孢以提高种子的稳定性。

马铃薯茄子瓶斜面组成：20% 马铃薯煎出汁加 $MgSO_4 \cdot 7H_2O$ 5mg/L，琼脂 2%，pH 值 6.7~7.0。淀粉蛋白胨培养基组成：可溶性淀粉 2%，蛋白胨 1%，氯化钠 0.5%，琼脂 2%，pH 值调至 6.7~7.0。

3.2.2 一级种子制备

一级种子培养基：4% 豆饼粉，3% 玉米粉，0.8% Na_2HPO_4，0.4% $(NH_4)_2SO_4$，0.15% NH_4Cl。

培养条件：37℃搅拌300r/min，通风（1:1.3~1:1.4）培养12~14h。

质量要求：培养12~14h菌体生长进入对数生长期，镜检细胞密集，粗壮整齐，大多数细胞单独存在，少数呈链状，发酵液pH值为6.3~6.8，酶活5~10U/mL。

3.2.3 发酵

发酵培养基：4%豆饼粉，4%玉米粉，0.8% Na_2HPO_4，0.4%（NH_4）$_2SO_4$，2.66% NH_4Cl，1.33% $CaCl_2$

培养条件：37℃培养。通风量0~12h 1:0.74，12h至发酵结束1:1.3，搅拌200r/min，培养40~48h。中途用3倍浓度碳源的培养基补料，体积相当于基础料的1/3，从培养12h开始，每h1次，分30余次添加完毕，补料总量为1500升。补料组成为：8%豆饼粉，22.7%玉米粉，0.8% Na_2HPO_4，0.4%（NH_4）$_2SO_4$，0.2% $CaCl_2$，0.8% NH_4Cl。

为了有利于细胞生长和产酶，采用了低浓度发酵和高浓度高碳源补料的方法。低浓度发酵的好处是：①有利于菌体生长产酶；②发酵后的残糖、残氮低，便于酶的提取。高浓度高碳源补料则可以保持发酵环境稳定，延长产酶期，增强对菌体生产α-淀粉酶的诱导，以增加产酶量。基础料与补料体积之比为3:1，而补料中豆饼粉、玉米粉的总浓度高达30%，为基础料的3.8倍。采用中间补料，可避免原料中淀粉降解生成的糖过量堆积而引起分解代谢物阻遏，有利于酶的诱导，有利于pH值的控制，延长产酶期，提高产量。

3.3 发酵参数

3.3.1 温度

枯草杆菌一般在35~37℃下培养为合适。芽孢杆菌生产α-淀粉酶的最适温度范围很小，在35℃与37.5℃下静止培养淀粉液化芽孢杆菌时，α-淀粉酶的产量有明显的差别，35℃下培养的远比37.5℃好。但是在摇瓶培养下，两种培养温度的最终产酶活性无明显区别。

液体深层培养与固体培养对温度的敏感性不同。液体培养时，一旦温度升到40℃以上，对产酶就不利。BF7658 37℃静止培养时α-淀粉酶到达高峰的时间比35℃的要短24h，而30℃培养时酶活性仅及前者一半。

3.3.2 pH值

有报道指出，用淀粉、乳酸铵、磷酸盐培养基培养淀粉液化芽孢杆菌时，最适pH值范围在6.8~7.2，而用洗涤细胞作试验时其最适pH值在6.2~6.5，pH值超过7.0时，α-淀粉酶生成量明显降低。

发酵前期为细菌生长繁殖阶段，采用调节空气流量的方法使pH值在7.0~7.5之间，有利于细胞大量繁殖。发酵产酶期pH值应控制在6.0~6.5之间为宜，有利于α-淀粉酶的形成。在发酵罐搅拌转速不能改变的情况下，操作时采用调节风量的办法来控制菌体的生长、pH值范围、糖氮消耗幅度等因素，使产酶速度按每小时15~25U/mL稳定增长，当pH值升至7.5以上，温度不再上升，细菌多为空泡，酶活性二次测定不再上升，一般可认为发酵结束。

3.3.3　通风比

工业上生产 α-淀粉酶的微生物都是好气性菌。用深层培养时，在一定培养基中，酶的生成量主要为通风搅拌所左右。摇瓶培养淀粉液化芽孢杆菌，当装液量为 200mL 时（500mL 三角瓶），它的 α-淀粉酶生成量只及装液量为 40mL 时的五分之一。使用玉米、豆饼培养基，摇瓶培养 BF7658 和 TUDl27 的结果同样表明，通风量能够影响 α-淀粉酶的合成。用 500 升发酵罐试验，在搅拌转速为 185r/min 下培养枯草杆菌 BF7658，当通风量由 1∶0.53 降到 1∶0.34 时，α-淀粉酶活性降低 1/2。枯草杆菌在对数期末降低通风量，却可促进 α-淀粉酶生产。CO_2 对细胞增殖与产酶有影响，当通入含 8% CO_2 的空气时，枯草杆菌 α-淀粉酶活性可增加 3 倍。

3.3.4　种龄与接种量

生产中，一般种龄选在生命力极为旺盛的对数生长期。种龄过于年轻则前期生长缓慢，发酵周期延长；种龄过于年老会导致生产能力衰退。最适种龄需通过试验确定。

α-淀粉酶的产生与芽孢的形成无直接关系。发酵过程中一些菌株的 α-淀粉酶活性在菌体生长达最大值时最高，而另一些菌种（枯草杆菌与嗜热脂肪芽孢杆菌）在对数生长期最高。有一些菌株对分解代谢物阻遏很敏感，在可利用糖未耗尽和达到生长静止期之前，不会大量形成 α-淀粉酶。在工业上，用粗原料生产时，α-淀粉酶在静止期内大量形成，酶的活性随菌体自溶而增加。枯草杆菌 7658α-淀粉酶的活性在衰亡期最高。

芽孢杆菌以使用对数生长期的种子最合适，接种量为发酵液量 0.2%～1%，对产酶无多大影响。

3.4　酶的分离纯化

3.4.1　发酵液热处理

α-淀粉酶成品在贮藏过程中失活的主要原因是夹杂的蛋白酶破坏了部分淀粉酶活性。夹杂的蛋白酶量越多，失活就越大。将 α-淀粉酶发酵液加热处理可以破坏夹杂的蛋白酶，使淀粉酶贮藏的稳定性大幅提高。

3.4.2　硫酸铵沉淀

酶液的浓度不同，所需硫酸铵的浓度也不同，如干物质为 10% 的米曲霉麸曲浸出液，用 70% 浓度的硫酸铵可使 90% 的淀粉酶沉淀，如浓缩到含 30% 干物，则用 50% 的硫酸铵便可使 97% 的 α-淀粉酶沉淀。

α-淀粉酶来源或菌种不同，对硫酸铵浓度的要求也不同。如沉淀米曲霉发酵液的 α-淀粉酶时，最适的硫酸铵浓度为 56%，而沉淀枯草杆菌、马铃薯杆菌、淀粉酶芽孢杆菌发酵液的 α-淀粉酶时，最适浓度分别为 37%、70%、60%。

3.4.3　干燥

一般盐析法将培养液沉淀、压滤后，滤饼即酶的粗制品，通常含水率仍有 50% 以上，呈膏泥状，要把这些物料制成干状就需进一步烘干。烘房即为生产上最容易采用的设备。

BF7658 淀粉酶也可用喷雾干燥法干燥，收率 90% 左右，但制品中杂质较多，有臭味，

妨碍应用，同时蒸汽消耗量大，也易吸湿。

3.4.4 淀粉酶的稳定化

α-淀粉酶制剂中添加钙、钠可以延长保藏期。例如一克结晶α-淀粉酶，添加80g醋酸钙、50克食盐作成酶制剂后，不论稀释到任何浓度始终可保持其耐热性。浓缩的枯草杆菌α-淀粉酶液中，可添加5%～15%食盐为稳定剂，以松油、食盐为稳定剂，添加松油、麝香香粉或四硼酸钠为防腐剂。

甘油、山梨醇也是α-淀粉酶良好的稳定剂。不同阴离子的钙盐对α-淀粉酶的稳定效果不同。其中以醋酸钙的稳定效果最好。硼砂、硼酸氢钠可以增强细菌α-淀粉酶的耐热性。

4　工作任务实施

通过前面对工作任务α-淀粉酶生产过程分析，已经对生产α-淀粉的生产原料、培养基组成、灭菌技术以及生产菌种的分离、选育和保藏等基本知识有所了解和掌握。下面就液体深层发酵生产α-淀粉的实际工作任务进行实施。

4.1　灭菌操作

空管灭菌和实罐灭菌操作见情境一。

4.2　菌种的扩大培养

4.2.1　斜面种子制备

斜面种子培养基：取洗净去皮的马铃薯200g切成薄片，加水煮沸1h，纱布过滤后，定容为1000mL，加 $MgSO_4 \cdot 7H_2O$ 0.005g，琼脂20g，用氢氧化钠调节pH值至6.7～7.0，$1kg/cm^2$ 灭菌40min后制成斜面。

培养条件：37℃培养三天使之形成芽孢以提高种子的稳定性。

为了使种母罐培养时接种量恒定，细胞生长一致，防止和减少杂菌的污染，保证大罐产酶稳定，采用孢子接种。孢子悬浮液的制备是将成熟的茄子瓶孢子斜面在无菌操作条件下，加入50mL左右装有少量玻璃珠一起灭菌的无菌水，装上接种针头略微振摇，即为孢子悬浮液。

4.2.2　一级种子制备

一级种子培养基：4%豆饼粉，3%玉米粉，0.8% Na_2HPO_4，0.4%（NH_4）$_2SO_4$，0.15% NH_4Cl。

在火焰下将孢子悬浮液的接种针头迅速插入灭菌后的种子罐的接种橡皮塞，降压接种，接种时罐压不超过1kg，也不得降到零。维持料混在 37 ± 1℃，罐压在0.5～0.8kg/cm² 进行培养。通风量 0～10h 内每小时为 13.5m³ （1:1.13），10-14h 内每小时 17.5m³ （1:1.45），培养 12～14h。此时细胞繁殖仍很旺盛，pH值开始升高，处于对数生长之后期，立即将其接种到大罐，则细胞生长较快，酶单位亦较高。

质量要求：菌形粗壮整齐，无杂菌、无异味，大多数细胞单独存在，少数呈链状，发酵液 pH 值 6.3 ~ 6.8，酶活 5 ~ 10U/mL。

4.2.3 发酵

发酵培养基：4% 豆饼粉，4% 玉米粉，0.8% Na_2HPO_4，0.4% $(NH_4)_2SO_4$，2.66% NH_4Cl，1.33% $CaCl_2$。

先将原料倒入配料罐中，加水打浆后送入发酵罐定容，加入消泡油和酶液后直接用蒸汽加热到 120℃ 灭菌 30min。冷却后取样测定糖、氮、pH 值，并待接种。接种管道用 3kg/cm² 蒸汽灭菌 1h，趁热将种子罐的成熟种子按入发酵罐，按种量为 15% 左右。保持料温为 37℃，罐压为 0.5 ~ 0.8kg/cm² 进行发酵。通风量 0 ~ 12h 为 60m³/h（1:0.74），12h 以后为 120m³/h（1:1.48 ~ 1.1）。按种后每隔半小时记录一次温度、罐压、空气流量。培养 9h 以后，每隔 2 ~ 3h 测 pH 值、酶活性、镜检菌形一次。12h 以后进行补料。表 2 - 4 为发酵培养基成分表。

表 2 - 4　发酵培养基成分

名称	总配比（%）	基础料		补料	
		配比（%）	重量（kg）	配比（%）	重量（kg）
豆饼粉	5	4	54	8	36
玉米粉	9	4	54	22.7	108
Na_2HPO_4	0.8	0.8	10.8	0.8	3.6
$(NH_4)_2SO_4$	0.4	0.4	5.4	0.4	1.8
NH_4CL	0.4	2.66	3.6	0.8	3.6
$CaCL_2$	0.15	1.33	1.8	0.2	0.9
豆油			2		1
α - 淀粉酶			60 万单位		30 万单位
体积			1350 立升		450 立升

4.3　补料控制

大罐发酵 12h 后可进行补料。从培养 12h 开始，每小时 1 次，分 30 余次添加完毕。每次补料 20 ~ 30 秒钟，约 1.5 ~ 2.5 立升。具体视 pH 值和菌形而定。如 pH 值在 6.5 以上，菌形空泡量增加，就多补一些（补 30 秒），如 pH 值在 6.5 以下，菌形空泡不多，就少补一些。补料结束后 6 ~ 8h，pH 值升至 7.5 以上，温度不再上升，营养细胞 80% 以上已成空泡，酶活性二次测定不再上升时发酵宣告结束，即可放罐提取。一般发酵液的 α - 淀粉酶活性均可在 300U/mL 以上。

4.4 酶的分离纯化

4.4.1 发酵液热处理

在发酵液中添加 1% 的无水氯化钙，1% $Na_2HPO_4 \cdot 2H_2O$，调节 pH 值为 6.5 左右，用 0.15 公斤蒸汽加热到 65℃，处理 30min，真空冷却，即可破坏其中的蛋白酶，而 α - 淀粉酶活性的失活损失较小。

4.4.2 过滤

发酵液热处理后冷却到 40℃，加入硅藻土为助滤剂过滤。滤饼加 2.5 倍水洗涤。

4.4.3 浓缩

洗液同发酵滤液合并后，在 45℃ 真空浓缩数倍。

4.4.4 硫酸铵沉淀

加入硫酸铵沉淀酶蛋白。35 ~ 38℃、pH 值为 6.7、硫酸铵终浓度为 40%（夏天 42%）的条件下搅拌一小时，静置 16 ~ 24h。沉淀物加硅藻土后压滤。

4.4.5 干燥

烘温 50℃，6 ~ 8h 翻搓一次，干酶条含水量 6% 以下结束干燥。

5 工作任务检查

通过同小组的学生互查、讨论，对工作任务的实施过程进行全程检查，最后由教师审查，并提出修改意见。检查主要内容为：

5.1 原材料及培养基组成的确定

由学生分组讨论，因地制宜地提出生产原料，培养基组成和配比，并说明选择的理由和依据，由指导老师审核，并提出修改意见，讲解原因。

5.2 培养基及发酵设备的灭菌

每一小组的学生都要对本情境的生产原料、培养基、设备管道和空气的灭菌的实施过程进行检查、互查。指导教师根据学生的检查情况，要对空消、实消和空气灭菌的工艺过程逐一进行审查。特别是对生产过程中是否发生杂菌污染、溢料情况进行检验、审查。

5.3 种子的扩大培养和种龄确定

由同小组的学生对生产菌种的扩大培养条件、种龄、接种量和发酵级数等实施过程进行互查和讨论，并对方案实施过程中出现的问题提出改进意见，由指导教师审查。

5.4 发酵工艺及操控参数的确定

让学生结合本工作任务实施的发酵工艺和设备，对 α - 淀粉酶发酵设备的选用、发酵方式以及发酵温度、pH 值、通气量和消泡剂等发酵参数的调控进行检查和讨论，由指导教师审查后提出修改意见。

5.5 分离纯化工艺

针对 α-淀粉酶发酵生产的特点，让同小组学生对 α-淀粉酶料液在分离纯化和提取工艺以及浓缩、结晶、干燥等工艺过程的实施情况进行互查和讨论。要对工作任务实施过程中的不足提出改正意见，指导教师要对学生的检查和修改意见进行审查和改进。

总之，通过对工作任务的检查，让学生发现在 α-淀粉酶这一生产任务的实施过程中出现的问题、错误以及取得的成绩，有利于学生在今后实际工作中改进和完善，提高其岗位操作、处理问题的综合技能。

6 工作任务评价

根据每个学生在工作任务检查中的表现以及实际操作等情况进行任务评价。采用小组学生之间和不同小组之间互评，由指导教师根据量化的评分标准给出最终评价。本工作任务总分 100 分，其中理论部分占 40 分，生产过程及操控部分占 60 分。

6.1 理论知识（40 分）

依据学生在本工作任务中对上游技术、发酵和下游技术方面理论知识的掌握和理解程度，每一步实施方案的理论依据的正确与否进行量化。以小组学生之间互评为依据，由指导教师给出最终评分，必要时可通过理论试卷考试。

6.2 生产过程与操控（60 分）

6.2.1 原料识用与培养基的配制（10 分）

① 碳氮源及无机盐、生长素的选择是否准确；② 称量过程是否准确、规范；③ 加料顺序是否正确；④ 物料配比和制作是否规范、准确。

6.2.2 培养基和发酵设备的灭菌（10 分）

在 α-淀粉酶生产以前，学生必须对培养基、设备、管道和通入的空气进行灭菌，确保发酵过程中无杂菌污染现象。因此，指导教师要在以上环节对学生作出评分，对工作任务实施过程中是否被杂菌感染进行检查，根据检测结果进行最终评价。

6.2.3 种子的扩大培养（10 分）

根据学生在 α-淀粉酶生产菌种的扩大培养过程中操作的规范程度、温度、pH 值、摇床转速或通气量的调控能力，接种消毒操作、接种量和种龄的控制方面由指导教师进行打分。

6.2.4 发酵工艺及参数的操控（15 分）

① 温度控制及温度调节是否准确；② pH 值控制及调节是否准确及时；③ 根据发酵现象调控通气量是否及时准确；④ 泡沫控制是否适当、消泡剂的加入是否及时准确；

⑤ 发酵终点的判断是否准确；⑥ 发酵过程中是否出现染菌、溢料等异常现象。

6.2.5 提取精制 (10分)

① 发酵液预处理方法是否正确；② 板框过滤操作是否正确规范；③ 酒精沉淀等生产工艺是否规范、正确；④ 干燥操作是否准确。

6.2.6 产品质量 (5分)

检验项目：产品感官、活力、重金属含量等。

检验依据：GB 1805.1—1993《工业用 α – 淀粉酶制剂质量标准》

思考题

1. 酶作为生物催化剂的特点有哪些？

2. 有哪些因素可以影响酶催化反应的速度？如何影响的？

3. 淀粉酶分哪几类？切割位点有何不同？

4. α – 淀粉酶有哪些作用？

5. α – 淀粉酶生产的工艺参数应如何控制？

6. 硫酸铵沉淀蛋白质产品的原理是什么？操作时应注意哪些事项？

7. 常用于生物大分子沉淀的有机溶剂有哪些？

参考文献

[1] 贾新成，陈红歌. 酶制剂工艺学 [M]. 北京：化学工业出版社，2008.

[2] 沃尔夫冈·埃拉. 工业酶的制备与应用 [M]. 北京：化学工业出版社，2006.

[3] J. 波莱纳，A. P. 麦凯布. 工业酶的结构、功能与应用 [M]. 北京：科学出版社，2010.

[4] 林影，韩双艳. 化学工业酶技术 [M]. 北京：化学工业出版社，2009.

[5] 杨昌鹏. 酶制剂生产与应用 [M]. 北京：中国环境科学出版社，2006.

[6] 孙俊良. 酶制剂生产技术 [M]. 北京：科学出版社，2004.

[7] 孙彦. 生物分离工程 [M]. 北京：化学工业出版社，2003.

[8] 孙君社. 酶与酶工程及其应用 [M]. 北京：化学工学出版社，2006.

情境三 生物制药——链霉素生产

 学习目的和要求

   （1）知识目标：熟悉氨基糖苷类抗生素，培养基的种类和配制方法；放线菌的菌落形态和特点、繁殖方式，链霉素生产菌的种类、特点、保藏方法；机械搅拌式发酵设备的结构、特点。

   （2）能力目标：学会放线菌扩大培养的方法；放线菌发酵生产及工艺流程参数操控；发酵物料的预处理方法、离子交换法、溶媒萃取法提取精制抗生素的方法和链霉素产品真空干燥技术；

   （3）情感目标：培养学生学习过程中形成的使命感、责任感、自信心、进取心、团队合作精神等方面的自我认识和自我发展。

1 接受工作任务

1.1 链霉素相关知识

1.1.1 链霉素的结构

   链霉素是继青霉素之后，用于临床的第二个重要抗生素，链霉素是含有链霉胍的氨基糖苷类抗生素族中的主要成员，链霉素又称链霉素 A，氨基糖苷类抗生素结构如图 3-1。其化学名为 N-甲基-α-L-葡萄糖胺-（1→2）-α-L-链霉糖-（1→4）链霉胍。氨基糖苷类抗生素结构如图 3-1 所示。

$$\text{（图 3-1 氨基糖苷类抗生素结构式）}$$

链霉素:　　　　R_1=CHO　R_2=CH_3　R_3=H

双氢链霉素:　　R_1=CH_2OH　R_2=CH_3　R_3=H

羟链霉素:　　　R_1=CHO　R_2=CH_2OH　R_3=H

甘露糖链霉素:　R_1=CHO　R_2=CH_3　R_3=-O-CH-(CHOH)$_3$CH-CH_2OH

图 3-1　氨基糖苷类抗生素

从上面结构式中可以看出，链霉素是由链霉胍、链霉糖、N－甲基－L－葡萄糖胺三个部分以苷键结合而成。链霉糖和 N－甲基－L－葡萄糖胺又合成为链霉二糖胺，故链霉素又可看成是由链霉胍和链霉二糖胺组成的。

1.1.2　链霉素主要理化性质

链霉素游离碱为白色粉末，大多数盐类也是白色粉末或略带黄色的粉末或结晶，无嗅、味微苦、有吸湿性、在空气中易潮解。

链霉素分子中有三个碱性基团，其中两个是强碱性胍基（pK11.5），来自链霉胍上，而第三个是弱碱性的甲氨基（pK7.7），来自葡萄糖胺上。所以，链霉素是一种强碱性抗生素，在水溶液中随 pH 值不同可能以四种不同的形式存在。当 pH 值很高时，链霉素成游离碱（Str）形式，当 pH 值降低时，可逐渐电离成一价正离子（$StrH^+$）、二价正离子（$StrH_2^{2+}$）；在中性及酸性溶液中，成为三价正离子（$StrH_3^{3+}$）。能和各种酸形成盐，其中以硫酸盐最重要。

链霉素的水溶液比较稳定，但其稳定性受 pH 值和温度影响较大。其硫酸盐水溶液在 pH 值为 4.0~7.0，室温下放置数星期，仍很稳定，如在冰箱中保存，则三个月内活性几乎无变化。短时间加热，如在 70℃ 加热半小时，对活性无明显影响。100℃ 加热 10min，活性约损失一半。若 pH 值大于 8.0 或小于 3.0 时，则稳定性差，易失去活性，pH 值在 1 以下和 10 以上时，即使室温也迅速分解失效。链霉素水溶液的失活程度与 pH 值、温度和时间有关。其半衰期可参见表 3-1。

表 3-1　链霉素的半衰期（小时）

pH 值 / 时间 / 温度	7℃	28℃	50℃	pH 值 / 时间 / 温度	7℃	28℃	50℃
0.8	1200	110	8	7.0	稳定	稳定	
1.7	稳定	1500	90	8.6	稳定	1100	
2.7	稳定	稳定	990	9.5	3000	300	28
5.5	稳定	稳定	4600	11.2			

由于链霉素分子中含有很多亲水性基团（羟基和胺基），故链霉素碱或盐类大多数很易溶于水，而难溶于有机溶媒中。链霉素盐酸盐易溶于甲醇，难溶于乙醇，不溶于氯仿等，而硫酸盐即使在甲醇中也很难溶解，链霉素硫酸盐在各种溶媒中的溶解度见表 3-2。

表 3 – 2 链霉素硫酸盐的溶解度（28℃）

溶媒	溶解度 mg·mL^{-1}	溶媒	溶解度 mg·mL^{-1}	溶媒	溶解度 mg·mL^{-1}
水	>20	石油醚	0.015	二氯乙烷	0.30
甲醇	0.85	异辛烷	0.0015	二氧环乙烷	0.60
乙醇	0.30	四氯化碳	0.035	氯仿	0.0
异丙醇	0.01	酸酸乙酯	0.30	二硫化碳	0.25
异戊醇	0.30	醋酸异戊酯	0.10	吡啶	0.135
环乙烷	0.04	丙酮	0.0	甲 酰 胺	0.107
苯	0.027	甲乙基酮	0.05	乙二醇	0.25
甲苯	0.03	醚	0.035	苯甲醇	505

链霉素的理论效价

链霉素中链霉糖部分的醛基被还原成伯醇后，就成为双氢链霉素，它的抗菌效能和链霉素大致相同，目前临床上使用的是链霉素或双氢链霉素的硫酸盐。将链霉素还原为双氢链霉素时，如改变还原条件，还会生成去氧双氢链霉素。甘露糖链霉素又叫链霉素 B，其生物活性比链霉素低得多，只有链霉素的 20%～25%。链霉素或双氢链霉素的效价标准，系以 1μg 链霉素碱为一个单位。由此可以算出链霉素各种盐类的理论效价，链霉素和双氢链霉素的理论效价见表 3 – 3。

表 3 – 3 链霉素和双氢链霉素的理论效价

名称	化学式	分子量	理论效价 u·mg^{-1}
链霉素硫酸盐	$C_{21}H_{39}O_{12}N_7 \cdot \frac{3}{2}H_2SO_4$	728.7	789
链霉素盐酸盐	$C_{21}H_{39}O_{12}N_7 \cdot 3HCl$	691	842
链霉素氯化钙复盐	$C_{21}H_{39}O_{12}N_7 \cdot 3HCl \frac{1}{2}CaCl_2$	746.5	780
链霉素碱	$C_{21}H_{39}O_{12}N_7$	581.6	1000
双氢链霉素硫酸盐	$C_{21}H_{41}O_{12}N_7 \cdot \frac{3}{2}H_2SO_4$	730.7	798
双氢链霉素盐酸盐	$C_{21}H_{41}O_{12}N_7 \cdot HCl$	693.0	842
双氢链霉素碱	$C_{21}H_{41}O_{12}N_7$	583.6	1000

链霉素是一种有机碱，可以和很多无机和有机酸形成盐类，医疗上使用的是硫酸盐。磷乌酸与链霉素形成白色沉淀的反应，在生产上，还可用于定性鉴别试验。

1.1.3 链霉素的化学反应

1）氢化反应（还原反应）

链霉糖中的醛基被还原后生成双氢链霉素。以链霉素为原料，制备双氢链霉素的工业生产方法，主要有下列三种：

① 直接还原法。以活性镍铅合金或氧化镉为催化剂，在高压下通入氢气，对硫酸链霉素进行氢化，即可制得双氢链霉素。

② 电解还原法。即将链霉素溶液放在电解阴极槽中，通入适量电流，就可达到还原作用。

③ 化学还原法。即利用某些能生成活性氢的化合物，将链霉素还原成双氢链霉素。工业上常采用钾硼氢（KBH_4）或钠硼氢（$NaBH_4$）作为还原剂。还原反应式为：

$$4Str-CHO + KBH_4 + 4H_2O \longrightarrow 4Str-CH_2OH + KOH + H_3BO_3$$

反应需在中性或弱碱性的条件下进行。在酸性溶液中，除生成双氢链霉素外，还生成脱氧双氢链霉素，在 pH 值为 2 时，则只产生脱氧双氢链霉素。

2）氧化反应

链霉素经温和的氧化或还原作用，分子一般都不会发生裂解。链霉糖是链霉素分子中比较脆弱的一部分，所以，其中所含的醛基受某些氧化剂或还原剂的作用，容易发生反应。

链霉素被溴水氧化后，就能形成链霉素酸，它无生物活性。链霉素水溶液在碱性下放置，也会形成此酸。成品中有时也混有链霉素酸。

3）链霉素的降解反应

在链霉素分子中，连结链霉胍和链霉糖之间的苷链要比连结链霉糖和氨基葡萄糖之间的苷键弱得多。因此在温和的酸性条件下，链霉素可水解为链霉胍及链霉二糖胺，链霉糖和氨基葡萄糖以苷键相连的双糖。其反应式为：

$$链霉素（C_{21}H_{39}O_{12}N_7）\xrightarrow{H^+,H_2O} 链霉胍（C_8H_{18}O_4N_6）+链霉二糖胺（C_{13}H_{23}O_9N）$$

1.2 链霉素用途

链霉素对多数革兰氏阴性菌有抗菌作用，可补充青霉素对革兰氏阴性菌的不足。链霉素与青霉素联合应用时常呈协同作用而发挥杀菌功能。链霉素在临床上适用于急性粟粒性结核、结核性脑膜炎、活动性肺结核、各种黏膜结核、浆胞结核、泌尿生殖系统结核、骨及关节结核等。此外，对淋巴结核、结核性瘘管、结核性中耳炎、眼及皮肤结核等亦有一定的疗效。

链霉素临床应用后，30% 左右使用者发生副作用，常见的以口唇周围或面部有麻木感，甚至有头晕、头痛等症状。此外，还可引起过敏反应如皮疹，甚至个别有导致过敏性休克等。

此外，链霉素在农牧业上也运用广泛，如用链霉素制成农药或畜药防治由真菌、细菌所引起的各种植物病害和动物的传染病害；杀死昆虫防止虫害。也可以制成肥料促进生产。总之，链霉素的用途十分广泛。

1.3 接受生产任务书

以葡萄糖为主要碳源、黄豆饼粉为主要氮源，灰色链霉菌为发酵菌种，发酵后，采用离子交换分离处理，得到符合国家药典标准的链霉素。生产任务书见表3-4。

表3-4 生产任务书

产品名称	药品——链霉素	任务下达人	教师
生产责任人	学生组长	交货日期	年 月 日
需求单位		发货地址	
产品数量		产品规格	硫酸链霉素
一般质量要求 （注意：如有客户特殊要 求，按其标注生产）	中华人民共和国药典二部		
进度备注：			

备注：此表由市场部填写并加盖部门章，共3份。在客户档案中留底一份，总经理（教师）一份，生产技术部（学生小组）一份；

2 工作任务分析

2.1 原料

葡萄糖、蛋白胨、氯化钠、KNO_3、$NaCl$、$K_2HPO_4 \cdot 3H_2O$、$MgSO_4 \cdot 7H_2O$、$FeSO_4 \cdot 7H_2O$、琼脂、黄豆饼粉、硫酸铵、磷酸二氢钾、碳酸钙、玉米浆等。

2.2 生产菌种

2.2.1 放线菌

放线菌（actinomycetes）是一类呈菌丝状生长、主要以孢子繁殖和陆生性强的原核生物。由于它与细菌十分接近，加上至今发现的五六十种放线菌都呈革兰氏染色阳性，因此，也可认为放线菌就是一类呈丝状生长、以孢子繁殖的革兰氏阳性细菌。

放线菌的细胞一般呈分枝丝状，因此，过去曾认为它是"介于细菌与真菌之间的微生物"。

放线菌的菌落特征：在固体培养基表面，放线菌的细胞有基内菌丝和气生菌丝的分化，气生菌丝到成熟时又会分化成孢子丝并产生成串的干粉状孢子，这些气生菌丝或孢子丝伸展在空气中，菌丝间一般都不存在毛细管水。这就使放线菌获得其特有的与细菌不同的菌落特征：干燥、不透明，表面呈紧密的丝绒状、坚实多皱，表面有一层色彩鲜艳的干粉；菌落和培养基的连接紧密，难以挑取；菌落的正反面颜色常常不一致，以及菌落边缘培养基的平面有变形现象，长孢子后呈粉末状等。如图3-2所示。

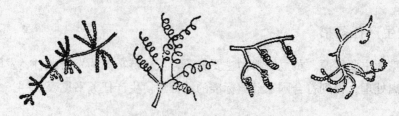

图3-2 放线菌菌丝

放线菌的生活周期：把放线菌的孢子投放到适合于它生长的环境条件下，吸水膨胀，萌发出1-3个芽管来，芽管逐渐长成分枝菌丝，分枝逐生越多，形成基质菌丝体，当基丝生长至一定阶段，部分转向空间长出气生菌丝体。气生菌丝成熟后部分转化具有生殖能力的孢子丝。孢子丝通过横隔分裂方式产生孢子。孢子又可进入循环。如此从孢子到孢子往复一代即生活周期或称生活史。

2.2.2 链霉菌

早期发现产链霉素的生产菌种是灰色链霉菌（S. griseus），该菌株在1944年由Waksman氏等所发现，并用于工业生产，属于放线菌。

链霉菌的细胞呈丝状分枝，菌丝直径很小，与细菌相似（直径<1um）。在营养生长阶段，菌丝内无隔，故一般都呈单细胞状态。细胞内具有为数众多的核质体。

当链霉菌的孢子落在固体基质表面并发芽后，就向基质的四周表面和内层伸展，形成色淡、较细的具吸收营养和排泄代谢废物功能的基内菌丝，又称基质菌丝（一级菌丝）。同时，在基内菌丝上，不断向空间分化出较粗、颜色较深的分枝菌丝，这就是气生菌丝（二级菌丝）。当菌丝逐步成熟时，大部分气生菌丝分化成孢子丝，并通过横割分裂的方式，产生成串的分生孢子。链霉菌的一般形态如图3-3所示。

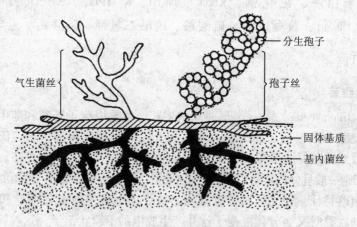

气生菌丝　　　　　　　　　　　　　　　　分生孢子

孢子丝

固体基质

基内菌丝

图3-3 链霉菌的一般形态和构造

链霉菌孢子丝的形态多样，有直、波曲、钩状、螺旋状、轮生（包括一级轮生和二级轮生）等多种。各种链霉菌有不同形态的孢子丝，而且性状较稳定，是对它们进行分类、鉴定的重要指标，如图3-4所示。

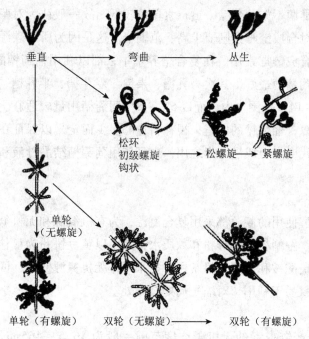

图 3-4　链霉菌的各种孢子形态

螺旋状的孢子丝较为常见。其螺旋的松紧、大小、转数和转向都较稳定。转数在 1~20 转间，一般为 5~10 转，转向有左旋或右旋，一般以左旋居多。

2.3　培养基

2.3.1　斜面培养基

斜面培养基可采用由葡萄糖、蛋白胨、氯化钠及豌豆浸液组成的斜面培养基，葡萄糖 0.5%，蛋白胨 0.5%，氯化钠 0.5%，豌豆浸液 0.5%。

也可以采用高氏 1 号培养基。高氏 1 号固体培养基配方如下：

可溶性淀粉 20g、NaCl 0.5g、KNO_3 1g、$K_2HPO_4 \cdot 3H_2O$ 0.5g、$MgSO_4 \cdot 7H_2O$ 0.5g、$FeSO_4 \cdot 7H_2O$ 0.01g、琼脂 15~20g、水 1000mL、pH 值 7.4~7.6。

2.3.2　种子培养基

高氏 1 号液体培养基除无琼脂外，其他成分同上。

2.3.3　发酵培养基

发酵培养基配方为：葡萄糖 1%、可溶性淀粉 4%、黄豆饼粉 1%、硫酸铵 0.3%、玉米浆 6%、硫酸钾 0.8%、KH_2PO_4 0.07%、碳酸钙 0.3%、NaCl 0.1%。

1）碳源

灰色链霉菌可以利用葡萄糖、果糖、麦芽糖、乳糖和淀粉等。在培养基中含有单糖或多糖（如麦芽糖和淀粉），后者对于链霉菌生长虽亦如葡萄糖、果糖和转化糖比葡萄糖生长还好，但合成链霉菌不如葡萄糖，链霉素单位较低。故一般认为对菌体生长，选择碳源范围是广泛的，但对合成链霉素则要求高、范围窄。这是因为所用碳源葡萄糖，不仅用作碳源也可用以生物合成链霉素用。在复合培养基中，都以利用葡萄糖的链霉素产率最高。碳源利用次序为：葡萄糖最好，其次为乳糖、果糖、麦芽搪、半乳糖、蔗糖、甘油。葡萄糖用量一般在 2% ~ 14% 范围之内，而以 5% ~ 8% 葡萄糖用量较适宜。总之，葡萄糖是链霉素发酵的最适碳源，葡萄糖的用量，视补料量的多少而定，以保证在发酵过程中有足够量的碳源，供菌体代谢和合成链霉素之用，也可使用葡萄糖结晶母液和工业葡萄糖代替结晶葡萄糖。

2）氮源

目前链霉素发酵使用的氮源都采用复合氮源，为有机氮源和无机氮源。有机氮源包括黄豆饼粉、玉米浆、蚕蛹粉、酵母粉和麸质水，其中以黄豆饼粉为最佳，其他可做为辅助氮源。无机氮源以硫酸铵和尿素为最常用，氨水可作无机氮源使用，可又调节发酵 pH 值。可溶性氮比不溶性氮易于利用，对缩短周期有好处。

3）无机盐

灰色链霉菌生产链霉素的无机磷浓度范围一般为 46.5 ~ 465mg/L，具体用量需根据菌种和培养基成分确定。因为磷的浓度既明显影响链霉菌的生长，又明显影响链霉素的合成，故对磷的浓度需加控制。由于营养物供能及合成菌丝蛋白，整个代谢过程很多需有磷酸盐参加，可见磷酸盐之重要性；而无机磷酸盐用量必须很好加以选定，这要根据菌株和培养基而定。磷过多对菌体生长无碍。但对链霉素合成有严重抑制作用。

目前，无机磷的加入量（KH_2PO_4）为 0.06% ~ 0.08%，在调换新的菌种或变动培养基成分时，最适磷量应重新确定。

钙离子通常以碳酸钙的形式加入（加入量为 0.3% 左右），主要作为缓冲剂使用，调节 pH 值用来中和代谢过程中所产生的有机酸。在链霉素发酵过程中它还起了抵消 Fe^{2+} 阻碍甘露糖链霉素转化为链霉素的作用，而有利于链霉素的合成。一般可在发酵 100 小时后加入。

其他无机离子，在复合培养基中已经存在，一般不需再添加。需注意的是 Fe^{2+} 浓度超过 60μg/mL 以上，就产生毒性，显著影响链霉素的产量，而对菌丝体生长影响较小。

2.4 发酵原理及工艺

2.4.1 合成机理

链霉素的生物合成途径：由 D - 葡萄糖和 NH_3 合成链霉素的大致途径如图 3 - 5 所示。

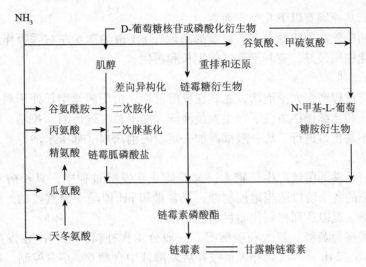

图 3-5　链霉素的生物合成途径

从图可看出，每生成1个链霉素分子都需消耗3个葡萄糖分子、7个HN_3分子、2个CO_2分子和1个甲硫氨酸分子。其中，有3个NH_3分子是通过转氨基反应，分别把氨基供体—谷氨酰氨、丙氨酸和谷氨酸的氨基结合到链霉胍上和L-葡萄糖胺的氨基上，另外4个NH_3分子是通过鸟氨酸环供给的，其中2个NH_3分子又由氨甲酰磷酸酯，另外2个NH_3分子由天冬氨酸引入，最后转变为精氨酸的脒基，再转移到链霉胺衍生物上。2个CO_2分子也是通过鸟氨酸循环固定的。

在灰色链霉素的发酵过程中，与链霉素同时产生的还有甘露糖链霉素（链霉素B），其化学结构为N-甲基-L-葡萄糖胺的C_4与D-甘露糖的C_4以a-糖苷键相连接的糖苷，经过甘露糖苷酶作用，可水解为链霉素和甘露糖。

2.4.2　发酵工艺条件

1）通气和搅拌

灰色链霉菌是一高度好气菌，在葡萄糖—肉汤培养基内需氧量达$120\mu L/h/mL$，在黄豆粉培养基亦如此。深层培养，增加通气量能提高发酵单位。因为通气条件差时，有利于无氧酵解途径，造成丙酮酸和乳酸在培养基内积聚，使pH值下降，不利于链霉素之生物合成，发酵单位低。若适当加大通气量，则可提高三羧酸循环的活力，并防止在培养基中积累乳酸和丙酮酸，使pH值维持在适合链霉素生物合成的范围内，故有利于提高发酵单位。增加通气量还有赖于搅拌，搅拌速度提高对链霉素单位有利，但超过一定搅速，则影响生长和单位增长，过分的机械搅拌能损坏菌丝体，对发酵液过滤不利，而降低搅速则大大影响链霉素之合成。

2）温度

链霉素产生菌对温度敏感。如Z-38菌株对温度高度敏感：25℃，1180mg/L/118h；27℃，2041mg/L/118h；29℃，2194mg/L/104h，而31℃则为414mg/L/72h。因此链霉素适宜生产培养温度为28.5℃左右。目前国内亦采用此温度作为链霉素发酵培养温度。

3）pH值

虽然还未直接证明链霉素生物合成最适pH值在7~7.6之间，但链霉素产量往往在此

范围内为最高。其原因有以下几个方面：

经洗涤后的菌丝在葡萄糖存在下对氧的摄取在 pH 值为 7.6 左右呼吸作用最强，说明此时微生物氧化作用最好，有利于菌体的生长和再生。

4）泡沫与消沫

链霉素发酵过程产生大量泡沫，尤其在发酵前期，由于菌丝生长处于对数生长期，代谢旺盛，在通气和连续搅拌条件下产生大量泡沫，如不及时进行消沫控制，就会产生逃液等现象，发酵不易正常进行。故一般都需加一定量的消沫剂（如玉米油等）进行消泡。

5）补料

为了保证有足够的菌丝产生链霉素，又要防止在发酵过程中，只长菌丝不产生链霉素，因此在发酵的各个阶段适当地控制糖、氮含量和 pH 值是十分重要的。生产上采用定时定量地补充糖、氮以达到控制代谢目的。

补料的种类有葡萄糖、氨水和硫酸等。一般分 4 次补料，第一次在发酵 45~48h 开始，以后每隔 16~24h 补一次。补入量按补后发酵液中含糖 5% 左右控制。通氨控制发酵液 pH 值在 7.5 以下，残氮维持 70mg/100mL 左右。发酵中后期如出现 pH 值高于 7.2，氮在 70mg/100mL 以下可补入 0.1% 硫酸铵溶液。

2.5　主要生产设备

链霉素发酵罐采用机械搅拌通风式发酵罐，在情境 1 已介绍，不再重复。链霉素成品浓缩液中，加入如柠檬酸钠、亚硫酸钠等稳定剂，经无菌过滤，即得水针剂。如欲制成粉针剂，将成品浓缩液经无菌过滤真空干燥后，即可制得成品。现介绍一些常用干燥器。

2.5.1　真空耙式干燥器

真空耙式干燥器如图 3-6 所示，由带有蒸汽夹套的壳体和在壳体内装有定时改变旋转方向的耙式搅拌器所组成。混合物由壳体上方加入，干燥产品由底部卸料口放出。由于耙齿搅拌器的不断旋转，使物料得以均匀干燥。物料由间接蒸汽加热，汽化的气体由真空泵及时抽出，经旋风分离器分离夹带的粒尘后，再经冷凝器冷凝而排除，不凝性气体经真空泵放空。

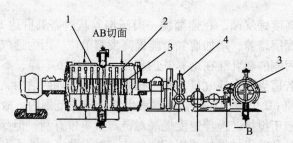

图 3-6　真空耙式干燥器

1—外壳；2—蒸汽夹套；3—水平搅拌器；4—传动装置

2.5.2　双锥回旋转真空干燥器

双锥回旋转真空干燥器如图 3-7 所示。器身两端为圆锥形，中间呈圆柱形，内部中空，外带夹套。被处理物料由圆锥顶端借真空吸入，加热蒸汽和热水由右侧进入，经空心轴承与夹套接通，加热蒸汽的冷凝液或热水的回水仍自右侧排出。干燥器每分钟转 3~5 转，其回转运动由左侧转动箱传入。抽真空管道经左侧空心轴的内管与干燥器内部接通。

双锥回旋转真空干燥器内的物料是处于不断被翻动的状态下进行干燥的，所以物料与加热内壁接触均匀，干燥速度快，约为箱式真空干燥器的 2～3 倍。而且质量均匀，稳定。这种干燥器能用于各种颗粒状、粉状固体物料的干燥，适应性较广，缺点是操作时噪声较大，出料时若控制不当，会有粉尘飞扬。

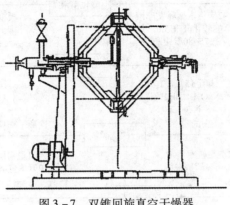

图 3-7　双锥回旋真空干燥器

3　制订工作计划

通过工作任务的分析，对链霉素生产所需原料、培养基组成及发酵工艺已有所了解。在总结上述资料的基础上，通过同小组的学生讨论，教师审查，最后确定工作任务的实施过程和计划。

3.1　确定链霉素生产工艺

链霉素是以灰色链霉菌为生产菌种发酵生产，其生产的工艺过程包括菌种的扩大培养、培养基制备、接种发酵、分离提取、晶制加工过程。生产工艺流程如图 3-8 所示。

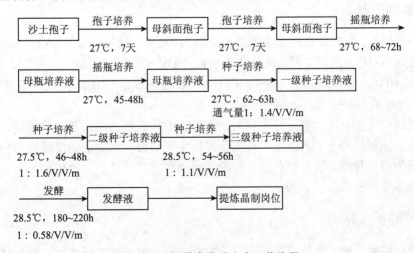

图 3-8　链霉素发酵生产工艺流程

从培养液中提取和精制链霉素，是先将发酵滤液通过强碱性阴离子交换树脂（Amber lite IRA 401S）进行脱色和精制，然后用弱酸性阳离子交换树脂吸附和解吸，再脱盐精制。链霉素提取、精制及产品加工过程如图3-9所示。

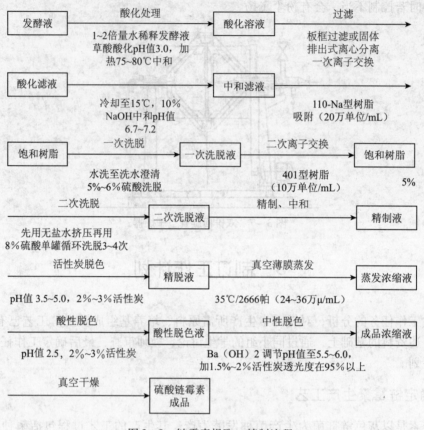

图3-9　链霉素提取、精制流程

3.2　斜面种子制备

斜面种子制备，是把放在砂管或冷冻干燥管中的原种，通过斜面培养进行复壮、活化的过程。霉菌的斜面培养基可采用高氏1号培养基，其配方如下：可溶性淀粉20g、NaCl 0.5g、KNO_3 1g、$K_2HPO_4 \cdot 3H_2O$ 0.5g、$MgSO_4 \cdot 7H_2O$ 0.5g、$FeSO_4 \cdot 7H_2O$ 0.01g、琼脂15~20g、水1000mL、pH值7.4~7.6。

原始斜面的质量要求：菌落分布均匀，密度适中，颜色洁白，单菌落丰满。再由原始斜面的丰满单菌落接种至子斜面上，长成后即得生产斜面，斜面上的菌落应为白色丰满的梅花型或馒头型，背面为淡棕色色素，排除各种杂型菌落。经过两次传代，可以达到纯化的目的，排除变异的菌株。

3.3　菌种的扩大培养

摇瓶种子培养，种子质量以菌丝阶段、发酵单位、菌丝黏度或浓度、糖氮代谢、种子液色泽和无杂菌检查为指标。摇瓶种子（母瓶）可以直接接种子罐，也可以再扩大培养，用培养所得的子瓶接种。摇瓶种子检查合格后，贮存于冷藏库内备用。冷藏时间最多不超过七天。摇瓶培养基的成分为黄豆饼粉、葡萄糖、硫酸铵、碳酸钙等，其中黄豆饼粉的质量和葡萄糖的用量对种子质量都有影响。葡萄糖用量多少对菌种的氨氮代谢和菌丝粘度有影响。在配制摇瓶培养基时，应调整好配比。

3.4 发酵培养基制备

发酵培养基是供菌种生长、繁殖和合成产物之用。它既要使种子接种后能迅速生长，达到一定的菌丝浓度，又要使长好的菌体能迅速合成所需产物。因此，发酵培养基的组成除有菌体生长所必需的元素和化合物外，还要有产物所需的特定元素、前体和促进剂等。但若因生长和生物合成产物需要的总的碳源、氮源、磷源等的浓度太高，或生长和合成两阶段各需的最佳条件要求不同时，则可考虑培养基用分批补料来加以满足。培养基的组分（包括这些组分的来源和加工方法）、配比、缓冲能力、黏度、消毒是否易彻底，消毒后营养破坏程度，以及原料中杂质的含量都对菌体的生长和产物形成都有影响。

确定链霉素生产原料，发酵培养基：葡萄糖 1%、可溶性淀粉 4%、黄豆饼粉 1%、硫酸铵 0.3%、玉米浆 6%、硫酸钾 0.8%、KH_2PO_4 0.07%、碳酸钙 0.3%、NaCl 0.1%。

3.5 链霉素发酵及参数控制

3.5.1 温度的影响及控制

灰色链霉菌对温度敏感。菌株对温度高度敏感，25℃时，发酵单位为 10mg/L·h；27℃时为 17.3mg/L·h；29℃时为 21.1mg/L·h；而 31℃则为 5.75mg/L·h。研究表明，链霉素发酵温度以 28.5℃左右为宜。

3.5.2 pH 值的影响及控制

链霉菌菌丝生长的 pH 值约为 6.5 ~ 7.0，而链霉素合成的 pH 值约为 6.8 ~ 7.3，pH 值低于 6.0 或高于 7.5，对链霉素的生物合成都不利。因此很多国家为了准确控制 pH 值，使用 pH 值自动控制装置。这样，可提高发酵单位，又可以减少培养基中碳酸钙的用量，在发酵液预处理时，还可减少中和用酸量。

3.5.3 溶氧的影响及控制

灰色链霉菌是一种高度需氧菌。在黄豆粉培养基内，增加通气量能提高发酵单位，又能使 pH 值升高，这可能是由于蛋白质分解速率提高的缘故。链霉素的产量也与输入功率、空气流速有关，产量随着功率增加而增加。在试验罐中，提高搅拌速度有利于提高链霉素发酵单位，但超过一定转速，菌丝的生长和单位的增长都受到影响，降低转速，对链霉素的合成影响很大。

3.6 链霉素的提取精制

发酵液的后处理目前均采用离子交换法。离子交换法提取过程一般包括：发酵液的过滤（或不过滤）及预处理、吸附和洗脱、精制及干燥等过程。离子交换树脂有：D311 树脂、D390 树脂、703 树脂与 1×14 树脂的按比例混合。根据所采用的树脂性能和精制方法的不同，可以有不同的工艺流程。

4 工作任务实施

通过前面对工作任务的分析和计划制定，已经对生产链霉素的原料、培养基组成、灭菌技术以及生产链霉素的工艺过程等基本知识有所了解和掌握。下面就采用三或四级发酵培养，离子交换法分离精制产品链霉素生产的实际工作任务进行实施。

其过程一般包括斜面孢子培养、摇瓶种子培养、三或四级种子罐扩大培养、发酵培养及提取精制等。

4.1 链霉素菌种的扩大培养

4.1.1 斜面孢子培养

链霉素的生产种子是由保藏在低温（0~2℃）的砂土管接种到由葡萄糖、蛋白胨、氯化钠及豌豆浸液的斜面上。将砂土管（或冷冻管）灰色链霉菌菌种接种到高氏1号斜面培养基上，27℃培养后即得原始斜面。

4.1.2 摇瓶种子培养

生产斜面孢子的质量需要用摇瓶试验进行控制。合格的孢子斜面贮存在冰箱（0~4℃）内备用。生产斜面的菌落接种到摇瓶培养基中，经过培养即得摇瓶种子。

4.1.3 种子罐扩大培养

种子罐培养是用来扩大种子量的。种子罐培养为3~4级，可根据发酵罐的体积大小和接种量来确定。第一级种子罐一般采用摇瓶种子接种，2~4级种子罐则是逐级转移，接种量一般都为10%左右。种子质量对后期发酵的影响甚大，因此种子必须符合各项质量要求。故在培养过程中，必须严格控制好罐温、通气搅拌和泡沫控制，以保证菌丝生长良好，得到合格的种子。

经摇瓶培养后再接种到种子罐。种子摇瓶（母瓶）可以直接接种到种子罐，也可以扩大摇瓶培养一次，用子瓶来接种。摇瓶种子质量以发酵单位、菌丝阶段、菌丝黏度或浓度、糖代谢、种子液色泽和无菌检查为指标见表3-5，且冷藏时间最多不超过7天。种子罐可为2~3级，用来扩大种子接种量，1级种子罐的接种量较小（一般为0.2%~0.4%），培养液体积不宜太多。2~3级种子罐的接种量约10%左右。最后接种到发酵罐的接种量要求大一些，约20%左右。这对稳定发酵有一定好处。种子罐在培养过程中必须严格控制够温度、通气、搅拌、菌丝生长和消泡情况，防止闷耀来保证种子正常供应。

表3-5 链霉菌种子质量标准

名称	种子质量要求
沙土孢子	无杂菌；斜面布满白色菌落；形态变异率不超过2%；摇瓶指标合格
斜面孢子	无杂菌；孢子纯白色、菌落丰满；形态为梅花型或馒头型；均匀分布于斜面
母瓶孢子	无杂菌；颜色米黄；有一定菌丝量；瓶壁上无颗粒状物或团片状物

续表

名称	种子质量要求
子瓶孢子	无菌情况有保证；代谢速度45h为准；耗糖1.0+0.2%；耗氧30+5mg/100mL；效价8000u/mL；黏度8~12s；菌丝阶段3~4；在大罐发酵中有一定水平
一级种子	无杂菌；pH值6.0~7.0；残糖小于2.0%；残氮小于100mg/100mL；菌丝浓度100%；菌丝阶段2~3
二级种子	无杂菌；pH值6.0~7.0；残糖小于2.0%；残氮小于80mg/100mL；菌丝浓度100%；菌丝阶段2~3
三级种子	无杂菌；pH值6.0~7.0；残糖小于2.0%；残氮小于80mg/100mL；菌丝浓度100%；菌丝阶段2~3；效价2000u/mL

4.2 发酵灭菌操作

空罐灭菌和实罐灭菌操作见情境一。

4.3 发酵及参数操控

链霉素发酵使用摇瓶种子来接种种子罐。

4.3.1 温度的影响及控制

灰色链霉菌对温度敏感。如据报道，Z-38菌株对温度高度敏感，25℃时，发酵单位为10mg/L·h；27℃时为17.3mg/L·h；29℃时为21.1mg/L·h；而31℃则为5.75mg/L·h。研究表明，链霉素发酵温度以28.5℃左右为宜。

4.3.2 pH值的影响及控制

链霉菌菌丝生长的pH值约为6.5~7.0，而链霉素合成的pH值约为6.8~7.3，pH值低于6.0或高于7.5，对链霉素的生物合成都不利。因此很多国家为了准确控制pH值，使用pH值自动控制装置。这样，可提高发酵单位，又可以减少培养基中碳酸钙的用量，在发酵液预处理时，还可减少中和用酸量。

4.3.3 溶氧的影响及控制

灰色链霉菌是一种高度需氧菌。在黄豆粉培养基内，增加通气量能提高发酵单位，又能使pH值升高，这可能是由于蛋白质分解速率提高的缘故。链霉素的产量也与输入功率、空气流速有关，产量随着功率增加而增加。在试验罐中，提高搅拌速度有利于提高链霉素发酵单位，但超过一定转速，菌丝的生长和单位的增长都受到影响，降低转速，对链霉素的合成影响很大，其结果见表3-6。

表3-6 搅拌转速与链霉素的合成（100L罐）

菌株	转速/（r/min）	效价/%	菌株	转速/（r/min）	效价/%
773#	600	90.7	973#	500	61.3
	500	99.6		350	100
	350	100		130	20.7
	130	3.3		50	9

链霉菌的临界溶氧浓度为 10～5mol/L，溶氧在此值以上，则细胞的摄氧率达最大限度，也能保证有较高的发酵单位。由于发酵前期泡沫较多，应避免长期停止搅拌和闷罐（即发酵罐处于密闭状态），以保证前期菌丝生长良好。

4.3.4 中间补料控制

为了延长发酵周期，提高产量，链霉素发酵采用中间补碳、氮源，通常补加葡萄糖、硫酸铵和氨水，这样还能调节发酵的 pH 值。根据耗糖速率，确定补糖次数和补糖量。发酵各阶段的最适糖浓度，根据菌种的特性确定，以解除葡萄糖对甘露糖苷酶的分解阻遏作用，提高链霉素的产量。放罐残糖浓度最好低于 1%，以有利于后续的提取精制。

补硫酸铵和氨水的控制指标，是以培养基的 pH 值和氨基氮的含量高低为准。如氨基氮含量和 pH 值都较低，可加入氨水；如 pH 值较高，就补硫酸铵溶液，需要把 pH 值和氨基氮水平结合起来考虑，以确定补加氮源的种类。

4.3.5 发酵终点确定

残糖浓度低于 1%，即为发酵终点。

4.4 链霉素的提取与精制

链霉素的提取，目前均采用离子交换法。离子交换法提取过程一般包括：发酵液的过滤（或不过滤）及预处理、吸附和洗脱、精制及干燥等过程。离子交换树脂有：D311 树脂、D390 树脂、703 树脂与 1×14 树脂的按比例混合。根据所采用的树脂性能和精制方法的不同，可以有不同的工艺流程。

4.4.1 发酵液的过滤及预处理

发酵终了时，所产生的链霉素，有一部分是与菌丝体相结合。用酸、碱或盐作短时间处理以后，与菌丝体相结合的大部分链霉素就能释放出来。工业上，常采用草酸或磷酸等酸化剂处理，以草酸效果较好，可用草酸将发酵液酸化至 pH 值为 3.0 左右，以直接蒸汽加热到 75～80℃，维持 2 分钟，迅速冷却至 15℃，板框过滤或离心分离。除去大量不溶性菌丝体、酸性蛋白、钙镁离子、培养基残渣等杂质，再冷却至 10℃左右，过滤后，所得酸性滤液再用 NaOH 中和调节 pH 值至 6.7～7.2，得到符合离子交换工艺要求的澄清链霉素原滤液。

原滤液的质量标准一般是：① 外观澄明；② pH 值为 6.7～7.2；③ 温度在 10℃左右；④ 高价离子含量很少；⑤ 链霉素浓度为 5000 单位/mL 左右。

根据链霉素的稳定性、解离度和树脂的离解度，选择原滤液 pH 值为中性附近，即 pH 值在 7 左右，既可保证链霉素不受破坏，又能使链霉素和钠型羧基树脂全部解离，有利离子交换。为防止链霉素破坏，温度应适当降低，维持在 10℃左右。

原液中高价离子（Ca^{2+}，Mg^{2+}）对离子交换吸附影响很大，因此必须在发酵液预处理时将这些离子除掉。草酸能将 Ca^{2+} 去除掉。一些络合剂如三聚磷酸钠（Na5P3O10）能和 Mg^{2+} 形成络合物，减少树脂对 Mg^{2+} 的吸附。

4.4.2 吸附和解吸

原滤液中的链霉素在中性溶液中呈三价的阳离子，可以用阳离子交换树脂吸附。目前国内生产上一般采用钠型弱酸性阳离子交换树脂 110 树脂或 101×4 树脂进行吸附，在交换吸附之前，需将 H 型树脂转为 Na 型。洗脱后成为链霉素洗脱液，在这一步提取过程中使水溶液中的链霉素得到富集，含量由不到 1% 浓缩到 20%，同时，通过离子交换树脂的选择作用，除去绝大部分的无机离子、色素、蛋白及可见的固形物等。

试验表明，磺酸型树脂虽能吸附链霉素，但二者的亲和力太强，不易用酸洗脱下来。羧酸型树脂吸附链霉素后，很容易洗脱。因此，目前生产上都用羧酸树脂的钠型来提取链霉素。其交换吸附和洗脱的反应可用下列方程式表示：

吸附：$3RCOONa + Str^{3+} + \xrightarrow{pH6.7-7.2} (RCOO)_3Str + 3Na^+$

洗脱：$(RCOO)_3Str + 3H^+ + \xrightarrow{H_2SO_4} RCOOH + Str^{3+}$

正确选择树脂，对生产有很重要的意义。选择对链霉素交换容量高、选择性好和洗脱率高的树脂，可得到杂质少、链霉素浓度高的洗脱液。此外还应考虑树脂的机械强度。对链霉素大分子来说，还要注意树脂的膨胀度，它对链霉素的交换容量和树脂本身均有影响。膨胀度小，机械强度虽大，但链霉素大分子不能进入树脂内部，影响交换容量；膨胀度过大，树脂的选择性和机械强度都要降低，因此树脂要有适当的膨胀度。生产上应用的有两种树脂：① 弱酸 101×4（#724）；② 弱酸 110×3。后者对链霉素交换容量较大，但机械强度较差。两种树脂的性能见表 3-7。

表 3-7   弱酸 101×4 树脂和弱酸 110 树脂性能之比较

型号	外观	粒度	水分	交还容量	视膨胀系数	链霉素吸附量
101×4	白色半透明小球体	20~50 目 95% 以上	40%~50%	>9g 当量/g·干 H 型	15%~170%	15min >65 万单位/g·干 H 型 24h >120 万单位/g·干 H 型
101	白色或微黄色小球体	20~50 目 90% 以上	75%~80%（Na 型）	>11.5mg 当量/g·干 H 型	100±20%	15min >120 万单位/g·干 H 型 24h >175 万单位/g·干 H 型

为了防止链霉素单位流失，一般都采用三罐或四罐串联吸附，依原滤液流向，分别称为主、一副、二副等交换罐，应使最后一罐流出液中的单位在 300 单位/mL 以下，方可放入下水道。当主罐流出液中的链霉素浓度达到进口浓度的 95% 左右时，就认为已达饱和，可以准备解吸。将一副罐升为主罐，二副罐升为一副罐，依此类推，最后补上一个新罐，继续吸附。待解吸的罐，先用软水洗净，然后用 7% 左右的硫酸解吸。为了得到较浓的洗脱液，一般采用三罐串联解吸，流速应较慢，一般为吸附流速的 1/10~1/15。解吸液中出现链霉素单位时，就串入脱色树脂罐和中和树脂罐，开始出现的低单位液可并入原滤液中，重新吸附，当出口液达一定浓度时，可作为高单位液开始收集。待出口液 pH 值明显下降，浓度降至一定程度时，可作为酸性低单位，调 pH 值后，供重新吸附。

为了完全除去树脂上的 Mg^{2+}，可用含链霉素和氨羧络合剂（三聚磷酸钠）溶液来洗涤树脂，以排出树脂上吸附的镁离子，补充吸附一些链霉素。当溶液中含有三聚磷酸钠时，Mg^{2+} 解吸速度增快。

4.4.3   精制

洗脱液中尚含有许多无机和有机杂质，这些杂质对产品质量影响很大，特别是与链霉素理化性质近似的一些有机阳离子杂质毒性较大，如链霉胍、二链霉胺、杂质 1 号（由链

霉胍和双氢链霉糖两部分所组成的糖苷）等，采用羧酸型阳离子交换树脂难于排除，致使洗脱液中链霉素含量只能达到 75% ~ 90% 。可采用下列精制方法。

1）高交联度树脂精制

高交联度的氢型磺酸树脂的结构紧密，金属小离子可以自由地扩散到孔隙度很小的树脂内部与阳离子交换，而有机大离子就难于扩散到树脂内部进行交换。用这种树脂来精制链霉素溶液，因溶液中的小离子与链霉素有机大离子在树脂上的吸附速度不同，从而起到离子筛的作用，达到分离的目的。含 Na^+、Mg^{2+}、和 Str^{3+} 的溶液，用氢型磺酸树脂交换后的吸附曲线如图 3 - 10 所示。

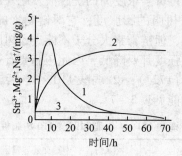

图 3 - 10 氢型磺酸树脂（20% DVB）吸附 Na^+、Mg^{2+}、和 Str^{3+} 离子的速度

1—Na^+；2—Mg^{2+}；3—Str^{3+}

由图可见 Na^+ 离子很快被吸附在树脂上而被除去，Mg^{2+} 离子被吸附的速度不快，仍能被部分除去，而 Str^{3+} 离子的吸附量则很小（交换容量在 1 万 U/g 干树脂以下）。经过高交链度树脂交换后，交换液变酸，需经弱碱羟型树脂中和，就得精制液。其反应方程式是：

$$R \cdot SO_3^- H^+ + \begin{matrix} Na_2SO_4 \\ CaSO_4 \\ MgSO_4 \\ Fe_2(SO_4)_3 \end{matrix} \rightleftharpoons RSO_3^- \begin{cases} Na^+ \\ Ca^{2+}/2 \\ Mg^{2+} \\ Fe^{3+}/3 \end{cases} + H_2SO_4$$

中和：

$$2R - NH + 3 + H_2SO_4 \rightleftharpoons (R \cdot NH_3)_2SO_4 + 2H_2O$$

经过这步精制后，链霉胍小分子也能被除去，链霉素的毫克单位得到提高，灰分降低。弱碱性大网格树脂用于精制，可使成品质量有明显提高，目前已用于工业生产。

2）浓缩和活性炭脱色精制

为了干燥要求，精制液尚需蒸发浓缩。在浓缩之前还要用活性炭脱色处理。将所得的精制液用硫酸或氢氧化钡调节 pH 值至 4.3 ~ 5.0，并按精制液透光度的不同加入不同量的活性炭，进行常温脱色，得透光度在 95% 以上的滤出液。

由于链霉素是热敏感物质，受热易破坏，故宜于低温快速浓缩。控制在链霉素最稳定的 pH 值为 4.0 ~ 4.5，进行真空薄膜蒸发浓缩，温度控制在 35℃ 以下，浓缩液应达到 35 万单位/mL 左右。所得浓缩液还含有色素和热原质，需经酸性脱色和中性脱色，才能达到成品液的质量要求。浓缩液经硫酸调节 pH 值至 2.5，加入一定量药用活性炭脱色，得酸性脱色液。再用 Ba（OH）$_2$ 的热饱和溶液调节 pH 值至 5.5～6.0，加入一定量活性炭脱色，得成品浓缩液。经验表明，在较高温度下（70℃），活性炭处理后能除去大部分热原质。

4.5　发酵产物链霉素的干燥

链霉素经干燥后，去水率多在 50%～90%。

5　工作任务检查

通过同组学生互查，教师最后审查的方法，对下达的工作任务完成情况进行检查。

5.1　原材料及培养基组成

由学生分组讨论，对工作任务实施过程中因地制宜地提出生产原料的选用、培养基组成和配比及培养基的混合配制等是否正确进行互查和自查。对检查出的错误要说明原因，并找出改正的方法和措施。由指导老师审核，并提出修改意见。

5.2　培养基及发酵设备的灭菌

每一小组学生都要对本工作任务的培养基、设备管道和空气的灭菌的实施过程进行检查、互查。指导教师根据学生的检查情况，要对空消、实消和空气灭菌的工艺过程逐一进行审查。特别是对生产过程中是否发生杂菌污染、溢料情况进行审查。

5.3　种子的扩大培养和质量

由同小组的学生对生产菌种的扩大培养条件、种龄、接种量和发酵级数等实施过程进行互查和讨论，并对方案实施过程中出现的问题提出改进意见，由指导教师审查。

5.4　发酵工艺及操控参数的确定

让学生结合本情境实施的发酵工艺和设备，对链霉素发酵设备的选用、发酵方式及发酵温度、pH 值、通气量和消泡剂等发酵参数的调控进行检查和讨论，并对方案实施过程中出现的问题提出改进意见，由指导教师审查后提出修改意见。

5.5　提取精制工艺

针对链霉素发酵液的特性，让同小组学生对链霉素发酵液在预处理方法、离子交换等提取工艺及浓缩、结晶、干燥等工艺过程的实施情况进行互查和讨论。要对对情境实施过程中的不足提出改正意见，指导教师要对学生的检查和修改意见进行审查和改进。

5.6　产品检测及鉴定

工作任务实施结束后，要对生产的链霉素产品进行检测和鉴定。主要包括对产品产

量、收率和质量进行检查。其中产品质量检测以中华人民共和国药典《硫酸链霉素质量标准》为准。

检验项目：性状、鉴别、检查、含量测定。其中重点检查含量是否符合标准。

总之，通过对工作任务的检查，让学生发现在链霉素这一生产任务的实施过程中出现的问题、错误及取得的成绩，有利于学生在今后实际工作中改进和完善，提高其岗位操作、处理问题的综合技能。

6 工作任务评价

根据每个学生在工作任务完成过程中的表现以及基础知识掌握等情况进行任务评价。采用小组学生之间和不同小组之间互评，由指导教师根据量化的评分标准给出最终评价。本工作任务总分100分，其中理论部分占40分，生产过程及操控部分占60分。

6.1 理论知识（40分）

依据学生在本工作任务中对上游技术、发酵和下游技术方面理论知识的掌握和理解程度，每一步实施方案的理论依据的正确与否进行量化。以小组学生之间互评为依据，由指导教师给出最终评分，必要时可通过理论试卷考试。

6.2 生产过程与操控（60分）

6.2.1 原料识用与培养基的配制（10分）

① 碳源、氮源及无机盐的选择是否准确；② 称量过程是否准确、规范；③ 加料顺序是否正确；④ 物料配比和培养基制作是否规范、准确。

6.2.2 培养基和发酵设备的灭菌（10分）

在链霉素发酵以前，学生必须对培养基、设备、管道和通入的空气进行灭菌，确保发酵过程中无杂菌污染现象。因此指导教师要对空消、实消顺序、灭菌方法等环节对学生作出评分，根据检测结果进行最终评价。

6.2.3 种子的扩大培养（10分）

根据学生在链霉素生产菌种的扩大培养过程中的操作规范程度、温度、pH值、摇床转速或通气量的调控能力，接种消毒操作、接种量和种龄的控制方面由指导教师进行打分。

6.2.4 发酵工艺及参数的操控（15分）

① 温度控制及温度调节是否准确；② pH值控制及调节是否准确及时；③ 根据发酵现象调控通气量是否及时准确；④ 泡沫控制是否适当、消泡剂的加入是否及时准确；⑤ 发酵终点的判断是否准确；⑥ 发酵过程中是否出现染菌、溢料等异常现象。

6.2.5 提取精制（10分）

① 发酵液预处理方法是否正确；② 链霉素离子交换操作是否正确规范；③ 链霉素浓

缩、脱色等生产工艺是否规范、正确；④ 链霉素产品的干燥操作是否准确。

6.2.6 产品质量（5分）

检验项目：性状、鉴别、检查、含量测定。其中重点检查含量是否符合标准。

检验依据：是否按现行中国药典执行。

思考题

1. 写出抗生素链霉素硫酸盐的化学结构式。
2. 链霉素的生产菌是什么？属于哪类微生物？其生长及代谢特点是什么？
3. 种子培养为什么要进行多级培养？
4. 链霉素发酵分哪几个阶段？应分别如何控制？
5. 链霉素发酵培养基中所用碳源是什么？用此碳源需注意什么问题？
6. 如何对链霉素的发酵液进行预处理？并写出预处理时加入物料有关化学反应式。
7. 链霉素采用哪种提取方法？其中最重要的条件是什么？写出离子交换反应式。
8. 为什么要将链霉素发酵液稀释至 3000～6000u/mL 浓度后才进行离子交换树脂的正吸附或反吸附？

参考文献

[1] 吴梧桐. 生物制药工艺学 [M]. 北京：中国医药科学技术出版社，2006.

[2] 齐香君. 现代生物制药工艺学 [M]. 北京：化学工业出版社，2010.

[3] 郭勇. 生物制药技术 [M]. 北京：中国轻工业出版社，2000.

[4] 林元藻. 生化制药学 [M]. 北京：人民卫生出版社，1998.

[5] 俞文和. 《新编抗生素工艺学（供抗生素专业用）》[M]. 北京：中国建材工业出版社，1996.

[6] 陈林，刘家健. 氨基糖苷类抗生素发展概述 [J]. 国外医药（抗生素分册），2005，26（2）：86 - 91.

[7] 国家药典委员会编. 中华人民共和国药典 [M]. 北京：化学工业出版社，2005.

情境四 生物饲料——单细胞蛋白

1　接受工作任务

1.1　工作任务介绍

单细胞蛋白简称 SCP，即 Single – cell Protein 的缩写。菌体蛋白简称 MBP，即 Microbi-ological Protein 的缩写。严格说，SCP 是指单细胞微生物如酵母菌、细菌等的菌体蛋白，而 MBP 是指多细胞微生物主要是丝状真菌、大型真菌的菌丝体蛋白。现在 SCP 和 MBP 已经通用，都是指大量生长繁殖的微生物菌体蛋白或其蛋白提取物。按生产原料不同，可以分为石油蛋白、甲醇蛋白、甲烷蛋白等；按产生菌的种类不同，又可以分为细菌蛋白、真菌蛋白、藻类蛋白等。1967 年在第一次全世界单细胞蛋白会议上，将微生物菌体蛋白统称为单细胞蛋白。

一般提 SCP 就是泛指微生物菌体蛋白，既包括单细胞又包括多细胞。现在 SCP 的研究和生产在菌种选育、发酵设备和工艺、营养价值和实际应用等方面已经有了显著发展，成为发酵饲料中令人瞩目的组成部分。

工厂化大规模培养的、作为人类食品和动物饲料的蛋白质来源的酵母、细菌、放线菌、霉菌、藻类和高等真菌等微生物的干细胞就是单细胞蛋白。菌体细胞中含有大量的蛋白质和各种必需氨基酸，还有糖类、脂肪、维生素和无机盐等营养成分（见表 4 – 1），以及多种生物活性物质。SCP 工业，主要是饲料酵母工业。

表 4 – 1　微生物细胞的化学成分（干物质的%）

微生物种类	碳水化合物	蛋白质	核酸	脂肪	灰分
酵母	25 ~ 40	35 ~ 60	5 ~ 10	2 ~ 50	3 ~ 9
霉菌	30 ~ 60	15 ~ 50	1 ~ 3	1 ~ 3	3 ~ 7

续表

微生物种类	碳水化合物	蛋白质	核酸	脂肪	灰分
细菌	15～30	40～80	15～25	15～25	5～10
单细胞藻类	10～25	40～60	1～5	10～30	6

酵母是一种单细胞微生物。生长繁殖快，菌体营养丰富（见表4-2、4-3）。饲料酵母是一种营养价值很高的蛋白质饲料，成品呈微黄色粉末状，具有酵母特殊香味。酵母蛋白质含量一般在60%左右，接近动物性蛋白浓缩物，并且易被动物吸收，氨基酸含量与进口鱼粉相当，富含B族维生素、酶系、激素、胆碱等。饲料酵母能促进动物的新陈代谢、生长速度和繁殖能力，刺激动物食欲，改进动物品质，缩短饲养期及提高饲料的利用率，具有良好的经济效益，它的营养价值和饲养效果超过豆饼、玉米等精料，并可与进口鱼粉相媲美。

表4-2　酵母与玉米的营养成分

名称　　成分	酵母	玉米
蛋白质（%）	47.6	3.5
脂肪（%）	11.7	4.3
碳水化合物（%）	39	73.0
热量（kcal/100g）	3260	3650
Ca（mg%）	106.9	72.0
P（mg%）	1895	210
Fe（mg%）	18.2	1.6

表4-3　酵母与鱼粉、小麦的蛋白和氨基酸

成分%　　名称	蛋白质	赖氨酸	蛋氨酸	色氨酸
饲料酵母	50	4.0	0.75	0.8
鱼粉	54	3.6	1.5	0.26
小麦	1302	0.42	0.18	0.10

1.2　单细胞蛋白原料来源

我国生产SCP的原料来源广泛而丰富，主要有以下几个方面。

1.2.1　淀粉原料

淀粉原料是近年来大家很重视的一种原料，1981年在巴黎召开的第二次国际单细胞蛋白会议上，提出用淀粉原料生产单细胞蛋白是一个值得重视的方向。1公顷马铃薯所产饲料蛋白，约等于3公顷土地所产的大豆。瑞典的Sorigona公司用肋状拟内孢霉和产朊假丝酵母混菌发酵马铃薯淀粉废水，获得的产品中产朊假丝酵母占98%，肋状拟内孢霉占2%，平均含蛋白质47%，对淀粉的得率为40%～50%。加拿大有研究者用烟曲霉液体发酵木薯原料、45℃，pH值为3.5，不灭菌，经20h后，1升4%的木薯糊可得24g产品，收得率

60%，含蛋白 37%。在英国、法国、美国、尼日利亚、印度、印尼、希隆迪等都有以淀粉为原料用霉菌或霉菌与酵母联合生产单细胞蛋白的研究与生产。

我国现在年产工业淀粉 100 万吨，排放淀粉废液约 1200 万吨，且多为营养丰富的黄浆水，给环境造成严重污染。若发酵黄浆水制饲料酵母，至少可生产饲料酵母 10 万吨以上。

1.2.2　糖蜜原料

我国年产甜菜 1300 余万吨，年产甘蔗约 5000 万吨，废糖蜜和废渣约 2000 万吨，如果全部利用起来发酵生产饲料酵母，每年可产饲料酵母 400 万吨（湿基）。

1.2.3　味精废液

味精废液总糖含量 1%～2%、还原糖 0.5%～0.7%，总氮 0.2%，总磷 0.5%，酸性较强，随意排放会严重污染环境。若用假丝酵母发酵味精废液，30℃，1:1 通气，12h 可生产 10g/L 产品。

1.2.4　亚硫酸纸浆废液及废纸

在以亚硫酸法造纸时，生产 1 吨纸浆就产生 1 吨多可溶性木材固形物，其含量为 60～150g/L，其中 20% 是糖类，60% 为木素磺酸盐。这些糖类可用来培养酵母，除了产朊假丝酵母外，德国人曾用于酒精酵母和面包酵母的混合培养。

1.2.5　纤维素原料

全世界的绿色植物纤维素原料是巨大的资源。由于纤维素经酸水解或酶解后可断链而成葡萄糖，因此可以用纤维素水解物发酵生产单细胞蛋白。但纤维素的预处理和水解工序大大增加了产品成本，至今仍无法大规模应用，而处在研究之中。

1.2.6　酒精工业废水

酒精废水有糖蜜类酒精废水和淀粉类酒精废水。两者都可以作为生产 SCP 的原料。

1.2.7　石油及石油二次产品

石油、天然气及石油产品如液蜡、煤油、甲醇、乙醇、醋酸等均可用以生产 SCP。其中甲醇、乙醇为原料用得较多。如英国 ICI 公司，利用天然气合成甲醇，再用甲醇培养细菌生产单细胞蛋白。能够发酵石油的酵母称为"石油酵母"，著名的有前面提到的热带假丝酵母、解脂假丝酵母解脂变种等。

总之，生产单细胞蛋白的原料来源广泛，资源相当丰富，甚至利用取之不尽、用之不竭的 CO_2、H_2 作原料生产单细胞蛋白的研究在国外已经开始。世界上经济和科技发达的国家，利用再生资源和石油资源，以先进的工艺和设备进行单细胞蛋白的工业化生产，对发展各国的饲养业起了重大作用。

1.3　单细胞蛋白特性

1.3.1　SCP 营养丰富

单细胞蛋白的氨基酸组成不亚于动物蛋白质。如酵母菌体蛋白，其营养十分丰富，人体必需的 8 种氨基酸，除蛋氨酸外，它具备 7 种，故有"人造肉"之称。微生物细胞中除含有蛋白质外，还含有丰富的碳水化合物以及脂类、维生素、矿物质，因此单细胞蛋白营养价值很高。与黄豆粉相比，蛋白质含量高达 15%，而可利用氮比大豆高 20%，如添加蛋氨酸则可利用氮达 95% 以上。

1.3.2　利用原料广，可就地取材，廉价大量地解决原料问题

生产单细胞蛋白的原料来源极为广泛，一般可将上述原料分为四类：一是糖质原料，如淀粉或纤维素的水解液、亚硫酸纸浆废液、制糖的废蜜等；二是石油原料，如柴油、正烷烃、天然气等；三是石油化工产品，如醋酸、甲醇、乙醇等；四是氢气和碳酸气。最有前途的原料是可再生的植物资源，如农林加工产品的下脚料、食品工厂的废水下脚料等。这些资源数量多，而且用后可以再生，还可实现环境保护。

1.3.3　生产速率高

一般蛋白质生产速度同猪、牛、羊等体重的倍增时间成正比。微生物的倍增时间比牛、猪、鸡等快千万倍，如细菌、酵母菌的倍增时间为 20～120h。霉菌和绿藻类为 2～6h，植物 1～2 周，牛 1～2 个月，猪 4～6 周。据估计，一头 500kg 公牛每天生产蛋白质 0.4kg，而 500kg 酵母至少生产蛋白质 500kg。

1.3.4　劳动生产率高

生产不受季节气候的制约，易于人工控制，同时由于在大型发酵罐中立体式培养占地面积少。如年产 10 万吨的 SCP 工厂，以酵母计，按蛋白质含量 45% 计算，一年所产蛋白质为 45000 吨。一亩大豆按亩产 200kg 计，含蛋白质 40%，则一年为 80kg 蛋白质。所以一个 SCP 工厂所产蛋白质相当于 562500 亩土地所产的大豆。

1.3.5　可以完全工业化生产

单细胞蛋白生产比农业生产需要的劳动力少，又不受地区、季节和气候条件的制约，可在占地有限的设备上进行，不仅数量大，而且质量好，远远超过现有粮食品种的蛋白质。许多国家单细胞蛋白的生产已具有很大的规模，取得了丰硕成果。前苏联年产单细胞蛋白质达数百万吨以上，保加利亚也有几十万吨之多。德国、美国、前苏联、加拿大等国早已用单细胞高活性生物饲料代替了鱼粉。

1.3.6　单细胞生物易诱变，比动、植物品种容易改良

可采用物理、化学、生物学方法定向诱变育种，获得蛋白质含量高、质量好、味道美，并易于提取蛋白质的优良菌种。

1.4　单细胞蛋白的应用

1.4.1　在饲料工业上的应用

单细胞蛋白作为饲料蛋白，已被世界广泛应用。例如用假丝酵母及产朊酵母作为菌种，利用亚硫酸废液或石油生产酵母菌体，可用于牲畜饲料。用它喂养家禽、家畜，效果好、生长快，奶牛产奶多，鸡产蛋率增高，并能增强机体免疫力，稻壳可生产单细胞蛋白饲料。

1.4.2　在食品工业上的应用

SCP 蛋白特别是由农副产物原料生产的酵母菌和假丝酵母，以及最近美国用乙醇为原料生产的 SCP 可用作人类食品，是食品工业的重要蛋白质来源。用补充含赖氨酸高的 SCP 可提高植物蛋白的生物价或蛋白质功能。可任意选择使用酒酵母、脆壁酵母、产朊假丝酵

母这三种食用酵母，加到各类面包中，用量为面粉质量的2%，黑面包中假丝酵母用量可达5g/100g。其他谷物产品、罐装婴儿食品和老人食品中，通常酵母用量为2g/100g。因此除可作为食品直接食用外，还可把食品单细胞蛋白广泛用于食品加工业中。

2　工作任务分析

2.1　生产原料

利用各种不同原料生产单细胞蛋白的研究报告很多，60年代中期，生产单细胞蛋白的原料主要以石油、乙醇、甲醇及天然气为主。70年代中后期，由于世界范围的石油危机，所以转向以工业废料、农副产品加工下脚料及农作物粗纤维为主要原料生产单细胞蛋白，这类资源来源广泛、成本低廉，成为当今各国生产单细胞蛋白的主要方向。概括起来所利用的原料主要有以下几种：

2.1.1　纤维素类物质为原料

纤维素是地球上最丰富的天然物质，约占生物物质总量的50%，年产量约为50×10^9吨，是单细胞蛋白发酵生产的潜在资源。

单细胞蛋白发酵原料可采用酒糟，固体法生产工艺的酒糟一般有较多的稻壳等纤维物质，含水量30%～50%左右，若去除稻壳当然很好，但成本很高。比较经济可行的办法是按加入的稻壳量设计菌体蛋白生产配方，尽量使原始生产配方的粗纤维含量在15%以下，这样只要适当调整水分即可用于发酵。

2.1.2　酒糟

酒糟是用淀粉含量较多的谷物或薯类等酿酒后剩下的废料，传统上农村用作猪牛饲料。由于酿酒过程中可溶性碳水化合物发酵成醇被蒸馏出来，所以酒糟中的粗蛋白质、粗脂肪、粗纤维、粗灰分等含量由于浓缩而增高，而无氮浸出物则相应降低。这些物质的消化性和原来所用的原料相比并没有差别，能值也下降不多，所以酒糟习惯上仍归为能量饲料范围。

在制酒业中，酒糟的量很大，一般为酒产量的14～26倍。但是，长期以来，除少部分直接做为饲料外，大部分都扔掉了，这不仅造成了环境污染，而且也是一种资源的浪费。酒糟因其原料和酿造方法不同，成分和营养价值也不同，见表4-4。酒糟一般含淀粉7%～11%（总还原物），糖分5%，蛋白质8%，少量的氨基酸和维生素，而含量最大的还是纤维素。而酒糟中的纤维素经过至少两轮酒精发酵，已不同程度地被软化，部分还被降解，这就增加了其可利用程度。另外，酒糟中含有大量酸性物质，也能促使纤维素分解。因此只要对酿酒发酵的中间产物和微生物菌体的内容物稍加补充和调整，就可使其成为一种很好的生产单细胞蛋白饲料的培养基。利用其生产高级菌体蛋白饲料可能是处理酒糟行之有效的途径之一。

表4-4　一般酒糟水的营养成分（%）

水分	粗蛋白	粗脂肪	粗纤维	无氮浸出物	灰分	硫胺素（mg/kg）	胆碱（mg/kg）
93.8	1.08	0.55	0.68	3.02	0.87	3～7	800～4800

湿啤酒糟含水 80% 左右，由于有大麦壳等杂质，很粗糙，必须通过蒸汽处理 10min 后再加入其他配料才能发酵。对于啤酒糟，粉碎过 1mm 筛孔是必经工艺，否则发育不良。

2.1.3　工农业生产废水为原料

如以造纸工业中的亚硫酸废液为原料。草浆造纸每生产 1 吨纸，排放废水 430 吨，废水污染物中 90% 是黑液中的木质素，另外为一定量的糖及有机酸等。内含大量还原物，成分主要为五碳糖，是生产单细胞蛋白的原料。中国造纸工业废水每年可生产 1.4 万吨饲料酵母，而且在这方面已有成熟的经验。这些原料大都是工农业生产活动的附属物或废弃物，以价格低廉、原料利用率低或污染环境而引起人们的关注。通过微生物发酵，将生产、废弃物综合利用和环境保护三者有机的结合起来，不仅弥补了我国动物性蛋白饲料的不足，而且有效地降低了环境的污染。

2.2　生产菌种

目前用于生产单细胞蛋白的微生物主要包括 4 大类群，即非致病和非产毒的酵母菌、细菌、真菌和微藻；其中主要细菌有乳酸菌、链球菌、双歧杆菌、光合细菌、芽孢杆菌、纤维素分解菌等；主要酵母有啤酒酵母、产朊假丝酵母、热带假丝酵母、解脂假丝酵母等；主要霉菌有根霉、曲霉、青霉和木霉等。

2.2.1　酵母菌（Yeast）

酵母菌是当前生产单细胞蛋白的微生物类群中最受关注的一类，也是应用最为广泛的一类。它是一种单细胞的真核微生物的通俗名称，其繁殖方式包括无性繁殖和有性繁殖。无性繁殖方式有芽殖和裂殖，而芽殖是酵母菌最普遍的繁殖方式。酵母具有特有的色、香、味，适口性好，而且发酵过程中酵母菌耐酸能力强，适宜于低 pH 值培养，不易被杂菌污染，回收率高。酵母菌蛋白含量高达 60%，几乎含所有的氨基酸，尤其是赖氨酸、苏氨酸、亮氨酸、苯丙氨酸等必需氨基酸的含量高，而且维生素含量也比较丰富。常用的酵母菌有啤酒酵母、假丝酵母和白地霉。其中假丝酵母能够同化六碳糖和五碳糖，能忍耐高浓度的 SO_2，菌体中含有高含量的蛋白质，并含有大量的赖氨酸和较多的维生素及许多微量元素。

2.2.2　霉菌（Mold）

霉菌是丝状真菌的统称。构成霉菌营养体的基本单位是菌丝，分为基内菌丝和气菌丝。黑曲霉、米曲霉、黄曲霉、根霉、毛霉、木霉、烟曲霉等真菌可以分泌丰富的酶类，如淀粉酶、纤维素酶、果胶酶、蛋白酶、植酸酶等。这些酶能够促使原料中淀粉、纤维素等高分子化合物分解为单糖，供微生物生长需要，且霉菌中菌体蛋白质含量也较高，达到 20%~30%。因此，在蛋白饲料的生产中这些种类的霉菌广泛使用，如黑曲霉 Sp. niger 303。

2.2.3　放线菌（Actinomycetes）

放线菌是一类呈菌丝状生长，主要以孢子繁殖的陆生性强的原核生物。放线菌经常用于蛋白饲料的生产，尤其高温放线菌具有很高的分解纤维素和木质素的能力。此外，放线菌在生长过程中可分泌抗生素类物质，抑制肠道中的病原菌，对促进肌体免疫有较好的作用。放线菌的菌体蛋白由含有较高浓度的赖氨酸、色氨酸和含硫氨基酸，营养价值相对较高。

2.2.4　细菌（Bacterium）

细菌具有繁殖快、细胞产量大、蛋白质含量高等优点，因此在单细胞蛋白生产中被广泛用于生产菌种。如芽孢杆菌包括胶质芽孢杆菌、巨大芽孢杆菌、地衣芽孢杆菌、固氮芽孢杆菌、蜡状芽孢杆菌、枯草芽孢杆菌和短芽孢杆菌等。这类菌可产淀粉酶、蛋白酶、脂肪酶、纤维素酶等活性较高的酶。此外，由于芽孢杆菌中具有不易致死的芽孢，故饲喂时以活菌状态进入动物的消化系统，可抑制肠道中有害菌的生长繁殖。芽孢杆菌还可减少粪便、消化道中的大肠杆菌数。

细菌作为生产单细胞蛋白虽然具有很多优点，但也具有一些缺陷。如细菌体积小不易分离等。也给生产造成困难。

2.2.5　藻类

藻类是一类分布最广、蛋白质含量很高的微量光合水生生物，繁殖快，光能利用率是陆生植物的十几到二十倍。目前，全世界开发较多的是螺旋藻与鱼腥藻。其中螺旋藻繁殖快、产量高，蛋白质含量高达 58.5% ~ 71%，且质量优、核酸含量低，只占干重的 2.2% ~ 3.5%，极易被消化和吸收。

微生物发酵生产蛋白饲料，关键是菌种，从目前报道的资料来看，发酵方式由单一菌种趋向于复合菌株的协同发酵，并且注重不同微生物之间的协同性、互补性，总体上发挥出正组合效应。从组合情况看，菌种应包括纤维分解菌、氮素转化菌、增加适口性的菌。霉菌、酵母菌和乳酸菌的组合发酵为多数，这是由于木霉、黑曲霉、根霉等霉菌同化淀粉、纤维素的能力强，可降解秸秆饲料中的结构性碳水化合物，将工业废渣中的淀粉和纤维素降解为酵母能利用的单糖、双糖等简单糖类物质，使酵母得以良好地生长繁殖，而利用乳酸菌产生乳酸等则可改善发酵饲料的适口性。并且，组合菌株发酵增加了发酵中许多基因的功能，通过不同代谢能力的组合，完成单个菌种难以完成的复杂代谢作用，可以代替某些基因重组工程菌来进行复杂的多种代谢反应或促进生长代谢，提高生产效率。此外，在双菌或多菌混合发酵中，酶促作用生成的糖立即被发酵糖的微生物所利用，这样就维持了降解物的浓度，消除了酶合成作用受到的降解物的阻遏作用，也解除了反应最终产物对酶的反馈抑制，缩短发酵过程。这些体现了微生物之间的互惠、偏利生等关系。协同发酵形式对各种原料的有效转化、蛋白饲料的品质提高起到了重要的积极作用。

2.3　培养基

固体法生产工艺的酒糟一般有较多的稻壳等纤维物质，含水量30% ~50% 左右，若去除稻壳当然很好，但成本很高。比较经济可行的办法是按加入的稻壳量设计菌体蛋白生产配方，尽量使原始生产配方的粗纤维含量在15% 以下，酒糟营养成分并不能完全满足微生物生长繁殖的需要，必须添加适量的碳源和氮源。还原糖含量较低，不利于酵母菌初期的生长。糖蜜中含有约60% 的蔗糖和葡萄糖等可发酵糖及丰富的生物素和维生素，可直接被酵母菌利用。因此可在培养基中添加部分的糖蜜，用以加快假丝酵母初期的生长速度。同时麸皮是理想的碳源，添加量以 15% 为宜，麸皮用量少，疏松度差，不利长菌；用量过多，疏松度大，利于菌体生长，但会造成发酵培养基水分挥发严重，发酵不好控制。

　　硫酸铵、尿素是较好的氮源，且其比例以 1:2 为宜。硫酸铵和尿素的添加是为了提高饲料的蛋白质含量，同时可以促进菌体生长。硫酸铵加入量过少，菌体长得不太好；加入量过多，发酵中后期放氨严重，不仅会抑制菌体生长，还会使培养环境中充满刺激的氨味。另外，硫酸铵的添加可避免碳能源物质的无效消耗。尿素添加过多，同样会在发酵后期出现放氨现象，抑制菌体生长。

　　补充适当无机盐，如钾是生物体内各种重要酶系激活剂，缺钾将使动物免疫力大大降低并诱发各种疾病，磷元素是构成动植物和微生物细胞膜的主要元素之一。在培养基中添加必要的磷和钾元素，使单细胞饲料的营养构成更合理。KH_2PO_4 对提高蛋白转化有一定促进作用。调节培养基中的磷和钾元素含量和调整酒糟含量、尿素含量及初始 pH 值。发酵培养基添加物组成：糖蜜 1%、麸皮 15%、尿素 2%、硫酸铵 1%、KH_2PO_4 0.5%。

2.4　发酵原理及工艺

2.4.1　生产原理

　　单细胞蛋白生产原理，实质上就是以工业方式培养微生物。因这些微生物菌体含有丰富的蛋白质，可收集起来作为蛋白饲料或蛋白食品。微生物也和一些动、植物一样，能够在适当条件下，吸收养分，进行新陈代谢、生长繁殖。例如用纤维素做原料生产单细胞蛋白时，除了原料处理和菌体回收两部分工艺外，主体工艺本身就是酵母菌的培养；若以石油或甲醇作原料时，工艺过程就更加简单，可以省去原料处理，直接对微生物进行培养后，便可回收菌体。混菌发酵利用菌种微生物之间存在一种生态关系，此关系可能是互惠共生或协同作用或共居作用。

2.4.2　生产工艺

　　微生物发酵生产蛋白饲料的方法包括固态、液态、吸附在固体表面的膜状培养以及其他形式的固定化细胞培养等。常规发酵以固态发酵和液体深层发酵为主，在实际的微生物工业生产中，选择固态发酵工艺还是液态发酵，取决于所用菌种、原料、设备及所需产品和技术等，比较两种工艺中哪种的可行性和经济效益高，则采用哪一种。

　　1）液体深层发酵

　　液体深层发酵由美国弗吉尼亚大学生物工程专家 EmerL. Gaden Jr 在 20 世纪 40 年代提出的。时至今日，液体深层发酵技术发展迅速，在医药、食品发酵工业方面已有比较先进的生物反应器及配套设施，在理论和实践上都已经大大地向前推进了。

　　液体发酵的一般工艺流程如下：

　　斜面菌种—种子罐—发酵罐—板框过滤或介质吸附干燥—粉碎—质检—包装—成品

　　2）固体发酵

　　固体发酵是指微生物在没有或几乎没有游离水的固态的湿培养基上的发酵过程。固态的湿培养基一般含水量在 30%~70%，而无游离水流出，此培养基通常是"手握成团，落地能散"。固体发酵的应用很广，历史悠久，是一项古老的技术。固体发酵技术在饲料生产方面有广泛的应用。固体发酵的一般工艺流程如图 4-1 所示。

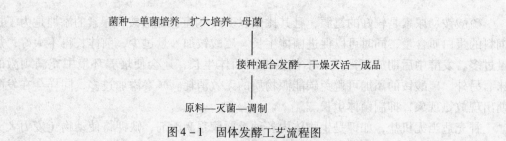

图4-1　固体发酵工艺流程图

另外，在对废渣、废料的处理时，固体发酵具有易干燥、低能耗、高回收、可把发酵物包括菌体及其代谢产物和底物全部利用的优点，既保留活性成分又没有废液污染。

2.5　操作参数控制

2.5.1　发酵温度和时间的控制

微生物的生长发育是一个极复杂的生物化学反应过程。这种反应需要在一定温度范围内进行，所以温度对微生物的整个生命过程有极大的影响。一般应控制在 28～30℃。温度过低升温慢，极易引起培养基杂菌污染、变质。

从发酵时间考虑，虽然 24h 后依然能发酵，从一般发酵至 30h 产品粗蛋白可增加 2 个百分点，但是与占用的设备、发酵周期、年产量、人力、电耗等各种因素的消耗比较，显然是增不抵耗。从不同发酵时间对总糖的利用情况看，也是不合算的。从 15～24h，4320 发酵料的总糖百分数减少了 23.4%，而到达 25～50h 仅减少了 11.7%。从总糖的利用速度知，发酵 20～25h，是合成反应旺盛的阶段，在这段时间里，平均每小时消耗总糖 3.4%，而从 25～30h，平均每小时仅耗随 1.28%，40～50h 平均每小时耗糖更降至 0.12%。

2.5.2　pH 值的控制

生产菌种不同，发酵物料的 pH 值不同。调整培养基的 pH 值，除了要满足混生菌株的生理要求外，还希望降低 pH 值以防污染，创造条件使生产菌株尽快占领环境或以压倒优势击败"土著"杂菌。

2.5.3　溶氧的控制

4320 混生菌株都是好气性的，它们在生产过程中需足够的氧气供应，因为氧作为呼吸过程中的最终受氢体，只有在分子氧存在时，它们才能正常生长；但其通风量应根据不同原料进行摸索调整。一般的原则是风必须通过料层，但又不能把料吹散，同时还要根据 4320 不同生长期进行通风。

这时除供给充足的氧气外，还有排除发酵有害气体及降温的作用。当然，通风时间的长短不是每一批都一样的，但前短后长的原则是可行的。前期过长时间通气会使菌丝生长受影响，后期结饼若不长时间通风除了无法降温外，下层菌丝会因缺氧而变色，甚至出现高温厌气菌污染而出现臭味。

2.6　生产设备

一般酵母罐容积 20～100m³ 不等，和一般发酵一样，首先空罐灭菌，培养基灭菌，冷却接入种子即进入发酵阶段。

2.6.1　发酵设备

一般中小型企业，特别是经济状况较差的地方，采用发酵池同样能生产出优质产品。每个发酵池用一个培养室，可按三级种子培养室的样子建造。

发酵池积：长 × 宽 × 高 =7m × 2m × 0.5m。

风道：正方形 0.35m × 0.4m。风口为锥形，风道长 12.7m，倾斜角 7° ~ 10°，风堂高 0.4 ~ 0.5m²。

2.6.2　搅拌接种设备

通风机：离心式，3.6 安，全风压 109 ~ 165mm H_2O，风量 5000 ~ 7500m³/h，外形尺寸 56cm × 64cm × 55cm，转速 2900r/min，可调式。

电动机功率：4.5kw。

喷水室：建在风道入口处。喷水压力为 $9.8 × 10^4$Pa，喷水直径为 5mm。采用 Y - 1 型离心喷嘴，360 度旋转式。此项设备可用喷雾器代替。

建造材料：箱底假板用 2 毫米低碳钢板或 2 ~ 3mm 铝板，孔径 0.2cm，长方形开孔率为 25% 左右。活动轮设计，池边 7mm × 70mm 角钢和 3mm 低碳铜板或砖墙（12 ~ 16cm）。在竹子原料较多地方。也可用 Φ3.5cm 左右的老竹捆扎面成假板。

翻料器：可用电工钻制成，底部装一小段胶皮刷。防止拌料时与底板接触而受损坏，行车速度 0.5m/min。8r。（没条件时，也可用木铁铲人工搅拌）翻料器数池共用。

发酵池平面和剖面示意如图 4 - 2 所示。

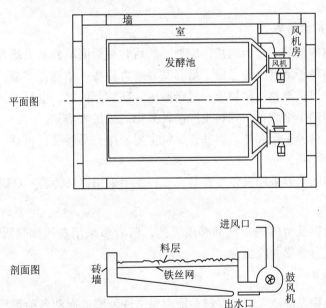

图 4 - 2　发酵池示意图

3 制订工作计划

通过工作任务的分析，对单细胞蛋白生产所需原料、培养基组成及发酵工艺已有所了解。在总结上述资料的基础上，通过同小组的学生讨论，教师审查，最后确定工作任务是：以酒糟为原料，以优良菌种 117 号产朊假丝酵母、136 号热带假丝酵母混合发酵酒糟，生产酒糟单细胞蛋白饲料。

3.1 确定单细胞蛋白生产工艺

本情境以酒糟为原料，以酵母菌为生产菌种，生产单细胞蛋白饲料工艺流程如图4-3所示。

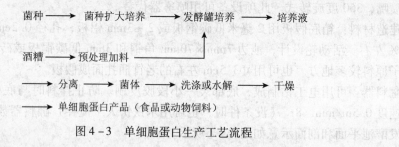

图4-3 单细胞蛋白生产工艺流程

3.1.1 菌种扩大培养

先在无菌室内的超静工作台内接种原种，然后转到斜面培养基上培养，再转到三角瓶中培养，最后由小种子罐到大种子罐，培养基要求含碳源—单糖或多糖；氮源—原料中蛋白质不足时可添加豆类原料；矿物质—过磷酸钙、硫酸亚铁等，也可添加一些有利于菌体生长的生长素。酒糟单细胞蛋白饲料生产菌种采用二级扩大培养。

一级斜面菌种培养采用固体培养基，原料主要采用：马铃薯、黄豆、白糖。培养温度为 28℃，培养时间 24h。

二级扩大培养的培养采用液体培养基，原料主要采用：马铃薯、豆饼、白糖。

3.1.2 灭菌

所用的培养液以及所供的空气都必须灭菌，前者多采用蒸汽加热灭菌，灭菌 30min。后者常用陶瓷多孔过滤器去除细菌。

3.1.3 发酵

采用敞开式堆积发酵池发酵，发酵前漂白粉清洗发酵地面和各种用具，室内用福尔马林液熏蒸灭菌，原料按配方加入各种辅料拌匀，按 6% 接种混合菌液，在一定温度下发酵。

3.1.4 分离过滤

发酵液冷却后用高速离心机或滤布过滤。在生产中为了使培养液中的养分得到充分利用，可将部分营养液连续送入分离器中，分离后的上清液回到发酵罐中循环使用。对较难分离的菌种可加入絮凝剂，以提高其凝聚力便于分离。如酵母发酵结束后一般培养液中约含 5% ~10% 酵母，要在尽可能短的时间内（最好 1 小时内）将酵母从培养基内分离出来。因为培养基所含有的酵母代谢产物会影响酵母的品质，所以发酵结束后经一定冷却后要马上进行酵母分离。分离得到的酵母再用 4 ~6 倍冷水洗涤、分离、迅速冷却（这样可以限制细胞生物量的损失），得到的酵母浓缩液送至板框式过滤机或圆筒式过滤器中过滤，一般得到 65% 浓缩酵母。

3.1.5 干燥

作为动物饲料的单细胞蛋白，一般把离心收集的菌种经洗涤进行喷雾干燥或滚筒干燥。如酵母的分离以 30℃ 热风干燥至水分约 6% ~8%，并制成颗粒。

3.2 斜面种子制备

种子斜面培养，是把放在砂管或冷冻干燥管中的原种，通过斜面培养进行复壮、活化的过程。

一般生产菌种采用热带假丝酵母、黑曲霉、白地霉、产朊假丝酵母等。

采用的培养基分为：

斜面培养基：马铃薯蔗糖培养基（PSA）组成：马铃薯（去皮）200g、蔗糖 20g、琼脂 20g、水 1000mL，pH 值自然，121℃灭菌 20min。

察氏培养基：硝酸钠 3g　磷酸氢二钾 1g、硫酸镁 0.5g、氯化钾 0.5g、硫酸亚铁 0.01g、蔗糖 30g、琼脂 15g、水 1000mL，最终 pH 值 7.3 ± 0.2。

麸皮培养基：麸皮：水 =1:1。

液体培养基 YPD：1% 酵母膏，2% 蛋白胨，2% 葡萄糖。

一级种子培养基配方为：马铃薯 200g，黄豆 10g，白糖 20g，琼脂 20g，自来水 1000mL，pH 值自然。

二级种子培养基配方为：马铃薯 200g，豆饼 10g，白糖 20g，自来水 1000mL，pH 值自然。

3.3 菌种的扩大培养

由于工业生产规模的增大，发酵所需的种子（纯种培养物）就增多，要使小小的微生物在几十小时内完成如此巨大的发酵转化任务，必须具备数量巨大的微生物细胞才行。菌种的扩大培养是发酵生产的第一道工序，该工序又称为种子制备或种子的扩大培养，其目就是为每次发酵罐的投料提供生产性能稳定、数量足而且不被其他杂菌污染且代谢旺盛的种子。

摇瓶种子培养，种子质量以菌丝阶段、发酵单位、菌丝粘度或浓度、糖氮代谢、种子液色泽和无杂菌检查为指标。摇瓶种子（母种）可以直接接种子罐，也可以再扩大培养，用培养所得的子瓶接种。摇瓶种子检查合格后，贮存于冷藏库内备用。冷藏时间最多不超过 7 天。酵母的摇瓶培养基的成分为酵母膏、蛋白胨、葡萄糖；霉菌采用麸皮或马铃薯（去皮）。二级种生产，在配制摇瓶培养基时，应调整好配比。

3.4 发酵培养基制备

酒糟原料不同，配方当然不同，这要在实际工作中进行探索。下面就酒糟原料为培养基来讨论配制。一般培养基配制时都必须考虑碳源、氮源、无机盐和生长素等，务必使其配比符合微生物生长、繁殖的需要。从混生菌株对营养要求和生产工艺出发选择培养基时，既要满足微生物生长的需要，又要获得高产优质的产品，同时也要符合增产节约、因地制宜的原则。酒糟作为培养基，通常添加氮源，如黄豆、豆饼、硫酸铵、硫酸镁。

3.5 单细胞蛋白发酵及参数控制

3.5.1 发酵温度及控制

白地霉菌最适温度为 25 ~ 28℃、最高为 37℃左右，控制在 30℃左右。黑曲霉菌株生长温度为 30 ~ 32℃，酵母培养温度控制在 30℃左右。

3.5.2 pH 值的影响及控制

pH 值较低时生长一般，较高时容易染菌，结合菌种适应情况，可用盐酸或石灰水对培养基加以调节，pH 值调节为 5 左右。

3.5.3 溶氧的影响及控制

单细胞蛋白生产菌株一般都是好氧的，其通风量应根据不同原料进行摸索调整。一般的原则是风必须通过料层，但又不能把料吹散。

4 工作任务实施

通过前面对工作任务的分析和计划制定，已经对以酵母菌为生产菌、酒糟为原料，通过深层液体发酵生产单细胞蛋白的工艺过程、主要设备、发酵液分离等有所了解和掌握。在工作任务制定基础上，确定了单细胞蛋白的生产工艺流程如图 4 - 4 所示。

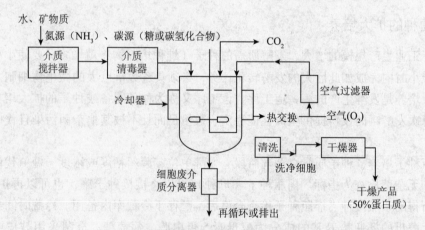

图 4 - 4 单细胞蛋白生产流程简图

4.1 原料预处理

将酒糟与糖化酶（按 120 单位/g 淀粉添加）拌匀后，渥堆糖化 1～2h。按配方：酒糟 80%，麦麸 15%，玉米粉 3%，豆饼 1%，尿素 1%，磷酸二氢钾 0.05%，添加营养盐。

4.2 菌种扩大培养

在无菌室或超净工作台内接种原种后，转到斜面培养基上培养，然后再转到三角瓶中培养，最后，由小种子罐到大种子罐。培养基要求含碳源—单糖或分子多糖；氮源—原料中蛋白质不足时可添加硫酸铵或尿素；矿物质—过磷酸钙和硫酸亚铁等，也可添加一些有利于菌体生长的生长素。

从 PDA 斜面上将热带假丝酵母菌种接入 YPD 液体培养基，培养至对数生长期后，按 10% 接种量接入到 200mL 发酵培养基中，30℃ 下振荡培养 35h，实际生产中，可根据工艺要求改变培养条件。

（1）生产菌种

热带假丝酵母、黑曲霉，白地霉。

（2）斜面培养基

马铃薯 20%，葡萄糖 2%，琼脂 1.5%～2%，pH 值自然，121℃ 灭菌 20min。

（3）液体培养基

YPD：1% 酵母膏，2% 蛋白胨，2% 葡萄糖。

（4）麸皮培养基

麸皮：水 =1∶1。

（5）一级种子培养基配方

马铃薯 200g，黄豆 10g，白糖 20g，琼脂 20g，自来水 1000mL，pH 值自然。

（6）二级种子培养基配方

马铃薯 200g，豆饼 10g，白糖 20g，自来水 1000mL，pH 值自然。

霉菌：PSA 培养基 29℃、斜面培养 72h 后用无菌生理盐水洗下。接种量可按 2%～3%（V/W）的比例分别接入单菌种，先接种霉菌菌株，培养 1～2 天后，再接酵母菌株。这样可以利用霉菌代谢产生的酶对酒糟原料先行进行分解，使培养基中糖类物质增加，易于被酵母菌利用。

斜面的种生产：霉菌菌株：培养基用 PSA 无病毒马铃薯 200g（削皮称重），蔗糖 20g。琼脂 15g，水 1000mL，pH 值 6.0。配置完成后于 0.11MPa 灭菌 30min。摆成斜面，接种后在 28～30℃ 培养 24 小时。表面长出皱纹的浅白色菌苔，48 小时后气生菌丝繁茂，并慢慢着生浅绿色孢子，72 小时黑色孢子出现，均匀、无长菌丝及杂色斑，培养时间较长，培养基颜色渐变暗绿色，孢子黑棕色，表面有时产生黑褐色液滴。孢子易沾，菌苔硬韧。

白地霉菌株：用 PDA 培养基，制作方法同 PSA，但把蔗糖改为葡萄糖。该菌株接种后在 26～28℃ 培养 10 小时即见菌苔。24 小时菌苔浓厚、白色，有时略有皱纹。对温度要求不高，24℃ 也能生长良好，最高生长湿度为 33～37℃，但太高温度培养时，菌苔易自溶老化。培养后期形成节孢子，菌苔易铲取。这个菌对营养要求不严格，甚至在菜叶水琼脂斜面上也能长。

培养成熟的二级种，最好现做现用，新鲜活力强。容器：三角瓶或蘑菇瓶，也可用广口瓶。配方：麦麸：水 = 1:1。麦麸不能含太多淀粉，最好用粗筛筛一次，取筛上部分应用。也可拌入部分米糠，用量为 20% ~ 30%。配料混匀后，过一次筛，松松装入瓶里，1000mL 三角瓶装 100 ~ 200g，用一层牛皮纸包扎好。0.11MPa 灭菌 30min，即刻运入无菌室且紫外光下冷却，至不烫手（约 40℃）后，用接种铲铲取 1cm² 的斜面菌苔接入。接种后要前后左右允分摇匀，立即送入 28 ~ 30℃温室培养。

培养 24 小时后，白色菌丝布满培养料，稍结块、发出令人舒服的药香味。没有长杂菌丝。36 小时后菌丝繁茂，要注意通风换气，培养期间不要摇动。有时壁上有透明淡黄色水珠，若水珠变混浊或有粘糊物出现则表明已污染菌丝，绝不能用。48 小时后，要注意室温，不要超过 40℃。72 小时后，表面出现黑孢子，注意通风换气，也可扣瓶继续培养 72 ~ 76 小时，全瓶布满黑色均匀的孢子，瓶底分泌黄色透明液体，霉味不浓，绝无长毛和馊臭怪味等。

4.3 发酵工艺过程

采用双菌种混合拌匀后与干酒糟原料充分混合的工艺，如图 4 - 5 所示，使干酒糟在加水前尽量粘 4320 菌种，然后才喷无机盐水。倘若先喷无机盐水或边喷边加菌种，就会产生某些接不上菌的团块，发酵时，团块内处于厌气状态，其他杂菌特别是芽孢杆菌类乘机发育，增加污染机会。

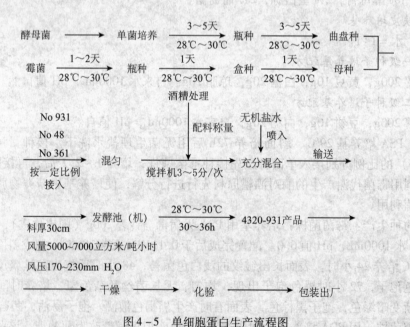

图 4 - 5　单细胞蛋白生产流程图

铺料要均匀。发酵机是圆形的，一般通风较均匀。发酵池由于有死角，往往通风不很均匀。要根据实际情况决定每个角落铺料的厚度。一般为 25 ~ 30cm。同时松紧度力求一致，若有紧有松发酵品温就有高有低，很难控制。若料层太厚，就会出现对通风的物理性抵抗，造成料层各处水分含量不匀的现象。

在正常情况下，4320菌株在2小时内就开始发芽，这时不需要大量空气，也不产生热量，但水分和温度对其发育有极大的影响。这期间一般不通风，但为了防止酸败，每隔1~2小时用小风量通风10~15分钟是可取的。通风时可用循环风，也可用30℃湿风，切忌用大量冷气，否则料层会因风量过大和振动而下沉，空隙减小，料温下降，影响很大。

在进料后12小时内，室温要保持28℃~32℃，品温要在30℃左右，空间湿度90%左右，切忌翻动。秋冬季节，若料温过低，可把室温提高到33℃~34℃，通入的风温也可达32℃~33℃，使料层迅速均匀地达到28℃~30℃，以后才把室温降至28℃~32℃。这样做可使4320菌迅速发育，避免前期由于温度过低小球菌发育过旺而酸败。正常情况下，12小时后，料表面开始有微白点出现，酒糟味消失。由于菌丝生长开始结块，料面产生裂缝，料温升高。这时要注意通风降温。裂缝和料层结块收缩会使通风短路，损失风压，可看情况适当进行翻料，把结块的料层打碎。翻料速度要快，但不能剧烈抖动损伤菌丝，以免延长发酵周期和影响产品质量。

培养12小时后，菌株生长逐渐旺盛，呼吸热增加，代谢气体增多，原料大量被消耗，生成大量的 CO_2 和水，释放大量的能量和热量。这些能量虽一方面供菌丝生长而大部分都以热量的形式存在料层中。这段时间，通风降温是很重要的。若不及时散热，在超过35℃而又厌气情况下，潜藏于原料中的枯草杆菌等芽孢杆菌将会大肆活动，产生刺鼻氨味，造成生产失败。但是若通入的风温过低，又会使菌丝发生"感冒"现象。低于25℃又大量通风，极易引起产酸性小球菌发育，同样会造成失败。所以这段时间，适时地通入28℃左右的新鲜空气是一个关键的措施。当菌丝布满培养料后，通入自然风散失水分，对颗粒较大的培养料尤其必要，因这一措施可强迫4320菌向深层生长。

在精心管理下，培养20小时左右，培养料已布满菌丝，发出药香味，料结块捏之即散。24小时后，香味更浓，菌丝繁茂结块，不长毛，应及时出料。若继续培养，会产生氨味，影响质量。从发酵机或池刚出料的4320产品一般含水量为35%~45%，若作为产品销售，要用热烘炉烘至含水12.5%包装密封。产品在室温下可保存半年以上。若要和其他原料混合配成全价饲料，则可立即应用。混合后的料含水约20%~25%（随混入的4320量而不同），用塑料袋装入压紧密封可保藏5~7天，但是有污染的4320产品不能用这种方法，否则很快变质。

4.4 发酵培养操控

在固体发酵过程中，发酵参数的控制是比较困难的，温度和pH值都应适宜，通风供氧，搅拌或翻滚料，并注意糖的浓度。下面主要按照 B. K. Lonsane catal 报道的材料介绍，以供参考。

1）水分及湿度

不同原料、不同产品、不同菌种要求不同的含水量。含水量是决定固体发酵成败的关键因子之一。在水溶性酶类、木质纤维分解和生产黄曲霉毒素时，固体发酵有重要作用。如果培养料含水量过高，通气不良，易为细菌污染。含水量低则菌株生长不良，底物膨胀度低而水张力大，影响效果。发酵过程中，通常含30%~70%的水分，会因菌株的代谢活

动增强和自然蒸发而发生较大变化。所以必须连续通入湿蒸汽，或者装设增湿器或间歇式喷入无菌水。务必使发酵器内内的空间相对湿度保持90%～97%。

2）通气

在固体发酵中，通气是对好气性菌株培养成败的另一个关键因子。通气的量和方式要根据不同微生物的特性、合成产物的需氧量、代谢热的多少、底物层的厚度、CO_2 及其他挥发性代谢产物的量和对发酵过程的影响等多方面来考虑。一般而论，生产黄曲霉毒素、β-半乳糖苷酶、蔗糖酶时，通气量要大些，但过高的通气量却抑制黄曲霉毒素的产生。同样分解水质纤维的菌株，腐生真菌的通气量要比寄生真菌多得多。发酵过程中，CO_2 的浓度及挥发性代谢产物的量有很大的影响，往往会因它们浓度过高导致发酵迟缓甚至失败，所以对于一般需氧微生物来说，定期换气或改交气体流向的做法是可取的。但通气量过大会使培养料水分蒸发过快，必须注意增湿或者通入带水蒸气的空气。已有文献报道，用氧分析仪测定需氧量和氧吸收率或用气相色谱仪分析发酵器空间的气体成分。通常固体发酵都需要较大的通气量，但对氧传递的机理却了解不多。如果固体培养料表面布满菌膜，或者菌丝生长结饼，或者水分太多粘结。或使用过多的粉状物，都会形成氧扩散降碍，改进的办法有：用多孔或粗颗粒或纤维状原料；培养料层不要太厚；培养料中间留有较大的空隙；用多孔筛板；用带金属网的发酵容器；搅拌或振动；采用转动式发酵器。氧传递研究中还发现。氧吸收和生长率间存在直线关系；发酵器顶部的的 CO_2 浓度直接影响发酵速率；氧的生长产量（$Y \times /0$）在 28.5g 细胞/g 分子 O_2，范围；在麸皮配料 6.35cm 厚的地方，CO_2 浓度高达容积的21%。

3）温度控制

固体发酵的特点是产生大量的代谢热。据文献介绍，在 6.5cm 厚的麸皮曲发酵过程，当菌株生长旺盛时，每厘米麸皮厚度的温差达3℃。这些代谢热量若不赶快排除，就会大大影响发酵效果。一般应大量通入适宜温度、湿度的空气，或者在发酵器顶部盖上浸透水的麻袋或喷淋适温的冷水，也可把发酵器加夹套通循环水，或把它放在空调室内等。

4）搅拌

搅拌可使培养料较多地接触空气，除了降温外，可使颗粒间生长均匀，防止结块，防止局部过热，又能使孢子均匀分散等。

5）pH 值

pH 值本来也是一个关键因子，但固体发酵由于所用的底物有良好的缓冲力，故一般在这种方式发酵时是不控制 pH 值的。如果有必要，可用适宜 pH 值的水溶液润湿麸料，使达到要求的 pH 值。另一种方法是使用占总氮量40%～50%尿素与硫酸铵一起作氮源，能防止单用硫酸铵作氮源时由硫酸根引起的酸化，而且能更好地促进真菌的生长。如果固体培养料外表长满菌膜又无搅拌，则菌块局部 pH 值必然发生变化。这是无法控制的，发酵效果必受影响。

6）底物顶处理和底物吸收

固体发酵时所用的培养料，大多是农副产品、油料作物种子或饼粕、木质纤维素、淀粉物质等不溶于水的聚合物，无法透过微生物细胞，所以在培养初期不易被微生物利用。但只要加入少许营养物，即可使微生物初期得以生长，然后分泌适当的酶分解底物获得养分，使发酵顺利进行。选择适当的底物是很重要的，比如用小麦发酵生产菌株就比用大米好，原因是小麦粒不易粘结，有利通气。有的原料在灭菌后组织发生改变，也影响发酵，如花生或大豆粉会形成紧密团块，碎大豆会形成砾石状等，这都是不良效应。必须采用机械或化学手段来处理这些底物，使其变成可渗透的较小的颗粒或较小的分子，以利微生物渗透利用。这就是预处理，其手段可以是激烈的也可以是温和的。这要按发酵的菌株和产品要求而定，一般可采用蒸煮、浸泡、碾压、成粒、粉碎、剁碎、切碎、研磨、球磨、过筛或用碱、酸、氯化钠处理等。

7）生长估测和生长特点

由于固体发酵是菌株在固状培养物上生长，所以是无法把菌丝体和残留的固体底物分开的，要直接测定固体发酵的生长量是很难的。目前，多采用一些间接测定的办法，比如用碱提出菌丝体蛋白，测 ATP 或葡糖酸胺，作菌落平板计数，把样品通过合适的筛测胞外虫漆酶，测 CO_2 或氧吸收等。近来也有人用几丁质含量来检测真菌生物量。

微生物在固体发酵时，最初 3～4 小时是萌芽期，5～6 小时后，开始产生代谢产物，品温上升。随着代谢活动增强，在以后的 15～20 小时内达到高峰，品温也最高。随后是静止期和衰退期。固体发酵时，常可看到毡状菌丝体生长在卷缩曲粒的内部或较粗糙的一面，或布满整个淀粉粒或纤维废物的表面。在经过顶处理的底物破碎或外露的一端，固体底物上疏松相连的细胞天然瓶口都是菌丝最初附着的部位及菌丝进入底物细胞腔的入口处。

生产过程可能发生的事故及处理方法：

通风不匀，发酵池各处温度不均。这主要是发酵池风道过短（<1m），倾斜角过大（>15°）引起的，应立即改建风道。

培养料表层菌丝生长良好，底层粘糊状且发出怪味。这是由于通气或翻拌不及时，上层结饼影响下层通气所致，这种产品已不能用。若发现很早，可加强顶风及翻料挽救，2～4小时内若不见效，应坚决淘汰，并做好清洁工作。

培养料表层 4320 菌发育良好，底层原料干燥不长菌。这是由于进风湿度太低的缘故，应调整进风湿度为 90%～95% 以上，也可以在发酵池腔内的铺一层湿麻袋保湿。

发酵不久（一般约 4～6 小时）品温猛然上升，发出酸臭味，这是大量污染杂菌的现象。一般是菌种不纯或原料变质引起的。应立即淘汰并对培养器具彻底消毒，注意原料采购和制种工作。

发酵过程迟迟不升温，或出现升温极短又立即降温，这是水分过大影响 4320 菌株生长，或菌种退化之故。

发酵室发出酸臭味或氨味，这主要是不及时通风或排风，或因故无法通风、或料层过厚通风不良，或通风温度 <25℃ 引起的，应立即采取措施调节进风或排风装置。若事故时间过长会招致生产失败。

风从周围跑，中间不透风。这是铺料不匀，旁边空隙处没堵死之故，应立即堵空隙，迫使风向中间流动。

整池产品质量不均一，这主要是接种不匀，结团过大或通风不良所致，应注意润水均匀，接种后过筛、装池疏松等。

总之，生产上发生事故的原因是多方面的。除应严格按照操作规程环环抓紧外，环境卫生、个人卫生也应注意，没有严谨的科学态度是绝对不行的。

4.5 分离过滤

冷却后用高速离心机或滤布过滤。在生产中为了使培养液中的养分得到充分利用，可将部分营养液连续送入分离器中，分离后的上清液回到发酵罐中循环使用。对较难分离的菌种可加入絮凝剂，以提高其凝聚力便于分离。

4.6 干燥

作为动物饲料 SCP，一般只把离心收集菌种经洗涤进行喷雾干燥或滚筒干燥，而作为人类食品则需除去大部分核酸，一般将收集到的菌体，经洗涤后水解，以破坏其细胞壁溶解为蛋白质、核酸等，再经分离、浓缩、喷雾干燥。

4.7 产品的分析检测

4320 产品一般要化验粗蛋白、真蛋白、粗纤维、粗脂肪、粗灰分、水分、无氮浸出物等成分。还可以化验磷、钙、氯化钠等项目。至于氨基酸及纤维素等成分，在酒糟来源不变，培养基配方一样，生产工艺一致的前提下，化验一次就可以。

产品分级：

优级品：外观洁白、颗粒均匀、气味香、放入水中时浮面时间较长。粗蛋白含量为 24% ~ 25%。

良级品：外观洁白、颗粒较均匀、但颗粒较大、颗粒中间含有少许发不透、气味香。故入水中先浮后沉。粗蛋白含量为 20% ~ 22%。

及格品：外观洁白、颗粒大小不均、气味香。放入水中浮面时间很短即沉。粗蛋白含量为 18% ~ 20%。

达到以上三个级别的产品都可作为商品出售。达不到上述标准的产品，只要不是污染变质的产品。在厂里按需要折算配成全价饲料出售，效果照样良好。

粗蛋白含量的测定：凯氏定氮法

真蛋白含量的测定：根据真蛋白质能被氢氧化铜沉淀的特点。在待分析的样品中加入沉淀剂，通过过滤，分离掉非蛋白质氮，最后用凯氏定氮法测定剩下的真蛋白质。

粗纤维含量测定见韩国纪等的方法。

5　工作任务检查

通过同组学生互查，教师最后审查的方法，对下达的工作任务完成情况进行检查。

5.1 原材料及培养基组成

由学生分组讨论，对工作任务实施过程中因地制宜地提出生产原料的选用、培养基组成和配比以及培养基的混合配制等是否正确进行互查和自查。对检查出的错误要说明原因，并找出改正的方法和措施。由指导老师审核，并提出修改意见。

5.2 培养基及发酵设备的灭菌

每一小组的学生都要对本工作任务的培养基、设备管道和空气的灭菌的实施过程进行检查、互查。指导教师根据学生的检查情况，要对空消、实消和空气灭菌的工艺过程逐一进行审查。特别是对生产过程中是否发生杂菌污染、溢料情况进行审查。

5.3 种子的扩大培养和质量

由同小组的学生对生产菌种的扩大培养条件、种龄、接种量和发酵级数等实施过程进行互查和讨论，并对方案实施过程中出现的问题提出改进意见，由指导教师审查。

5.4 发酵工艺及操控参数的确定

让学生结合本工作任务实施的发酵工艺和设备，对单细胞蛋白发酵设备的选用、发酵方式以及发酵温度、pH 值、通气量等发酵参数的调控进行检查和讨论，并对方案实施过程中出现的问题提出改进意见，由指导教师审查后提出修改意见。

5.5 提取分离工艺

针对单细胞蛋白发酵液的特性，让同小组学生对单细胞蛋白分离提取工艺以及浓缩、干燥等工艺过程的实施情况进行互查和讨论。要对对工作任务实施过程中的不足提出改正意见，指导教师要对学生的检查和修改意见进行审查和改进。

5.6 产品检测及鉴定

对工作任务实施结束后，要对生产的单细胞蛋白产品进行检测和鉴定。主要包括对产品产量、收率和质量进行检查。

总之，通过对工作任务的检查，让学生发现在单细胞蛋白这一生产任务的实施过程中出现的问题、错误及取得的成绩，有利于学生在今后实际工作中改进和完善，提高其岗位操作、处理问题的综合技能。

1）原材料及培养基组成的确定

由学生分组讨论，因地制宜地提出生产原料、培养基组成和配比，并说明选择的理由，由指导老师审核，并提出修改意见，讲解原因。

2）培养基及发酵设备的灭菌

每一小组的学生都要对本工作任务的生产原料、培养基、设备管道和通气的灭菌提出方案，同时制订出相应的灭菌工艺，经指导教师审查后，确定空消、实消和空气灭菌的具体方案。

3）种子的扩大培养和种龄确定

由同小组的学生讨论并总结出生产菌种的扩大培养条件、种龄和接种量，确定发酵级数，由指导教师审查后，提出修改意见后方可实施。

4）发酵工艺及操控参数的确定

让学生结合实验室设备，对单细胞蛋白发酵设备的选用、发酵方式（间歇、连续和补料分批）以及发酵温度、pH 值、通气量和消泡剂等参数如何调控进行讨论并形成方案，由指导教师审查修改后实施。

5）提取工艺

通过同组学生互查，教师最后审查的方法，对下达的工作任务完成情况进行检查。

6　工作任务评价

根据每个学生在工作任务完成过程中的表现以及基础知识掌握等情况进行任务评价。采用小组学生之间和不同小组之间互评，由指导教师根据量化的评分标准给出最终评价。本工作任务总分 100 分，其中理论部分占 40 分，生产过程及操控部分占 60 分。

6.1　理论知识（40 分）

依据学生在本工作任务中对上游技术、发酵和下游技术方面理论知识的掌握和理解程度，每一步实施方案的理论依据的正确与否进行量化。以小组学生之间互评为依据，由指导教师给出最终评分，必要时可通过理论试卷考试。

6.2　生产过程与操控（60 分）

6.2.1　原料识用与培养基的配制（10 分）

① 碳源、氮源及无机盐的调整是否准确；

② 称量过程是否准确、规范；

③ 加料顺序是否正确；

④ 物料配比和培养基制作是否规范、准确。

6.2.2　培养基和发酵设备的灭菌（10 分）

在单细胞蛋白发酵生产之前，学生必须对培养基、设备、管道和通入的空气等进行灭菌，确保发酵培养过程中无杂菌污染现象。因此指导教师要对空消、实消顺序、灭菌方法等环节对学生作出评分，根据检测结果进行最终评价。

6.2.3　种子的扩大培养（10 分）

根据学生在单细胞蛋白生产菌种的扩大培养过程中的操作规范程度、温度、pH 值、通气量的调控能力，接种消毒操作、接种量和种龄的控制方面由指导教师进行打分。

6.2.4　发酵工艺及参数的操控（15 分）

① 温度控制及温度调节是否准确；② pH 值控制及调节是否准确及时；③ 根据发酵现象调控通气量是否及时准确；④ 发酵终点的判断是否准确；⑤ 发酵过程中是否出现染菌、溢料等异常现象。

6.2.5 提取分离（10分）

① 发酵液预处理方法是否正确；② 单细胞分离操作是否正确规范；③ 生产工艺是否规范、正确；④ 单细胞蛋白产品的干燥操作是否准确。

6.2.6 产品质量（5分）

1）检验项目

外观检查、粗蛋白含量的测定、真蛋白含量的测定、粗纤维含量测定；

2）检验依据

优级品、良级品、及格品。

思考题

1. 单细胞蛋白的优点有哪些？

2. 单细胞蛋白生产原料主要有哪些？

3. 可用作单细胞蛋白生产的菌种主要有哪些？

4. 单细胞蛋白主要应用在哪些方面？

5. 为什么生产上多采用混菌发酵生产单细胞蛋白？

6. 单细胞蛋白在营养成分上与酒糟有何不同？

参考文献

［1］余伯良．发酵饲料生产与应用新技术［M］．北京：中国农业出版社．1999.

［2］郭维烈．新型发酵蛋白饲料［M］．北京：科学技术文献出版社．1996.

［3］陈洪章．现代固态发酵原理及应用［M］．北京：化学工业出版社．2004.

［4］卢向阳，绕力群，彭丽莎，等．酒糟单细胞蛋白饲料生产技术研究［J］．湖南农业大学学报（自然科学），2001，27（4）：245－249.

［5］李大鹏．利用麦糟生产单细胞蛋白饲料的研究［J］．酿酒科技，2002，29（4）：63－64.

［6］冯树，周樱桥．混合菌发酵转化纤维素生产单细胞蛋白［J］．生物技术．2000，10（5）：32－34.

［7］祝英．马铃薯废渣多菌发酵生产单细胞蛋白饲料工艺的研究［D］．兰州大学；2008.

情境五　酒精生产

学习目的和要求

（1）知识目标：了解酵母菌分类的菌落形态、特点、繁殖方式，掌握酒精发酵的特点、反应器结构特点、使用方法；酒精生产工艺。

（2）能力目标：掌握酒精生产工艺流程、原料工艺对设备结构的要求，掌握酒精生产的工艺控制。

（3）情感目标：培养学生学习过程中形成的使命感、责任感、自信心、进取心、团队合作精神等方面的自我认识和自我发展。

1　接受工作任务

1.1　工作任务介绍

酒精是一种无色透明、易挥发、易燃烧、不导电的液体，沸点78.2℃。有酒的气味和刺激的辛辣滋味，化学分子式C_2H_6O，因为它的化学分子式中含有羟基，所以叫作乙醇。

1.1.1　酒精的种类

（1）按原料分类：可将酒精分为谷物酒精、薯类酒精、糖蜜酒精、水果酒精、纸浆废液酒精、乙烯酒精。

（2）按生产方法分类：可将酒精分为发酵酒精和合成酒精两大类。

（3）按质量分类：可将其分为食用酒精、工业酒精和无水酒精等。

（4）按用途分类：分为食用酒精、工业酒精、医药酒精、燃料酒精和试剂酒精等。

1.1.2　酒精的用途

1）化工原料

酒精是许多化工产品的基本原料，利用酒精可合成橡胶、冰醋酸、苯胺、乙醚、环氧乙烯等。酒精是良好的有机溶剂，也可作为洗涤剂和浸出剂，还可用于香料、染料、油漆、树脂等工业生产。

2）食品工业

食用酒精可用来配制酒精饮料，如汽酒、果酒、白酒等。

3）医药工业

酒精配成 75% 时，可用于医疗器具和皮肤消毒，是泡制各种药酒和制备碘酒的必需原料，还可以浸提生物医药以制备各种剂型的成药。

4）交通运输业

酒精不仅直接可作发动机的燃料，而且还可将掺入汽油中，以提高汽油的燃烧值，用以应对"石油危机"和"能源危机"。

5）农牧业

酒精是制造农业杀虫剂的重要原料。副产物酒糟及以酒糟为原料制造的饲料酵母、维生素等精饲料，是牲畜的优良饲料，营养丰富、有特殊的香味，牲畜特别爱吃。另外，酒糟还可用来养鱼和作为农业肥料。

6）国防工业

酒精可生产乙二醇，乙二醇可用于制造二硝基乙二醇炸药及雷管等。

所以，酒精与人民生活有着密切的关系，在国民经济中起着重要的作用。随着我国社会主义建设事业的不断发展，酒精的应用范围将越来越广。

1.2 接受生产任务书

本学习情境的工作任务是以淀粉质原料经过蒸煮，使淀粉呈溶解状态，又经过曲霉糖化酶的作用，部分生成可发酵性糖，在糖化醪中接入酵母菌，在酵母的作用下，将糖分转变为酒精和 CO_2，获得酒精产品，见表 5-1。

表 5-1 生产任务书

产品名称	酒精生产	任务下达人	教师
生产责任人	学生组长	交货日期	年 月 日
需求单位		发货地址	
产品数量		产品规格	乙醇含量≥95%
一般质量要求 （注意：如有客户特殊要求，按其标注生产）	工业酒精国家标准（GB/T 394.1—1994）		
进度备注：			

备注：此表由市场部填写并加盖部门章，共 3 份。在客户档案中留底一份，总经理（教师）一份，生产技术部（学生小组）一份。

2 工作任务分析

依据接受的工作任务书（见表 5-1），已经明确我们的任务是酒精生产。虽然上一节

我们已经介绍了酒精的产品用途、发展简史，对酒精产品有了初步了解。下面就完成工作任务所需的技术和生产工艺进行详细分析。

2.1 生产原料

发酵法生产酒精的原料主要有淀粉质、糖蜜、纤维素及亚硫酸盐纸浆废液等。我国大多酒精厂家都以淀粉质为原料，本情境主要介绍淀粉质原料。

1）淀粉质原料

用于生产酒精的淀粉原料主要有：薯类（甘薯、马铃薯、木薯、山药等）；粮谷类（高粱、玉米、大米、谷子、大麦、小麦、燕麦、黍等）；野生植物（橡子仁、土伏苓、蕨根、石蒜等）；农产品加工副产物（米糠饼、麸皮、高粱糠、淀粉渣等）；纤维质原料（秸秆、甘蔗渣等）等。

2）糖质原料

糖蜜是甘蔗或甜菜糖厂制糖过程中的一种副产物，又称废糖蜜。根据制糖原料，可将糖蜜分为甘蔗糖蜜和甜菜糖蜜。

3）辅助原料

辅助原料是指制糖化剂时用来补充氮源所需的原料，主要有麸皮、米糠、玉米粉等富含碳源和氮源的物质。几种辅助原料的化学组成见表5-2。

表5-2 几种辅助原料的平均化学成分 单位:%

种类	水分	淀粉	粗蛋白	粗脂肪	粗纤维	灰分
麸皮	13.51	52.94	15.39	3.89	9.55	4.72
米糠	9.0	46.0	9.4	15.0	11.0	9.6
玉米粉	12.0	72.0	9.0	4.3	1.5	9.6

2.2 生产菌种——酵母菌

酵母菌是一群属于真菌的单细胞微生物，它分为两大类：一类能产生子囊孢子，称为真酵母；另一类不能生成子囊孢子，称为类酵母。

2.2.1 酵母菌的形态、大小和结构

酵母菌是单细胞真核微生物。细胞形状有球形、卵圆形、柠檬形、梨形、腊肠形，也有丝状，大小一般为（1～5）um×（5～30）um。酵母菌无鞭毛，不能游动，具有典型的真核细胞结构，有细胞壁、细胞膜、细胞核、细胞质、液泡、线粒体等，有的还具有微体。如图5-1所示。

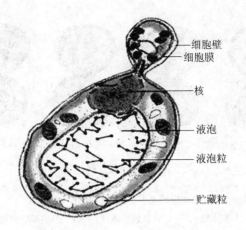

细胞壁
细胞膜
核
液泡
液泡粒
贮藏粒

图5-1 酵母菌的结构

大多数酵母菌的菌落特征与细菌相似，但比细菌菌落大而厚，菌落表面光滑、湿润、粘稠，容易挑起，菌落质地均匀，正反面和边缘、中央部位的颜色都很均一，菌落多为乳白色，少数为红色，个别为黑色。

2.2.2 酵母菌的繁殖方式

酵母菌繁殖方式较复杂，可分为无性繁殖和有性繁殖两种，以无性繁殖为主。

1）酵母菌的无性繁殖

芽殖：芽殖是无性繁殖的主要方式。芽殖发生在细胞壁的预定点上，此点被称为芽痕，每个酵母细胞有一至多个芽痕。出芽方式：多边出芽、两端出芽、三边出芽、单边出芽。图5-2为酵母菌芽殖，图5-3为酵母菌芽殖过程。

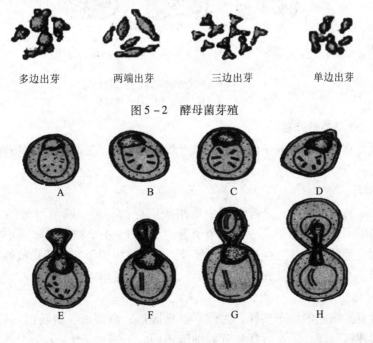

多边出芽　　　两端出芽　　　三边出芽　　　单边出芽

图5-2 酵母菌芽殖

A　　　　B　　　　C　　　　D

E　　　　F　　　　G　　　　H

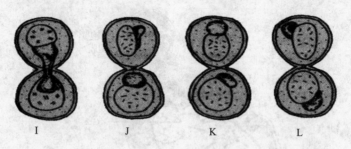

图 5 - 3　酵母菌芽殖过程

芽殖过程：母细胞形成小突起（A—D）、核裂（E—G）
原生质分配（H—I）、新膜形成（J—K）、形成新细胞壁（L）

2）酵母菌的有性繁殖

酵母菌是以形成子囊和子囊孢子的方式进行无性繁殖的。两个临近的酵母细胞各自伸出一根管状的原生质突起，随即相互接触、融合，并形成一个通道，两个细胞核在此通道内结合，形成双倍体细胞核，然后进行减数分裂，形成 4 个或 8 个细胞核。每一子核与其周围的原生质形成孢子，即为子囊孢子，形成子囊孢子的细胞称为子囊。如图 5 - 4 所示。

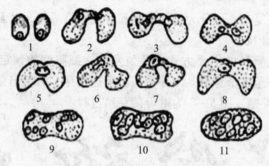

图 5 - 4　酵母菌子囊孢子的形成过程

1、2、3、4—两个细胞结合；5—接合子；
6、7、8、9—核分裂；10、11—核形成孢子

3）工业上常用的酵母菌

酒精酵母是指那些在缺氧条件下能发酵产酒精的酵母。工业上常用的产酒精的酵母菌有以下几种。

① 啤酒酵母。

啤酒酵母也称为酒酵母，是酵母属中应用较广泛的一种。啤酒酵母的无性繁殖为芽殖，有性繁殖能形成子囊孢子。一般每个子囊内含有 1 ~ 4 个圆形、卵圆形的表面光滑的子囊孢子。在麦芽汁培养基上生长的啤酒酵母，其细胞为圆形、卵圆形或椭圆形，菌落为白色，有光泽、平坦、边缘整齐，细胞单生、双生或成短串或成团。

② 汉逊酵母。

此属酵母营养细胞的形态多样，为圆形、椭圆形、卵圆形、腊肠形不等。多边芽殖。有的种类能形成假菌丝。子囊形状与营养细胞相同。子囊孢子 1 ~ 4 个，形状为帽形、土

星形、圆形、半圆形，表面光滑、多边芽殖，能由细胞直接形成子囊，每个子囊内有 1~4 个子囊孢子，但大多数为 2 个。子囊孢子呈帽形，由子囊内放出后常不散开。

此属酵母多能产生乙酸乙酯，从而增加产品香味，可用于酿酒和食品工业。

③ 假丝酵母。

细胞圆形、卵形或长形。多边出芽繁殖，能形成假菌丝。在麦芽汁琼脂培养基上菌落为乳白色，平滑、有光泽、边缘整齐或菌丝状。液体培养的能形成浮膜。能发酵葡萄糖、蔗糖、棉子糖。不能发酵麦芽糖、半乳糖、乳糖、蜜二糖，不分解脂肪，能同化硝酸盐。

假丝酵母的蛋白质和维生素 B 含量都比啤酒酵母高。它能以尿素和硝酸盐作氮源，在培养基中不加其他因子即可生长。它能利用造纸工业中的亚硫酸废液，也能利用糖蜜、马铃薯淀粉和木材水解液等。因此能利用假丝酵母来处理工业和农副产品加工业的废弃物，生产可食用的蛋白质，在综合利用中很有价值。此属中有的菌能转化 50% 的糖成为甘油。

2.3 酒精生产工艺

酒精工业生产可分为微生物发酵法和化学合成法两大类。

2.3.1 微生物发酵法

微生物发酵法是利用淀粉质、糖质或纤维质原料，在微生物发酵作用下生成酒精。

$$C_6H_{12}O_6 \longrightarrow 2CH_3CH_2OH + 2CO_2$$

普遍采用酵母菌作为发酵菌。根据原料不同可分为以下两种发酵法。

1）淀粉质原料发酵法

它是利用薯类、谷物及野生植物等含淀粉的原料，在微生物作用下，将淀粉水解为葡萄糖，再进一步发酵生成酒精，工艺流程如图 5-5 所示。

图 5-5　淀粉发酵制酒精工艺流程图

2）糖蜜原料发酵法

直接利用糖蜜中的糖分，工艺流程如图 5-6 所示。

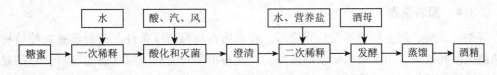

图 5-6　糖蜜发酵制酒精工艺流程图

2.3.2 化学合成法

化学合成法是利用石油或天然气的裂解气、工矿企业的废气及电石（碳化钙）等为原料，经化学合成反应而制成酒精。化学合成法中工业上主要采用以乙烯为原料的乙烯水合

法。乙烯水合法工业上有两种方法，一种是以硫酸为吸收剂的间接水合法；另一种是乙烯催化直接水合法。

1）间接水合法

也称硫酸酯法，反应分两步进行。首先，将乙烯在一定温度、压力条件下通入浓硫酸中，生成硫酸酯，再将硫酸酯在水解塔中加热水解而制得乙醇，同时有副产物乙醚生成。间接水合法可用低纯度的乙醇作原料、反应条件较温和，乙烯转化率高，但设备腐蚀严重，生产流程长，已为直接水合法取代。

2）直接水合法

在一定条件下，乙烯通过固体酸催化剂直接与水反应生成乙醇：

$$CH_2 = CH_2 + H_2O \longrightarrow CH_3CH_2OH$$

工业上采用负载于硅藻土上的磷酸催化剂，反应温度 260~290℃，压力约 7MPa，水和乙烯的物质的量比为 0.6 左右，此条件下乙烯的单程转化率仅 5% 左右，乙醇的选择性约为 95%，大量乙烯在系统中循环。

本工作任务主要介绍微生物发酵法生产酒精。

2.3.3 原料预处理

1）原料的除杂

淀粉原料中最常见的杂质有泥沙、石块和金属杂质三大类。常用的除杂方法有筛选、风送除杂和电磁除铁三种。

2）原料的粉碎

在酒精生产过程中，淀粉原料都应进行粉碎处理。投料前先把块状或粒装的原料，磨碎成粉末状态。原料经粉碎后，受热面积可增加，利于淀粉原料的吸水膨化、糊化，从而提高热处理效率。原料粉碎方法有干法和湿法粉碎两种。

① 干法粉碎。

干法粉碎多采用粗碎和细碎两级粉碎工艺。原料过磅称重后，进入输送带，电磁除铁后进行粗碎（原料颗粒应通过 6~10mm 的筛孔）。常用的设备是轴向滚筒式粗碎机和锤式粉碎机。粗碎后的物料再送去进行细粉碎（原料颗粒应通过 1.2~1.5mm 的筛孔）。

② 湿式粉碎。

粉碎时将拌料用水与原料一起加到粉碎机中进行粉碎。

2.3.4 原料蒸煮

薯类、谷类、野生植物等淀粉质原料，吸水后在高温高压条件下进行蒸煮，使植物组织和细胞彻底破裂，由于吸水膨胀而破坏，使淀粉由颗粒变成溶解状态的糊液，目的是使它易受淀粉酶的作用，把淀粉水解成可发酵性糖。由于原料表面附着大量的微生物，如果不将这些微生物杀死，会引起发酵过程的严重污染，使生产失败。通过高温高压蒸煮后，对原料进行了灭菌作用。

1）淀粉的膨化与糊化

当淀粉与水接触，水分就渗入淀粉颗粒内部，使淀粉的巨大分子链发生扩张，因而体积膨大，质量增加，这种现象称为膨化。

淀粉颗粒发生膨化时，随着温度升高，颗粒渗透压逐渐增大，膨胀程度逐渐增高，当温度升到某一特定温度时，颗粒的体积膨胀到原体积的50～100倍时，淀粉粒发生破裂，造成黏度和体积度迅速增大，此过程称为淀粉的糊化。糊化过程的起始温度则为该原料的糊化温度。糊化的结果是引起醪液黏度大幅度上升，从而形成一种均一的黏稠液体。如图5-7所示。

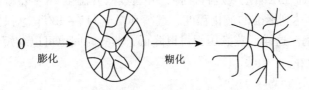

图5-7　淀粉膨化、糊化过程示意图

淀粉发生膨化与糊化必须满足三个条件：一是一定量水分子的参与；二是一定的温度；三是一定时间。糊化温度与淀粉粒大小有关系，一般地说，淀粉粒越大，糊化越容易，糊化温度越低。因薯类淀粉粒较大，故糊化温度较低，马铃薯为55～65℃，甘薯和木薯为55～70℃。而谷类淀粉粒较小，故糊化温度也较高，小麦为64～71℃，玉米65～73℃。

2）淀粉液化

糊化现象发生后，如果温度继续上升，达到130℃时，大量支链淀粉也会完全溶解，至此，淀粉颗粒的网状结构被彻底破坏，醪液的胶体性质受到破坏，淀粉溶液也随之变成了黏度较低的流动性醪液，这种现象称为液化。马铃薯、小麦和玉米支链淀粉完全液化的温度分别为132℃、136℃～141℃和146℃～151℃。

3）蒸煮工艺流程

目前我国酒精厂间歇蒸煮方法基本上有两种，一种是加压间歇蒸煮，一种是添加淀粉酶液化后低压或常压间歇蒸煮。

① 加压间歇蒸煮法。原料经人工或运输机械送到蒸煮车间，经除杂后进入拌料罐，加温水拌料，并维持一定时间，然后送入蒸煮锅中，通入直接蒸汽将醪液加热到预定蒸煮压力或温度，维持一定的蒸煮时间，蒸煮时间结束后，进行吹醪。操作工艺流程如图5-8所示。

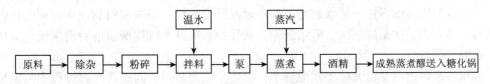

图5-8　加压间歇蒸煮法工艺

加水。蒸煮整粒原料时，水温要求在80～90℃，尤其是蒸煮含有淀粉酶的甘薯干，更不能用低温水。蒸煮粉状原料时，水温不宜过高，一般要求在50～55℃。原料加水比因原

料不同和粉碎度不同而不同，一般为：粉状原料为 $1:3.4 \sim 1:4.0$；薯干为 $1:3.0 \sim 1:4.0$；谷物原料为 $1:2.8 \sim 1:3.0$。

② 加淀粉酶低压或常压间歇蒸煮法。此法是先加淀粉酶液化后，再进行加压蒸煮。方法是先粉碎原料，按照规定的加水比放到混合池拌匀，调整温度至 $50 \sim 60℃$，加入细菌淀粉酶，搅拌均匀，细菌淀粉酶的用量为 $5 \sim 10ug/g$ 原料，加石灰水调整 pH 值为 $6.9 \sim 7.1$，送入蒸煮锅，通往压缩空气进行搅拌，并通蒸汽升温至 $88 \sim 93℃$，保持 1h，取样化验（碘反应红色），达到标准的液化程度，继续升温至 $115 \sim 130℃$，保持 0.5h，经灭酶后即可吹醪送至糖化锅。这样，蒸煮压力可以降低，蒸煮时间也可以缩短。

2.3.5 淀粉糖化

1）糖化的目的

淀粉质原料蒸煮以后得到的蒸煮液，淀粉变成了糊精，而糊精不能直接被酵母菌利用发酵生成酒精。发酵前必须加入一定数量的糖化剂（麸曲、液体曲、糖化酶），使淀粉、糊精水解成为酵母能发酵的糖类。淀粉转变为糖的这一过程，称为糖化。糖化后的醪液称为糖化醪。

糖化的目的是将淀粉水解成可发酵性糖。在糖化工序内不可能将全部淀粉都转化为糖，相当一部分淀粉和糊精要在发酵过程中进一步酶水解，并生成可发酵性糖。后面这个过程在酒精生产上称为"后糖化"，而前面的糖化工序则称为"前糖化"或简称为"糖化"。

2）淀粉糖化方法

淀粉质原料的糖化过程，就是把淀粉转变成葡萄糖。在进行糖化的过程中，往往需要酸或酶作为糖化剂，因此，工业上常采用的方法有酸法糖化和酶法糖化。

① 酸解法。酸解法又称酸糖化法，它是以酸（无机酸或有机酸）为催化剂，在高温高压下将淀粉水解转化为葡萄糖的方法。

② 酶解法。酶解法是用淀粉酶将淀粉水解为葡萄糖。酶解法制葡萄糖可分为两步：第一步是 α - 淀粉酶将淀粉液转化为糊精及低聚糖，使淀粉的可溶性增加，这个过程称为"液化"。第二步是利用糖化酶将糊精或低聚糖进一步水解，转变为葡萄糖的过程，在生产上称为"糖化"。淀粉的"液化"和"糖化"都是在微生物酶的作用下进行的，故也称为双酶水解法。

③ 酸酶结合法。酸酶结合水解法是集酸法及酶法制糖的优点而形成的生产工艺。根据原料淀粉性质又可分为酸酶水解法和酶酸水解法。

上述淀粉水解的方法，从水解糖液的质量及降低糖耗、提高原料利用率方面来说，双酶水解法最好，其次是酸酶法，酸法最差。从淀粉水解整个过程所需的时间来说，酸法最短，双酶法最长。

淀粉的水解过程是由大分子逐渐变小，最后生成葡萄糖，因此在水解过程中与碘呈色反应也是逐渐变化的，由蓝色、蓝紫色逐渐变成紫红色、红色、橙色，水解为葡萄糖时则不起呈色反应，因此在生产实践中常用碘液来检验淀粉的水解是否完全。

3）糖化工艺

糖化的基本过程为蒸煮醪冷却至糖化温度→加糖化剂使蒸煮醪液化→淀粉糖化→物料的巴氏灭菌→糖化醪冷却到发酵温度和用泵将醪液送往发酵或酒母车间。目前我国酒精生产中糖化主要采用两种工艺方法：间歇糖化工艺和连续糖化工艺。

（1）间歇糖化工艺。

在糖化锅内放一部分水，使水面达搅拌桨叶，然后放入蒸煮醪，边搅拌，边加入冷却水冷却。蒸煮醪放完并冷却到 61 ~ 62℃时，加入糖化剂，搅拌均匀后，调整醪液的 pH 值在 4.0 ~ 4.6，静止进行糖化 30min，也可进行间断式搅拌，检查糖化醪质量，合格后再开冷却水和搅拌器，将糖化醪冷却到 30℃，然后用泵送至发酵车间。

（2）连续糖化工艺。

连续糖化法是连续地将蒸煮醪冷却到糖化温度送至糖化锅内进行糖化，然后又连续泵送糖化醪经冷却器冷却至发酵温度后送入发酵罐。连续糖化工艺目前采用的有两种形式，主要差异是糖化前的冷却设备不同，一种是采用将蒸煮醪直接在糖化锅内冷却，另一种是采用真空冷却。

① 混合冷却连续糖化法。利用原有的糖化罐，先把罐中约占体积 2/3 的糖化醪冷却至 60℃左右，然后加入温度为 85 ~ 100℃的蒸煮醪，并通过糖化锅内冷却装置进行冷却。同时加入糖化剂并开动搅拌，使其混合均匀，按规定的工艺条件进行连续糖化。该工艺所用设备简单，工艺操作不复杂，但有时冷却时间长，糖化温度不好控制。

② 真空冷却连续糖化法。该法是蒸煮醪在进入糖化锅前，将蒸煮醪在真空冷却器中瞬时冷却至规定的糖化温度（58 ~ 60℃），然后加入糖化剂，在糖化锅中进行糖化，糖化时间约 30min。糖化完成后，经喷淋冷却器将糖化醪冷却至发酵温度（28 ~ 30℃），然后送往发酵车间。其生产工艺流程如图 5 - 9 所示。

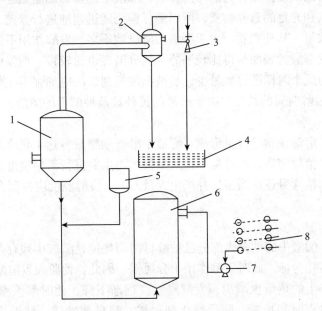

图 5 - 9　连续糖化生产工艺流程图

1—真空冷却器；2—混合冷凝器；3—蒸汽喷射器；4—液封水箱；
5—糖化曲贮罐；6—糖化罐；7—糖化醪泵；8—喷淋冷却器

（3）糖化醪质量指标。

糖化醪质量指标主要包括：① 外观浓度 $15 \sim 19^{0}Bx$（糖化醪中可溶性物质的总含量，而不是指糖化醪中的纯糖）；② 还原糖 6.0% ～9.0%；③ 总糖 13.0% ～17.0%。④ 酸度 $2 \sim 4mmol/100mL$；⑤ 糖化率 40.0% ～55.0%；⑥ 镜检：无杂菌或很少；⑦ 碘液试验：加入碘液后，没有蓝色、红色等颜色产生。

2.3.6 发酵机理

通常采用酵母对糖化醪进行发酵，将糖化醪接入酒母后，在酵母菌发酵作用下将醪液中的可发酵性糖生成酒精和二氧化碳，而残存下来的糖化酶也在继续将其余糊化了的淀粉转化成可发酵性糖，这样，酵母的酒精发酵和后糖化作用互相配合，最终将醪液中绝大部分的淀粉及糖转化成酒精和二氧化碳。

酒精发酵生产要求以最少原料在尽可能短的时间内生成尽可能多的酒精，并尽量减少发酵损失，为达到此目的，在进行酒精发酵时，应满足以下要求：① 在发酵前期，要形成酵母菌的优势地位；② 保持一定的糖化酶活力，保证后糖化作用继续进行；③ 发酵过程的中期和后期，要创造厌氧条件，使酵母在无氧条件下将糖分发酵生成酒精；④ 尽量减少发酵损失和副产物生成；⑤ 在整个发酵过程中，应做好杂菌污染的防治工作；⑥ 发酵过程中应设法排除产生的 CO_2，并注意回收 CO_2 及其夹带的酒精。

根据酒精发酵动态，可将酒精发酵过程分为如下三个发酵不同阶段：

1）前发酵期

在酒母糖化醪加入发酵罐并与酒母混合后，醪液中的酵母细胞数还不多，由于醪液中含有少量的溶解氧和充足的营养物质，所以酵母菌仍能迅速地进行繁殖，使发酵醪中酵母细胞繁殖到一定数量。从外观看，由于醪液中酵母数不多，发酵作用不强，酒精和 CO_2 产生得很少，所以发酵醪的表面显得比较平静，糖分消耗也比较慢。前发酵期应特别注意防止杂菌污染，因为这个时期酵母数量少，易被杂菌抑制，故应加强卫生管理。前发酵期温度不超 30℃。前发酵时间的长短取决于酵母的接种量及种酵母的菌龄，一般为 6～8h。

2）主发酵期

主发酵阶段，酵母细胞已大量形成，醪液中酵母细胞数可达 1 亿个/mL 以上。由于发酵醪中的氧气也已消耗完毕，酵母菌不再大量繁殖而主要进行酒精发酵作用。此时醪液中糖分迅速下降，酒精含量逐渐增多，并产生大量 CO_2。发酵温度应控制在 30～34℃。时间为 10～14h。

3）后发酵期

后发酵阶段，醪液中的糖分大部分已被酵母菌消耗掉，醪液中残存部分糊精继续被淀粉酶系统作用并转化为糖，此时发酵作用十分缓慢，因此，此阶段发酵醪中酒精和 CO_2 产生得也少。同时产生的热量也减少，发酵醪温度逐渐下降，此时醪液温度应控制在 30～32℃。整个发酵过程时间长短，除受糖化剂种类、酵母菌性能、酵母接种量等因素影响外，还与接种、发酵方式和发酵温度的控制有关。后发酵一般需 40～45h 才能完成。整个酒精发酵的总时间一般多控制在 60～72h。

酒精发酵过程中产生的副产物，主要是醇、醛、酸、酯四大类化学物质，有些副产物的生成是由糖分转化而来，有些则是其他物质转化而来。

2.3.7 酒精发酵工艺

根据发酵醪注入发酵罐的方式不同，可将酒精发酵的方式分为间歇式、半连续式、连续式三种。

1）间歇式发酵法

指全部发酵过程始终在一个发酵罐中进行。

一次加满法是将糖化醪冷却到 27~30℃ 后，接入糖化醪量 10% 的酒母，混合均匀后，经 60~72h 发酵即成熟，发酵温度控制在 32~34℃。此法适用于糖化锅和发酵罐容积相等的小型酒精工厂，优点是操作简便，易于管理。缺点是酒母用量大。

2）半连续发酵法

此法是将处在旺盛主发酵阶段的第一个发酵罐发酵醪分出 1/3~1/2 至第二个发酵罐，然后两罐同时加满新鲜糖化醪，继续发酵。第一罐任其发酵完毕，送去蒸馏。而当第二个罐进入主发酵时，又分割出 1/3~1/2 的发酵醪，送入第三罐，并同时用糖化醪将第二、第三罐加满，依次轮流下去，进行分割式发酵。此法的优点是省去了酒母的制作，由于接入的酵母种子量大，相应的减少了酵母生长的前发酵期，发酵时间可相应缩短。此法适用于卫生管理较好工厂，无菌条件要求较高。

3）连续发酵法

所谓连续发酵，就是发酵的整个操作过程都是连续地进行的，其特点是：发酵过程的各个阶段分别在不同的发酵罐内独立进行。

连续发酵法与间歇发酵法相比，发酵时间可缩短 10h 左右，设备利用率提高 20% 左右。

常用的有多级连续流动发酵法，该法是用 9~10 个发酵罐串连在一起，组成连续发酵组，各罐连接方式是由前一罐上部经连通管流至下一罐底部。发酵流程如图 5-10 所示。该法的缺点是无菌条件要求较高，在发酵过程中，如遇染菌，处理较困难。

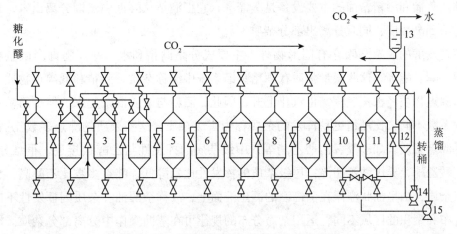

图 5-10　多级连续流运发酵法生产流程图

1—酵母繁殖罐；2~9—发酵罐；10~11—计量罐；12—泡沫捕捉器

13—二氧化碳洗涤塔；14—转桶泵；15—成熟醪泵

2.3.8　酒精发酵醪成熟的质量指标

发酵成熟醪总的要求是：染菌少、增酸少、残糖低、酒精高。外观感觉方面：较好的发酵成熟醪，液面不显严重浑浊，应有一定的透明性，颜色浅黄或浅褐；闻时具有浓厚的酒精气味，没有酸气味；手摸有细涩感，而无黏稠感；如发现有较浓的酸气味，则说明发酵成熟醪可能被杂菌污染。质量指标见表 5-3。

表 5-3　发酵成熟醪的质量指标

项目	间歇发酵	连续发酵
镜检	酵母形态正常，杂菌很少	酵母形态正常，杂菌稀少
外观浓度/^{0}Bx	0.5 以下	0 以下
总糖含量/%	1 以下	0.6 以下
还原糖含量/%	0.3 以下	0.2 以下
酒精含量/%	8~10	9~10
总酸/（g/100mL）	增酸 1 以下	增酸 0.5 以下
挥发/（g/100mL）	0.3 以下	0.2 以下

在实际生产中，鉴别发酵成熟醪质量好坏，应以化验分析为主，以外观感觉为辅。

2.3.9　酒精蒸馏

发酵成熟醪的化学组成一般为：含水 82%~90%，酒精 7%~11%，还含有醇、醛、酸、酯类挥发性物质，浸出物、无机盐、酵母泥和其他不挥发性物质以及夹杂物。要得到高浓度和高纯度的酒精，就需要用蒸馏和精馏的方法，把酒精从成熟醪中分离出来。

醪液蒸馏和酒精精馏的主要设备是蒸馏塔，它把酒精从醪液中蒸馏分离出来，把酒精蒸馏提浓到高浓度；同时分离出部分杂质。

酒精发酵的成熟醪除含有固形物外，主要成分是酒精和水，并伴随许多微量物质——醛、醇、酮、酯等，这些微量物质在酒精蒸馏系统中统称杂质。酒精和低沸点物质容易挥发，高沸点物质经水蒸气蒸馏也汽化上升，因此，酒精与杂质混杂起来。但是酒精和杂质的挥发系数不同，比酒精更易挥发的杂质称为头级杂质，这些杂质的沸点多数比酒精低，也称低沸点杂质，如乙醛、乙酸乙酯等；中级杂质的挥发性与乙醇很接近，很难分离净，如异丁酸乙酯，异戊酸乙酯等；尾级杂质的挥发性比乙醇低，沸点多数比乙醇高，也称为高沸点杂质，因呈油状漂浮在蒸馏酒的酒尾液面上，故称杂醇油。杂质因挥发性不同而在塔里分布和聚积的区域不同，运用杂质分布的规律可在蒸馏操作中分离部分杂质。酒精连续蒸馏流程如图 5-11 所示。

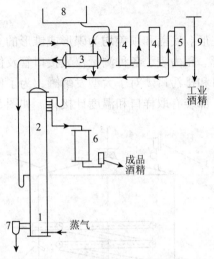

图 5 – 11　洒精连续蒸馏流程图

1—提馏段；2—精馏段；3—预热器；4—分凝器；5—冷凝冷却器；

6—冷却器；7—酒槽排除控制器；8—醪液箱；9—排醛器

2.4　酒精发酵设备

2.4.1　糖化锅

间歇糖化工艺使用的设备主要是糖化锅。一般为立式圆柱形，锅底呈球形或圆锥形，锅身是一个矮而胖的圆柱体，顶部是平的、轻便的盖子。示意图如图 5 – 12 所示。

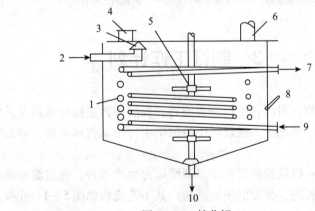

图 5 – 12　糖化锅

1—冷却管；2—蒸煮醪；3—吹醪管；4—人孔；5—搅拌器；

6—排汽筒；7—冷水出口；8—温度计；9—冷水进口；10—糖化醪

我国酒精工厂所用的糖化锅体积一般在 $5 \sim 30m^3$，以 $10 \sim 20m^3$ 为常用，一个糖化锅能容纳 $1 \sim 2$ 锅蒸煮醪。糖化锅中心安装搅拌器，搅拌桨叶从轴心算起的长度占糖化锅直径 $15\% \sim 30\%$；搅拌器旋转的方向应与冷却蛇管中冷却水的走向相反。为了保证足够的搅拌强度，转速为 $120 \sim 270r/min$。

2.4.2 酒精发酵罐

酒精发酵罐筒体为圆柱形。底盖和顶盖均为碟形或锥形的立式金属容器。罐顶装有废汽回收管、进料管、接种管、压力表、各种测量仪表接口管及供观察清洗和检修罐体内部的人孔等。罐底装有排料口和排污口。对于大型发酵罐，为了便于维修和清洗，往往在近罐底也装有人孔。罐身上下部装有取样口和温度计接口。如图 5－13 所示。

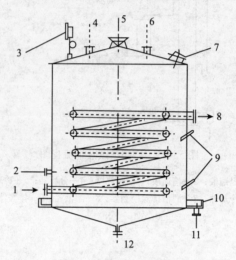

图 5－13　酒精发酵罐

1—冷却水入口；2—取样口；3—压力表；4—CO$_2$ 气体入口；5—喷淋水入口；

6—料液及酒母入口；7—人孔；8—冷却水出口；9—温度计；

10—喷淋水收集槽；11—喷淋水出口；12—发酵液及污水排出口

3　制订工作计划

通过工作任务的分析，对酒精生产所需原料、发酵用微生物酵母菌及发酵工艺已有所了解。在总结上述资料的基础上，通过同小组的学生讨论、教师审查，最后制订出工作任务的实施过程和计划。

确定酒精生产工艺：以淀粉的原料，以酒酵母为生产菌种，通过淀粉蒸煮、糊化、水解为葡萄糖等有机物，再进一步发酵生成酒精，其工艺流程如图 5－14 所示。

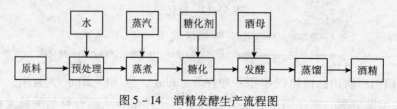

图 5－14　酒精发酵生产流程图

3.1 酒母的制备

3.1.1 酒母培养基的制备

使酵母菌繁殖成大量的酵母细胞，必须供给酵母菌大量的生长繁殖所需的营养物质。根据酵母菌培养过程的情况，将其营养物质的制做分为两个阶段来进行。

1）实验室阶段培养基的制备

酵母菌在实验室培养阶段一般多采用米曲汁或麦芽汁来做培养基。由于其中含有丰富的碳、氮及其他营养物质，很适宜于酵母菌开始繁殖时，在试管、三角瓶培养阶段的营养需要。

（1）米曲汁培养基的制备：取大米 500g，淘洗干净后，浸泡一夜，倾去水后，用纱布将米粒表面水分蘸干，再用纱布包好，常压蒸 1h，加入 175mL 清水拌匀，再蒸 30min。取出摊凉至 36～38℃，接种一支黄曲霉（3800）斜面，将孢子拌匀后，将废斜面培养基弃去。大米放入洁净的曲盆中摊匀，置 30℃ 温箱培养 20h，待米粒表面长出白色菌丝时，用玻璃棒将曲划碎，以利通气。待培养 40h 左右，菌丝已长满米粒表面，此时酶已大量形成，培养即成熟。

制作固体培养基时，可加入 2% 琼脂，溶化后分装试管，灭菌后，取出斜放，待冷凝后，于 30℃ 培养两天，观察有无杂菌生长，如无，就可以做接种用。

（2）麦芽汁培养基的制备：将市售麦芽磨碎后，加水，于 55～60℃ 糖化 4h，再过滤，将滤液浓度调整为 10～12Bx。其他制作方法与米曲汁同。米曲汁或麦芽汁的 pH 值一般可控制在 4～4.5 左右，如果太高，可用硫酸或磷酸调整。

2）酒母糖化醪的制备

酒母扩大培养至卡氏罐和酒母罐后，由于需要用大量的培养基，这时如果再使用米曲汁或麦芽汁已是很不经济的了。因此，生产上这一阶段的酒母培养基是采用淀粉质原料来制作酒母糖化醪。

（1）酒母糖化醪原料的选择：制做酒母糖化醪的原料以玉米为最好，因为玉米中除含有大量淀粉外，还含有丰富的蛋白质等物质。这些物质被曲霉菌中所含的淀粉糖化酶、蛋白酶水解后，产生一定的糖分和低分子蛋白，能够满足酵母繁殖所需要的营养。另外，玉米中其他无机盐和维生素含量也很丰富，所以当用玉米为原料制做酒母培养基时不须补加其他营养物质，酵母就能旺盛生长繁殖。

（2）酒母糖化醪的制作：①首先要原料蒸煮，酒母醒醪的原料蒸煮与大生产中原料间歇蒸煮方法基本相同，只是因为酵母宜在低渗溶液中生长，所以加水量要大些。一般原料加水比为原料∶水 = 1∶4～5。糖化后的醪液浓度在 12～14Bx。②酒母蒸煮醪的糖化，即蒸煮醪打入糖化锅后，冷却到 68℃ 左右，加入曲霉菌进行糖化。

目前各厂使用的曲种多为黑曲霉，该霉菌具有很强的糖化能力，但蛋白质分解能力不够理想。酒母蒸煮醪的糖化时间一般控制在 3～4h，目的是为了使糖化醪中有足够的可被酵母利用的糖分和低分子氮素化合物的生成。当醪液经 3~4h 糖化后，其糖化率可达 50% 以上。为使糖化均匀，在糖化开始加曲时、可加强搅拌，后期则可静置糖化。

糖化温度可根据曲霉菌的特性来决定，在使用黄曲时，糖化温度可控制在 55~60℃，而黑曲则可控制在 60~65℃。

（3）酒母糖化醪营养盐的添加：甘薯原料中因含氮量不足，所以在使用甘薯原料制做酒母糖化醪时，常加入硫酸铵以补充氮源，其量为原料的 0.05%~0.1%。玉米中因各种营养物质含量丰富，故使用玉米做酒母糖化醪时，就不需另外补加营养盐了。

（4）酒母糖化醪的酸化：在酒母制备过程中，防止产酸细菌的污染是生产工作中重要一环。为了防患于未然，可调整培养基初始 pH 值，使之只适宜于酵母菌的生长繁殖，并能抑制细菌的生长是十分有意义的。

生产中常将酒母糖化醪 pH 值调到 4.0~4.5，以抑制细菌对酵母的污染。酒母糖化醪的 PH 值也不能调得太低，否则将会抑制酵母的活性。

（5）酒母糖化醪的杀菌：酒母糖化醪的糖化温度一般在 60~65℃，由于醪液中含有糖类等物质，该温度不能把醪液中细菌完全杀死。为确保酒母在培养过程中不被杂菌污染，酒母醪糖化完毕后，还要加温至 85~90℃杀菌 15~30min。杀菌温度的高低，需视设备的结构而定，如果设备死角多，可适当提高杀菌温度。酒母糖化醪的杀菌温度应尽量降低，因低温不易破坏醪液中的维生素等营养物质，对酵母繁殖是有利的，所以一般采用 75℃杀菌。酒母糖化醪经杀菌加酸后，冷却到 27℃，就可供培养酒母使用了。

3.1.2 酒母的扩大培养

试验室阶段的酒母扩大培养，其流程如图 5-15 所示：

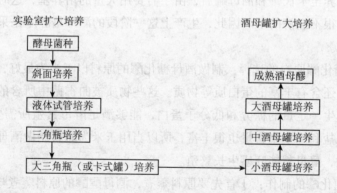

实验室扩大培养　　　　　　　　　　酒母罐扩大培养

酵母菌种 → 斜面培养 → 液体试管培养 → 三角瓶培养 → 大三角瓶（或卡式罐）培养 → 小酒母罐培养 → 中酒母罐培养 → 大酒母罐培养 → 成熟酒母醪

图 5-15　酒母扩大培养流程图

1）酵母培养基的营养成分要求

这一阶段的培养，是扩大酒母种子的开始。生产上希望在这一阶段培养得到细胞健壮、没有杂菌的种子酵母。因此，无菌条件要求较严，酵母培养基的营养成分要求也高。

（1）母菌。生产中使用的原始菌种应当是经过纯种分离的优良菌种。保藏时间较长的母菌，在投产前，应接入新鲜斜面试管进行活化，以便酵母菌处于旺盛的生活状态。

（2）斜面试管培养。将活化后的酵母菌在无菌条件下接入新鲜斜面试管，于28~30℃保温培养3~4天，待斜面上长出白色菌苔，即培养成熟。

（3）液体试管培养。在无菌条件下，用接种针自斜面试管挑取一环酵母菌体，接入装有10mL米曲汁的液体试管，摇匀后置28~30℃保温培养24h左右，待液面冒出大量CO_2，即培养成熟。

（4）三角瓶培养。三角瓶培养阶段，可视其容量选用不同的培养基。如用250mL小三角瓶，可装入100mL米曲汁，如3000mL大三角瓶，则可装入米曲汁和经过过滤的酒母糖化醪各500mL，经灭菌后备用。

接种时，应先用酒精消毒瓶口，在无菌条件下，将液体试管全部接入小三角瓶，28~30℃条件下保温培养15~20h，待液面冒出大量CO_2泡沫，即培养成熟。同法，再按上述操作将小三角瓶酒母全部接入大三角瓶，培养15~20h，即可成熟。

（5）卡氏罐培养。卡氏罐培养基可使用酒母糖化醪，以使酵母逐渐适应大生产培养条件。卡氏罐用的糖化醪应单独杀菌后备用，如果工厂卫生管理条件较好，也可不杀菌。

卡氏罐培养的接种方法与三角瓶基本相同。接种后将卡氏罐放于酒母室中，温室培养，待液面冒出大量CO_2泡沫，培养即成熟。

2）酒母扩大培养

酒母培养方法可分为间歇培养和半连续培养两种。

（1）间歇培养法：此法是分小酒母罐与大酒母罐两个阶段进行培养。先将酒母罐洗刷干净，并对罐体、管道进行杀菌后，将酒母糖化醪打入小酒母罐中，并接入已培养成熟的卡氏罐酒母。通无菌空气或用机械搅拌，使酒母与醪液混合均匀，并能溶解部分氧气，供酵母繁殖需要。然后控制醪温在28~30℃进行培养。待醪液糖分降低40%~45%，其酒精分含量在3%~4%（容量）左右，并且液面有大量CO_2冒出，即培养成熟。将此培养成熟的小酒母再接入已装好糖化醪的大酒母罐中，于28~30℃继续培养，待大酒母罐中糖分消耗45%~50%，液面冒出大量CO_2时，培养即成熟，即可送往发酵车间，做发酵接种用。酒母打出后，洗刷罐体、杀菌，备下一批酒母培养使用。间歇培养虽然有生产效率低的缺点，但是由于酵母质量易于控制，故仍被工厂采用。

（2）半连续培养法：它是将卡氏罐酒母接入小酒母罐，培养成熟后，分割出2/3接入大酒母罐进行培养，余下的1/3再补加新鲜酒母糖化醪连续培养，培养成熟后再分割，如此反复以上操作。大酒母培养成熟则可全部送发酵车间做接种用。

目前多数酒精厂均采用半连续培养酒母的方法。利用这种方法培养酒母，可以7~10d换一次新种，如果工厂卫生管理条件较好，可以1~2个月换一次新种，这样不但省去了烦琐的试验室阶段培养，而且也使酵母在生产条件下进行了驯养，有利于酵母菌的繁殖和发酵。

3.2 酒精生产

3.2.1 原料预处理

1）原料的除杂

原料先要通过振荡筛、吸铁器等流程将其中的混杂的小铁钉、泥块、杂草、石块等杂质除去。

2）原料的粉碎

原料粉碎的方法要分为干粉碎和湿粉碎两种。目前国内大多采用干粉碎法，设备大多采用锤式粉碎机，采用粗碎和细碎两级粉碎工艺，经细粉碎后颗粒一般小于2.0mm。湿粉碎时，将蒸煮所需水量和原料一起加入粉碎机中，原料粉末不飞扬，省去除尘通风设备，但粉碎后的粉料不能储存，宜立即用于生产。

3.2.2 蒸煮

原料经经除杂后送入拌料罐，加温水拌料，并维持一定时间，然后送入蒸煮锅中，通入直接蒸汽将醪液加热到预定蒸煮压力或温度，维持一定的蒸煮时间，蒸煮时间结束后，进行吹醪。

3.2.3 糖化曲制备

糖化曲分成固体曲和液体曲两种，用麸皮为主要原料制成的固体曲叫麸曲，采用液体深层通风培养的称为液体曲。

1）固体曲的生产

固体曲生产方法采用机械通风制曲方法。机械通风制曲工艺包括三角瓶种曲培养、帘子种曲制备和机械通风制曲等几个工段，其流程如图5-16所示。

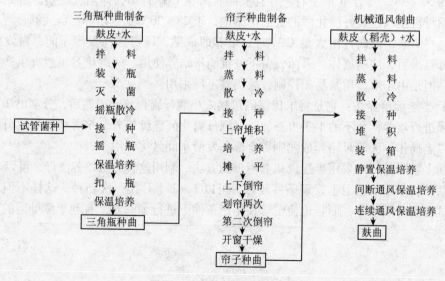

图5-16　机械通风制曲工艺

制曲过程实际上是将糖化菌扩大培养，并让糖化菌产生高活力的、质量合格的各种淀粉酶等酶类的过程。为此，需要提供让糖化菌生长和产酶的合适原料、水分、温度和通气条件等。三角瓶种曲培养阶段先保温 31～32℃培养 16～18h，然后扣瓶并继续培养 3～4d，所得种曲要求孢子肥大整齐、稠密。帘子种曲制备阶段，在接种之后，培养前期（前16h）室温保持 30～31℃，品温控制不超过 34～36℃；培养中期（16～32h）品温控制 36～37.5℃；培养后期（32～48h），前 8h 内品温控制在 37～38℃，后 8h 最高不超过 39℃。机械通风制曲阶段，一般培养时间为 24～32h，培养前期即制曲箱。10h 以内控制最高不超过 34℃；培养中期（11～20h），菌丝大量形成，并释放出大量热量，应通风控制品温不超过 40～42℃；培养后期（26～30h）。将品温保持 37～39℃。所得固体曲要求菌丝粗壮浓密，具特有的清香，无异味，无孢子生成。

2）液体曲生产

液体曲生产工艺过程包括种子制备、液体曲发酵和无菌空气制备三部分，其工艺流程如图 5 - 17 所示。

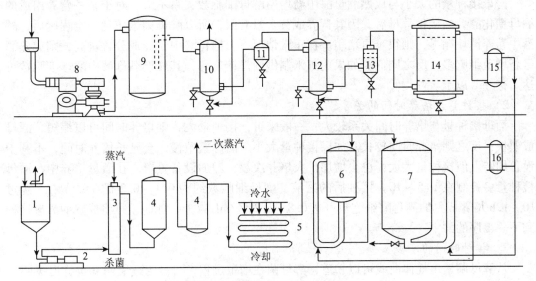

图 5 - 17　液体曲生产工艺流程图

1—配料罐；2—料泵；3—双套式加热器；4—维持器、后熟器；
5—喷淋冷却器；6—种子罐；7—培养罐；8—空压机；
9—贮气罐；10—冷却器；11—油水分离器；12—第二冷却器；
13—贮气罐；14—空气总过滤器；15—分过滤器；16—第二分过滤器

种子罐接种糖化菌孢子悬浮液后，32℃通风培养 36h 左右接入培养罐，在培养罐内培养 48h 左右即得成熟液体曲。

3.2.4　糖化

基本过程：蒸煮醪冷却至糖化温度→加糖化剂使蒸煮醪液化→淀粉糖化→物料的巴氏灭菌→糖化醪冷却到发酵温度和用泵将醪液送往发酵或酒母车间。

3.2.5　发酵

糖化醪送入发酵罐，接入酒母后，即可开始乙醇发酵。

3.2.6　蒸馏

发酵成熟醪中除含酒精外，还含其他杂质，需要进行蒸馏及精馏才能得到酒精成品。经过蒸馏可得到粗酒精和酒精，所用设备为醪塔，又称蒸馏塔、粗馏塔，粗酒精再经精馏即可得到各级成品酒精和杂醇油等副产物，所用设备为精馏塔。

3.3　参数控制

3.3.1　酒母质量控制

酒母质量好坏，与酵母菌本身性能有关，也和培养基营养成分有关。此外，也还和酵母接种量、培养时间与培养方法等因素有关。

1）接种量与成熟酒母细胞数的关系

酵母接种量的大小与成熟酒母醪中新增殖酵母细胞数关系不大。对于某一营养组成的酒母糖化醪，当接种酵母后，因其营养成分含量有限，所以酵母菌繁殖到一定程度后，醪液中营养消耗贻尽，则很难再增殖。在正常情况下，糖化醪中营养成分含量高，则成熟酒母新增殖细胞多，反之则低。如果用玉米制做酒母糖化醪，其成熟酒母醪中酵母细胞数可达 1 亿/mL 以上。

2）接种量与培养时间的关系

酒母接种量与培养时间关系较大，一般来讲，接种量大，则培养时间可以缩短，酒母成熟快；反之则培养时间较长。如果接种量太小，酒母繁殖慢，会延长培养时间，不利于设备周转。但接种量太大，也会增加扩大培养次数，增加设备投资。在酒母培养中，酒母接种量多控制在 1:5~10。接种后的醪液，酵母细胞数约为 0.1~0.2 亿/mL 左右，经过 10~12h 培养成熟的酒母醪细胞数可达 0.8~1.2 亿/mL 以上，此时就可将成熟的酒母接种到下一工序的醪中。

3）接种时间的掌握

从酵母菌繁殖规律曲线可以知道，酵母菌在增殖过程中可分为适应期（也称迟缓期）、旺盛期、静止期和衰退期四个阶段。酵母在适应期阶段，繁殖能力还不强；当达到旺盛期时，酵母的增殖能力特别强，酵母生命活动处于旺盛阶段，醪液中酵母活细胞数也迅速达最高峰。酒精生产中的酒母扩大培养接种就是控制在这个时期。

酒母接种时间切忌放在酵母生长的静止期和衰退期，因此时培养基中营养已耗尽，酵母活力已减弱，其繁殖能力已不强。

4）酒母培养温度的控制

酵母菌在适宜生长温度范围内，高温比低温繁殖稍快。但高温培养酵母易于衰老。酒精生产中酒母培养温度为 28~30℃。

5）关于通风培养

酵母菌在无氧条件下培养，主要进行发酵作用，可使糖分转变为酒精和 CO_2。酵母菌在有氧条件下进行酒精发酵时，由于进行了呼吸作用，酒精产量大大降低，糖的消耗速度在单位时间内也减慢。

当酒母糖化醪中含有充足的氧时，酵母菌在吸收营养后，由于其酒化酶受抑制，主要进行菌体细胞合成，繁殖酵母细胞。酒母培养的目的是要获得大量酵母细胞，所以在酒母培养过程中通入适量的无菌空气，对酵母繁殖是有利的。其通风量要求并不高，生产中，$1m^3$ 酒母醪每小时通入 $2m^3$ 无菌空气已可满足酵母繁殖时的氧气需要量了。

6）防止杂菌污染

确保酵母菌的纯种培养，加强防止杂菌的污染，是生产中提高酒母质量的重要一环。酒精生产除了对原始菌种进行定期分离纯化外，在培养过程中加强无菌管理操作也是十分重要的。因为目前多数酒精厂酒母培养仍在敞口酒母罐中进行，因此对车间环境卫生要十分注意。

3.3.2 生产工艺控制

1）蒸煮

采用蒸汽加热，蒸煮温度要达到 88℃ 以上，糊化时间达到 90min 以上。糊化醪要不含颗粒，定时检测化验。为了使原料受热均匀和彻底糊化，采用循环换汽的办法来搅拌罐内的料液。一般每隔 $10 \sim 15min$ 循环换汽一次，每次维持 $3 \sim 5min$，直到蒸煮完毕为止。循环换汽后使罐内达到原规定压力。循环换汽和稳压操作，是保证蒸煮醪液质量的两个重要条件。

2）糖化工段

先准备好约 20 倍糖化酶的稀释液，再将糊化醪经由真空冷却器进入已彻底杀菌并冷却的糖化锅内，控制温度为 $58 \sim 60℃$，同时按 $100\mu/g$ 原料流加糖化酶，滴加 H_2SO_4，调整好 pH 值、酸度，保持 $35 \sim 45min$ 后经二次喷淋冷却进入发酵罐。

3）培养酒母工序

将酵母加入已煮沸杀菌冷却到 $38 \sim 40℃$ 的 2% 糖水中（约 200kg），搅拌均匀溶解，充分活化 $1.5 \sim 2h$，进入已消毒杀菌、且已进 1/4 体积糖化醪的发酵罐，同时续加糖化醪，定时检测结果。见表 5 - 4。

表 5 - 4 发酵醪的检测结果

酵母数/（亿/mL）	出芽率/%	死亡率/%	杂菌	酸度
≥1.2	≥20	≤1	不检出	4.4

酒母培养是非常重要的工作，在培养过程中应多搅拌，促使酒母充分吸氧，及时排出 CO_2，保证酒母正常繁殖生存，加适量的氮源。保证细胞数在 1.2 亿/mL 以上，出芽率 20% 以上，无杂菌，是保证优质高产的关键所在。

4）发酵工段

发酵采用半连续发酵工艺，控制前发酵温度 $28 \sim 30℃$，发酵顶温 36℃ 为宜（过高用内冷却盘管控制），保证发酵温度处于前缓、中挺、后缓落的最佳状态，从种子罐分割到发酵罐一般在 $50 \sim 60h$，检测合格即发酵成熟送去蒸馏。发酵时间不宜太长，过长会产生酸败，影响质量，引起液料分离、分层，堵塞成熟醪输送管道，发酵时间过短则发酵不彻底，影响质量和出酒率。发酵成熟醪的检测标准见表 5 - 5。

表 5－5　发酵成熟醪的检测

酸度	残糖/%	残余还原糖/%	酒精质量分数/% （V/V）
≤6.2	≤1	≤0.5	10～12

5）蒸馏工段

控制粗塔底温为105～106℃，顶温为95～96℃，精塔底温为104～105℃，中温为83～84℃，严格稳定操作工艺，严格蒸馏纪律，确保蒸馏塔的进汽、进醪、取酒、温度，"稳"、"准"、"细致"，检查运行设备。

4　工作任务实施

通过前面对工作任务的分析和计划分析制订，已经对生产酒精的原料、培养基组成、灭菌技术以及酒精生产工艺过程等基本知识有所了解和掌握。下面就酒精生产的实际工作任务进行实施。

4.1　酒母的制备

以麦芽汁做培养基进行试验室阶段培养基的制备，以淀粉质原料来制作酒母糖化醪。按图 5－18 流程进行酒母的扩大培养。

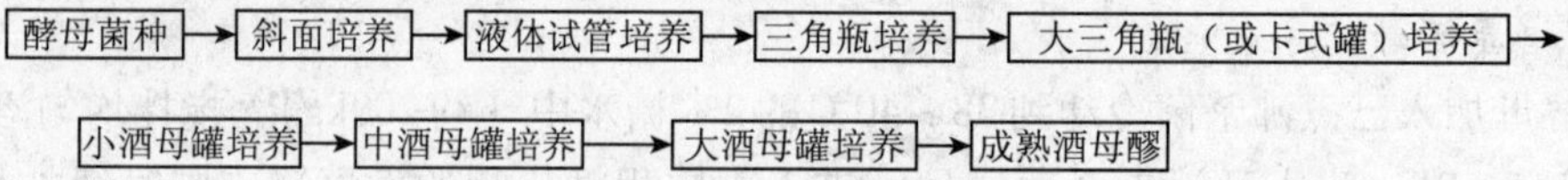

酵母菌种
斜面培养
液体试管培养
三角瓶培养
大三角瓶（或卡式罐）培养
小酒母罐培养
中酒母罐培养
大酒母罐培养
成熟酒母醪

图 5－18　酒母制备流程

4.2　原料预处理

用振荡筛、吸铁器等将其中的混杂的小铁钉、泥块、杂草、石块等杂质除去。

4.3　蒸煮

预处理后的原料蒸煮操作工艺流程如图 5－19 所示。

温水
蒸汽
原料
除杂
粉碎
拌料
泵
蒸煮
成熟蒸煮醪送入糖化锅

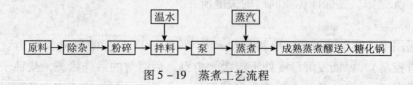

图 5－19　蒸煮工艺流程

4.3.1 加水

蒸煮整粒原粒时，水温要求在 80～90℃，尤其是蒸煮含有淀粉酶的甘薯干，更不能用低温水。蒸煮粉状原料时，水温不宜过高，一般要求在 50～55℃。原料加水比因原料不同和粉碎度不同而不同，一般为：粉状原料为 1:3.4～1:4.0；薯干为 1:3.0～1:4.0；谷物原料为 1:2.8～1:3.0。

4.3.2 投料

蒸煮整粒原料时，投完料即加盖进汽，或者在投料过程中同时通入少量蒸汽，起搅拌作用。蒸煮粉状原料时，可先在拌料桶内将粉料加水调成粉浆后再送入蒸煮罐；或向罐内直接投料，边投料，边通入压缩空气搅拌，以防结块，影响蒸煮质量。投料时间因罐的容量大小和投料方法不同而有差异，通常在 15～20min。

4.3.3 升温（升压）

投料毕，即关闭加料盖，通入蒸汽，同时打开排气阀，驱除罐内冷空气，以防罐内冷空气存在而产生"冷压"，影响压力表所指示的数值，不能反映罐内的真实温度，造成原料蒸煮不透。正确排出"冷压"的方法是：通入蒸汽加热时，打开排汽阀，直到排出的气体发白（水蒸气），并保持 2～3min，而后再关闭排气阀，升温时间一般为 40～50min。

4.3.4 蒸煮（定压）

料液升到规定压力后，保持此压力维持一定的时间。使原料达到彻底糊化的操作，工厂常称为定压。

定压后，通入锅内的蒸汽已经很少，锅内热力分布不均匀，易造成下部原料局部受热而焦化，上部原料受热不足而蒸煮不透。一般每隔 10～15min 循环换汽一次，每次维持 3～5min，直到蒸煮完毕为止。循环换汽后使罐内达到原规定压力。循环换汽和稳压操作，是保证蒸煮醪液质量的两个重要条件。

4.3.5 吹醪

蒸煮完毕的醪液，利用蒸煮罐内的压力从蒸煮锅排出，并送入糖化锅内。吹醪时间视蒸煮罐容量的大小而定不得少于 10～15min。

4.4 糖化曲制备

糖化曲采用液体深层通风培养的液体曲。具体操作见图 5－17 液体曲生产工艺流程。

4.5 糖化

采用间歇糖化工艺：在糖化锅内放一部分水，使水面达搅拌桨叶，然后放入蒸煮醪，边搅拌，边开冷却水冷却。蒸煮醪放完并冷却到 61～62℃时，加入糖化剂，搅拌均匀后，调整醪液的 pH 值在 4.0～4.6，静止进行糖化 30min，也可进行间断式搅拌，检查糖化醪质量，合格后再开冷却水和搅拌器，将糖化醪冷却到 30℃，然后用泵送至发酵车间。

4.6 发酵

采用间歇式发酵法中的一次加满法。将糖化醪冷却到 27～30℃后，接入糖化醪量

10% 的酒母，混合均匀后，经 60~72h 发酵即成熟，发酵温度控制在 32~34℃。

乙醇发酵过程可分为前发酵期、主发酵期和后发酵期三个阶段。前发酵期一般为前 10h 左右，在酒母与糖化醪加入发酵罐后，醪液中的酵母开始数量还不多，由于醪液中的酵母开始数量还不进行繁殖。

在前发酵期阶段，发酵作用不强，酒精和二氧化碳产生得少，糖分消耗得比较慢，发酵醪表面显得比较平静。前发酵期一般控制发酵温度不超过 30℃。主发酵期为前发酵期之后的 12h 左右，在此阶段酵母细胞已大量形成，每毫升醪液中酵母数可达 1 亿以上，酵母菌基本上停止繁殖而主要进行乙醇发酵作用。使糖分迅速下降，酒精量逐渐增多，醪液中产生大量的二氧化碳，有很强的二氧化碳泡沫响声。此期间发酵醪温度上升也快，生产上应加强温度控制，最好将温度控制在 30~34℃。经主发酵期，醪液的糖分大部分已被耗掉，发酵进入后发酵期。在后发酵期阶段，发酵作用弱，产生热量也少，发酵醪温度逐渐下降，应控制发酵温度在 30~32℃。后发酵一般需要约 40h 才能完成，总发酵时间一般控制 60~72h。一般工艺工厂糖化醪浓度为 16~18Bx，发酵成熟醪的乙醇含量为 6%~10%。

4.7 蒸馏

参考图 5-12 单塔式酒精连续蒸馏流程进行蒸馏。测酒精度。

5 工作任务检查

通过同小组的学生互查、讨论，对工作任务的实施过程进行全程检查，最后由教师审查，并提出修改意见。检查主要内容为：

5.1 原材料及培养基组成

由学生分组讨论，对工作任务实施过程中生产原料的选用，培养基组成和配比以及培养基的混合配制等是否正确进行互查和自查。对检查出的错误要说明原因，并找出改正的方法和措施。由指导老师审核，并提出修改意见。

5.2 培养基及发酵设备的灭菌

每一小组的学生都要对本工作任务的培养基、设备管道和空气的灭菌的实施过程进行检查、互查。指导教师根据学生的检查情况，要对空消、实消和空气灭菌的工艺过程逐一进行审查。特别是对生产过程中是否发生杂菌污染、溢料情况进行审查。

5.3 种子的扩大培养和种龄确定

由同小组的学生对生产菌种的扩大培养条件、种龄、接种量和发酵级数等实施过程进行互查和讨论，并对方案实施过程中出现的问题提出改进意见，由指导教师审查。

5.4 发酵工艺及操控参数的确定

让学生结合本工作任务实施的发酵工艺和设备，对酒精发酵设备的选用、发酵方式以及发酵温度、pH 值、通气量等发酵参数的调控进行检查和讨论，并对方案实施过程中出现的问题提出改进意见，由指导教师审查后提出修改意见。

5.5 生产工艺

针对酒精发酵液的特性，让同小组学生对酒精生产在前处理、酒母制备、乙醇发酵和蒸馏等工艺过程的实施情况进行互查和讨论。要对情境实施过程中的不足提出改正意见，指导教师要对学生的检查和修改意见进行审查和改进。

5.6 产品检测及鉴定

对工作任务实施结束后，要对生产的酒精产品进行检测和鉴定。主要包括对产品产量、收率和质量进行检查。其中产品质量检测以国家标准 GB 10343—2002《食用酒精的国家标准》检验项目。

本标准适用于以谷物、薯类、糖蜜为原料，经发酵、蒸馏精制而成的含水酒精，即食品工业专用的酒精。

总之，通过对工作任务的检查，让学生发现在酒精这一生产任务的实施过程中出现的问题、错误以及取得的成绩，有利于学生在今后实际工作中改进和完善，提高其岗位操作、处理问题的综合技能。

6 工作任务评价

根据每个学生在工作任务完成过程中的表现以及基础知识掌握等情况进行任务评价。采用小组学生之间和不同小组之间互评，由指导教师根据量化的评分标准给出最终评价。本工作任务总分 100 分，其中理论部分占 40 分，生产过程及操控部分占 60 分。

6.1 理论知识（40 分）

依据学生在本工作任务中对好氧发酵、厌氧发酵的知识掌握和理解程度，每一步实施方案的理论依据的正确与否进行量化。以小组学生之间互评为依据，由指导教师给出最终评分，必要时可通过理论试卷考试。

6.2 生产过程与操控（60 分）

6.2.1 原料识用与培养基的配制（10 分）

（1）碳源、氮源及无机盐的选择是否准确；

（2）称量过程是否准确、规范；

（3）种曲制备是否正确；

（4）物料配比和培养基制作是否规范、准确。

6.2.2 培养基和发酵设备的灭菌（10 分）

在酒精生产以前，学生必须对培养基、设备、管道等进行灭菌，确保发酵过程中无杂

菌污染现象。因此，指导教师要对空消、实消顺序、灭菌方法等环节对学生作出评分，根据检测结果进行最终评价。

6.2.3 种子的扩大培养 (10)

根据学生在酒精生产菌种的扩大培养过程中的操作规范程度、温度、pH 等的调控能力，接种消毒操作、接种量和种龄的控制方面由指导教师进行打分。

6.2.4 发酵工艺及参数的操控 (15 分)

（1）温度控制及温度调节是否准确；

（2）pH 控制及调节是否准确及时；

（3）发酵终点的判断是否准确；

（4）发酵过程中是否出现染菌、溢料等异常现象。

6.2.5 产品质量 (15 分)

检验项目依据：GB 10343—2002《食用酒精的国家标准》

思考题

1. 酒精按不同的分类标准是如何进行分类？
2. 常用的的酒精生产原料有哪些？生产方法哪几种？
3. 蒸煮的目的是什么？蒸煮的方法有哪几种？
4. 糖化的目的是什么？淀粉水解有哪几种方法？
5. 什么叫蒸馏，有何作用？简述如何利用双塔式进行酒精蒸馏。
6. 如何进行酒母质量控制？
7. 试总结酒精生产主要操作要点。
8. 淀粉质原料与糖制原料生产酒精工艺特点分别是什么？
9. 画出淀粉质原料发酵法生产酒精的工艺流程示意图。

参考文献

[1] 孙俊良，钱志伟，吕玉珍. 发酵工艺 [M]. 北京：中国农业出版社，2008.

[2] 谢梅英，别智鑫. 发酵技术 [M]. 北京：化学工业出版社，2007.

[3] 田洪涛. 现代发酵工艺原理与技术 [M]. 北京：化学工业出版社，2007.

情境六　啤酒生产

学习目的和要求

（1）知识目标：了解啤酒生产的原料、辅料和酿造用水要求；理解啤酒花的作用，麦芽、常用辅料的质量要求；了解啤酒的主要类型、灭菌方法，掌握啤酒的主要生产方式；了解啤酒的主要生产工序和流程，了解麦芽制作，掌握糖化、发酵（大罐发酵）和后处理过程控制；掌握提高啤酒稳定性的措施，掌握泡沫形成，影响因素；掌握啤酒生产的主要设备结构、发酵特点和操作。

（2）能力目标：掌握啤酒糖化、发酵生产工艺流程及过程控制。掌握啤酒生产发酵设备的结构、特点和使用方法。

（3）情感目标：培养学生学习过程中形成的使命感、责任感、自信心、进取心、团队合作精神等方面的自我认识和自我发展。

1　接受工作任务

1.1　啤酒相关知识

1.1.1　啤酒的定义

啤酒按国家标准《GB 4927—2008 啤酒》定义为"以麦芽、水为主要原料，加啤酒花（包括酒花制品），经酵母发酵酿制而成的、含有二氧化碳的、起泡的、低酒精度的发酵酒"。包括无醇（脱醇）啤酒。经过巴氏灭菌或瞬时高温灭菌的啤酒称为熟啤酒；不经巴氏灭菌或瞬时高温灭菌，而采用其他物理方法除菌，达到一定生物稳定性的啤酒称为生啤酒，经巴氏灭菌或瞬时高温灭菌，成品中允许含有一定量活酵母菌，达到一定生物稳定性的啤酒称为鲜啤酒。

1.1.2　啤酒的特点

一般啤酒有以下几个特点：

（1）啤酒是一种低酒精度的饮料，酒精度一般为 3% ~5%（体积分数），一般不超过 8% vol；

（2）含有一定量的二氧化碳，可以形成洁白细腻的泡沫；

（3）有特殊的啤酒花清香味和适口的苦味；

（4）有较高的营养价值，即有较高的发热量和含有丰富的营养成分。

啤酒与其他发酵酒的主要不同点是：

（1）使用的原料不同，啤酒以大麦芽和啤酒花为主要原料；

（2）使用的酿造方式和酵母菌种不同。啤酒有特殊或专用的酿造方法，发酵用的酵母菌是经纯粹分离和专门培养的啤酒酵母菌种；

（3）啤酒的生产周期不固定，可根据品种、工艺和设备条件而变化，短的仅14天，长的可达40天以上。

1.1.3 啤酒的主要类型

目前，国内啤酒工厂生产的啤酒主要可以分为以下几种类型。

1）不同原麦汁浓度的啤酒

国内啤酒工厂分别生产8~18°P之间10余种原麦汁浓度不同的啤酒。其中，以10~12°P原麦汁浓度之间的品种产量较大，生产的工厂也较多。近年来淡爽啤酒的市场增长迅速，主要为8°P淡爽啤酒。至于淡爽啤酒，主要反映为口感上的清爽、柔和，在夏季可作为清凉解渴饮料，原麦汁浓度和酒精含量都不太高。目前，国内一些工厂在煮沸结束时控制较高的浓度，例如14°P或15°P在主发酵或后发酵结束时加入经处理的水，调整浓度到需要的销售浓度。这样可以在不增加发酵和贮酒设备的情况下提高啤酒产量，降低生产成本，这种方法叫作高浓度啤酒发酵。

2）不同色泽的啤酒

根据啤酒的色度范围，可将国内生产的啤酒分为浅色啤酒、浓色啤酒和黑啤酒三种。浅色啤酒色度在2~14EBC（EBC为色度计量单位），浓色啤酒色度在15~40EBC，黑啤酒色度大于41EBC。国内大部分工厂生产浅色啤酒，产量占90%以上。生产浓色啤酒或黑啤酒的工艺与生产浅色啤酒的工艺大致相同，不同的是需在煮酵锅中加入一定比例的着色麦芽与甜香麦芽（甜香麦芽也可加入糖化锅），在麦汁煮沸锅中加入一定数量的由砂糖焙制的糖色，具体添加的数量，应按控制的色度范围和口味要求而定。一般来说，深色啤酒应有浓郁的麦芽香味，口味醇和、爽口。

3）特种啤酒

由于原辅材料、生产工艺的改变，使之具有特殊风格的啤酒，主要有：

① 干啤酒：干啤酒的特点是发酵度高，其发酵度不低于72%，且口味干爽的啤酒。

② 冰啤酒：冰啤酒指经冰晶化处理，浊度小于或等于0.8EBC的啤酒。冰晶化是将啤酒经过专用的冷冻设备进行超冷冻处理，形成细小冰晶的再加工过程。

③ 低醇啤酒：低醇啤酒指酒精度为0.6%~2.5%vol的啤酒。

④ 无醇啤酒：无醇啤酒又称脱醇啤酒，指酒精度低于0.5%vol，原麦汁浓度大于等于3.0°P的啤酒。

⑤ 小麦啤酒：以小麦芽（占麦芽的40%以上）、水为主要原料酿制，具有小麦芽经酿造所产生的特殊香气的啤酒。

⑥ 果蔬类啤酒：包括果蔬汁型啤酒与果蔬味型啤酒，果蔬汁型啤酒，指添加一定量的果蔬汁，具有其特征性理化指标和风味，并保持啤酒基本风味。果蔬味型啤酒，指在保

持啤酒基本口味的基础上，添加少量食用香精，具有相应的果蔬风味。

以上各特性啤酒除特征性要求外，其他要求应符合相应啤酒的规定。此外，国内还有少量添加刺五加、人参、赖氨酸、螺旋藻之类的特种啤酒，由于生产数量极少，仅作为满足消费需要的花色品种，不作为一种类型。

1.2　接受产品生产任务书

本学习情境的工作任务是以啤酒下面酵母为菌种，水、麦芽、酒花为原料，以麦芽汁为培养基，通过菌种的扩大培养，把扩大培养的合格种子液接种到已经灭菌的通风搅拌发酵罐（大罐发酵）中进行发酵。由麦芽经粉碎、糖化、发酵而制作 $10°P$ 全麦干啤酒，生产任务书见表6-1。

表6-1　生产任务书

产品名称	饮料酒——啤酒	任务下达人	教师
生产责任人	学生组长	交货日期	年　月　日
需求单位		发货地址	
产品数量		产品规格	淡色啤酒
一般质量要求 （注意：如有客户特殊要求，按其标注生产）	《GB 4927—2008 啤酒》		
进度备注：			

备注：此表由市场部填写并加盖部门章，共3份。在客户档案中留底一份，总经理（教师）一份，生产技术部（学生小组）一份。

2　工作任务分析

本情境的工作任务是饮料酒——啤酒的生产。因此必须了解生产啤酒所需的原料，麦芽制作、糖化和发酵工艺，运行操控参数以及发酵设备等相关技术资料。对工作任务进行详细分析。

2.1　生产原料

啤酒的生产原料主要有麦芽、酿造用水、啤酒花（或酒花制品）以及麦芽辅助原料（玉米、大米、大麦、小麦等）等。

2.1.1　麦芽

大麦芽是啤酒生产的主要原料。大麦芽作为啤酒生产的主要原料的优势主要有：大麦在世界上的种植面积广，而且发芽能力强、价格又较便宜；其次，大麦经发芽、干燥制成大麦芽以后，含有丰富的水解酶类，加上大麦本身又含有大量的淀粉、蛋白质、植酸盐等重要的可浸出物，这样就使大麦芽可以兼作生产麦汁的酶源与浸出物源；而大麦的皮壳又是很好的麦汁过滤介质。这样，通过一定的工艺方法，即可制成含糖类、氨基酸、磷酸盐

等营养成分丰富的麦汁，以供酵母菌发酵而制成啤酒。

啤酒用大麦的品质要求为：壳皮成分少、淀粉含量高、蛋白质含量适中（9%～12%）、淡黄色、有光泽、水分含量低于13%、发芽率在95%以上。

麦芽制造可以分为5个工序，即精选（包括清麦、分级）、浸麦、发芽、干燥与除根5个工序。由于现在啤酒厂一般没有制麦车间，麦芽制作在专门工厂进行，其工序这里简要介绍如下。

（1）精选工序

这道工序主要是除杂（各种杂质与杂谷），并按大麦腹径的大小，将大麦分成粒度均匀的几个等级，以保证大麦吸水速度均匀，发芽率保持一致。

（2）浸麦工序

通过对大麦的水浸、露麦与通风等工艺操作，使大麦在足够的水分、良好的温度与空气条件下开始萌发，全过程48～72h。

（3）发芽工序

发芽工序是麦芽制造过程中最重要工序，在这个工序中，通过对水分、空气和温度适当控制，使大麦按一定的生长规律和制麦质量要求进行发芽与溶解，并生成各种需要的酶类。整个过程可以分为前期萌发、旺盛发芽、后期凋萎3个阶段，历时6～8天。

（4）干燥工序

将发芽的麦粒（绿麦芽）经特殊的干燥、焙焦处理，使水分由42%左右降至4%～5%，制成有一定色、香、味的干麦芽，这样的干麦芽不仅可以长期保存，而且去除了植物种子发芽后特有的生腥味，使之适合于制造麦汁。

（5）除根工序

这道工序主要是去除大麦发芽后生成的麦根。大麦根味苦、吸湿性强而且会加深啤酒的色泽，必须除去。经干燥以后的麦根干枯、萎缩，很容易脱除。

2.1.2 啤酒花与酒花制品

啤酒花，又称酒花，学名为蛇麻花，是一种多年生蔓性草本植物，雌雄异株，酿造所用均为雌花，多生长在高纬度地区。啤酒花使啤酒具有独特的苦味和香气并有防腐和澄清麦芽汁的能力。此外，酒花树脂成分还对啤酒的泡沫持久性有一定的好处。成熟的新鲜酒花经干燥压榨，以整酒花使用，或粉碎压制颗粒后密封包装，也可制成酒花浸膏，然后在低温仓库中保存，其有效成分为酒花树脂和酒花油。每吨啤酒的酒花用量约为1.4～2.4kg。

近代啤酒上业使用的酒花可以分为两种，一种叫苦型酒花，另一种叫香型酒花。区别这两种酒花主要由α-酸的绝对含量和α-酸含量在总树脂含量中所占的比例不同来决定。一般来说，苦型酒花的α-酸含量可达到8%～10%，高的甚至可以达到12%～14%；而香型酒花的α-酸含量大多低于6%，至多不超过8%。其次，苦型酒花的α-酸含量可占到总树脂量的40%～45%，而香型酒花只占到20%左右。

苦型酒花和香型酒花在啤酒生产过程中分别用于促苦和增香，添加时间也不一样。但是，在实际应用过程中，其效果并非如想象的那样有明显的区别，也就是说，苦型酒花也有增香效果，而香型酒花也能促苦。

近代的酒花制品也可以分为两类，一类叫酒花颗粒，另一类叫酒花浸膏。酒花颗粒像酒花一样，有苦型和香型两种，还有一种是增强型的。

酒花和酒花制品的质量检查可以分为外观检查和理化指标分析两种。理化指标分析有规定的质量标准并由专职检验人员进行检查，外观质量可按以下顺序进行鉴定：

（1）从酒花包的外层与中间层分别掰下几块酒花，再从整块酒花上分别剥下花体四五个，检视花体应完整，捏之不破碎，色呈绿黄色。

（2）剥开一个花体，检视花蕊内部叶片的下端，应有多量金黄色的花粉，花粉散布面如占叶片的1/4以上，则为质量好的酒花。

（3）用两指将花体下端（基部）摘下，并在指间研搓，应有发黏、沾手的感觉，以鼻嗅之，有强烈的清香味，两指上有一层黄色粉末。

（4）对从酒花包外层和中间层分别取样的花体做上述检查应无较大的区别，否则为保管不善、已引起氧化而变质的酒花。

（5）酒花颗粒的检查可以参照整酒花，即打开密封包以后，取出一小堆颗粒，一是其色呈绿黄色；二是将颗粒在指间研搓成粉，应有发黏、沾手的感觉，以鼻嗅之，有强烈的清香味。另外，取一杯开水，投入一二粒酒花颗粒，应在很短的时间内化开，将其摇匀以后分布很均匀，闻之有明显的酒花清香味。

（6）对酒花浸膏的外观检查应按不同品种分别进行。例如，α-酸浸膏，其外观呈黄棕色膏状物，闻之有新鲜的酒花香味，以手沾之，有粘手感；四氢异α-酸酒花浸膏为黄棕色水样溶液，也有一定的酒花清香味，但无粘手的感觉。应该说明的是，由于酒花浸膏经过了提取、净化加工，去除了叶绿素，所以，一般都不带绿色。

由于酒花成分极易被氧化而改变原来的性质，因此，应该将酒花保存在低温、干燥与避光的地方。一般啤酒工厂都有冷库，可单独闲出一间作为酒花库，库温不要超过5℃，酒花库内应隔绝水源，禁止使用排管冷却器，库内不准堆放其他任何杂物，特别是带有挥发性异味的物品。

2.1.3 麦芽辅助原料

凡含有一定量的可浸出物，可以用来生产麦汁（往往都不经过发芽处理）的淀粉质原料及其制成品，都可叫做麦芽辅助原料。

使用麦芽辅助原料的原因是：

（1）为了达到一定的溶解度和形成大量的酶类，大麦需加工制成大麦芽。以全麦芽原料生产啤酒是不经济的。相对来说，辅料价格一般都比较低廉，浸出物含量也比较高。使用一定比例的辅料，可以降低生产成本。

（2）由于辅料的加入，可调整麦汁中含氮物质、花色苷等成分的比例，在一定程度上可有益于啤酒的泡持性和延长啤酒的保存期。

（3）合适的辅料品种和适当的使用比例，可改善啤酒的风味特性。

可以用作麦芽辅助原料的粮食原料种类很多，但较常用的有大米、玉米、大麦、小麦、糖、糖浆等，常用辅料的性状见表6-2。

表6-2 一些主要麦芽辅料的性状

辅料品种	淀粉含量/%	蛋白质含量/%	浸出率/%（无水）	糊化温度/℃	一般使用比例/%
大米（碎米）	82~85	8~11	88~95	68~77	30~45
玉米（片）	70~74	7~9	80~85	70~78	25~35
大麦	58~65	10~12	72~80	60~62	30~35
小麦	56~64	11~13	68~76	52~56	20~25

1）大米

大米是国内啤酒工厂用得最多的辅料之一，可分为整米与碎米两种。其中碎米是碾米工厂的副产品。

大米的特点是价格低廉、淀粉含量高、浸出率高，其蛋白质含量和多酚含量都低于大麦。用来作为辅料，可以降低生产成本，提高单位混合原料量的麦汁产量。如果使用比例适当，对啤酒的口味、色泽、泡持性与保存期都有一定的好处。不过，由于大米的糊化温度比较高，所以应在液化酶 α-淀粉酶的帮助下，预先进行淀粉的糊化（包括液化），进行糖化。以大米为辅助原料酿造的啤酒色泽浅，口味清爽，使用比例一般不超过45%。

2）玉米

玉米为国际上用量最多的辅助原料。玉米几乎与大米有同样的使用价值，包括价廉、得率高等特点。以玉米为辅助原料酿造的啤酒，口味醇厚。玉米的使用比例一般不超过35%。

3）大麦与小麦

未经发芽处理的大麦和小麦也可作为麦芽辅料，小麦品种有硬质小麦和软质小麦，啤酒工业宜采用软质小麦。大麦与小麦的淀粉含量虽不及大米或玉米高，但这两种麦有以下特点：

（1）均含少量的酶，如小麦含 α-淀粉酶、β-淀粉酶，大麦含 β-淀粉酶、蛋白酶等，在糖化过程中可以辅助麦芽酶的作用。

（2）淀粉的糊化温度都比较低，可直接加入糖化锅而不需要预先进行糊化，但要求控制合适的粉碎度，这样在65℃左右的糖化温度下，即能糊化、糖化得很好。

（3）大麦的基本组成与大麦芽相同，用大麦作为辅料生产的麦汁成分与全麦芽麦汁相仿。小麦的糖蛋白及肽的含量较高，不仅发酵速度快，而且还有助于泡沫持久。作为辅料，大麦用量一般为30%~35%，小麦则为20%~25%。

4）糖与糖浆

用作辅料的糖以砂糖为主。砂糖的主要组成为蔗糖，含量可达99%以上。蔗糖不仅可以全部被发酵（酵母菌含有转化酶），而且发酵速度也很快，是一种很好的辅料。不过，由于砂糖的价格较高，加上不含氮等其他麦汁组分，用量受到一定的限制，一般只用到原料总量的10%左右。

糖浆是国外较流行的一种辅料，它可由大麦、小麦、玉米等谷类原料制成。糖浆的基本组成，特别是大麦糖浆，十分接近麦汁的组成要求，添加又十分方便，是一种很有发展前途的辅料，尤其适用于高浓度啤酒发酵工艺。

麦芽辅助原料的质量要求。我国啤酒工厂的辅料一般都因地制宜供给，至今还没有一个全国统一的标准，加上品种不同、产地不同，质量要求也就各不一样，但基本质量要求是：

（1）高浸出率（特别是淀粉含量要高）、低水分、夹杂物少、不发霉、不变质。

（2）没有造成麦汁过滤困难与影响麦汁发酵性能的组成。

（3）不会带入异味或不影响啤酒的风味。

2.2 酵母培养基

啤酒酵母菌的培养基包括麦芽汁培养基和 MY 培养基。麦芽汁培养为麦芽汁加少量的酵母膏；MY 培养基以葡萄糖为碳源，蛋白胨为氮源，再添加少量酵母膏和麦芽汁。若需做成固体培养基需添加琼脂 1.5% ~2.0%，若半固体培养基需添加琼脂 0.6% ~0.7%。

酵母膏系啤酒酵母或面包酵母在低温下的自溶浸出汁，经低温真空蒸发而成。富含氨基酸基酸、维生素类、无机盐类，被广泛用于微生物的培养。

麦芽汁是酿造啤酒前，未加酒花、未经发酵的新鲜麦芽汁，可向啤酒厂购买，也可自制。自制方法为：取麦芽粉 1kg，加水 3L，60℃保温使其自行糖化直到液体无淀粉反应为止，过滤，加两三个鸡蛋清（有助于麦汁的澄清）至滤液，搅均匀，煮沸，再过滤则得麦芽汁。麦芽汁主要含麦芽糖、氮源和生长素等。

2.3 啤酒酵母及培养

酵母是用以进行啤酒发酵的微生物。口味良好的啤酒，必须经过正常而顺利的发酵，在适合的麦芽汁组成下，经过酵母的正常代谢过程，才可得到满意的啤酒。

生产优良啤酒，必须保持酵母强壮、健康、纯粹，这样的酵母发酵快、泡沫高，降低双乙酰快，释出杂质多，啤酒口味好。

啤酒酵母是一种不能运动的单细胞微生物，其细胞如同其他微生物一样，只有借助于显微镜才能识别。酵母是一种酿制啤酒的必不可少的菌类，在啤酒生产中所利用的菌类主要是经过纯粹培养的啤酒酵母。

啤酒酵母种类繁多，且不同的菌株在形态及生理特性上都有明显的区别。

2.3.1 啤酒酵母的分类

啤酒工业所使用的酵母，属于有孢子酵母菌，也称为真正酵母菌。一般分为培养酵母和野生酵母；上面酵母和下面酵母；凝聚酵母和尘状酵母。

1）培养酵母和野生酵母

培养酵母是由野生酵母经过长期驯养，反复使用和长时间的生产考验，具有正常的生理状态和特性，并适合于啤酒生产要求的酵母。啤酒生产常用的酵母为培养酵母。

在啤酒工厂，凡是与培养酵母的形态和生理特性不一样的酵母，即不为生产所控制利用的酵母，统称为野生酵母。野生酵母在自然界中分布很广，若混杂于啤酒酵母中，则会妨碍啤酒的正常生产，对啤酒危害极大。

单从酵母外观形态上来区别培养酵母和野生酵母是比较困难的，应以菌体的抗热性能、发酵糖类的性能、形成孢子的情况、在培养基上的生长情况等生理特性，以及利用免

疫荧光技术等加以区别。培养酵母和野生酵母的区别，见表 6 - 3。

表 6 - 3　培养酵母和野生酵母的区别

区别内容		培养酵母	野生酵母
细胞形态		圆形或卵圆形	圆形、椭圆形、柠檬形等多种形态
抗热性能		在58℃水中，10min死亡	能耐培养酵母较高温度
孢子形成		较难形成	较易形成，有的野生酵母不形成孢子，但可从细胞形态区别
糖类发酵		对葡萄糖、半乳糖、麦芽糖、果糖等均能发酵，能全部或部分发酵棉子糖	绝大多数野生酵母不能全部发酵上述糖类
对选择性培养基生长情况	含放线菌酮的培养液	放线菌酮含量达0.2ppm不能生长	非酵母属的野生酵母可耐此酮
	以赖氨酸为唯一碳源的培养基	不能生长	非酵母属的野生酵母可以生长
	含结晶紫的培养基	结晶紫含量达20ppm不能生长	酵母属的野生酵母可以生长

2）上面酵母和下面酵母

上面酵母和下面酵母都是培养酵母。由于经过长期使用和培养，生长条件的改变，酵母性质发生变异或变种，下面酵母可变为上面酵母，而上面酵母也可变成下面酵母。

上面酵母又称为表面酵母或顶面酵母。其特点是：

（1）发酵时产生二氧化碳和泡沫，酵母飘浮在发酵液表面，发酵终了时酵母仍浮于液面，很少下沉；

（2）其酵母细胞多呈圆形，多数酵母聚结一起，容易形成子囊孢子，当分离培养时生出有规则的分枝；

（3）上面酵母的最适发酵温度为20～25℃，高者可达30℃，发酵时间短，但不能发酵棉子糖。

下面酵母又称底面酵母或贮藏酵母。发酵时，其酵母细胞悬浮于发酵液内，发酵将近终了时，发酵液内的酵母便沉积于发酵容器底部，只有少量仍悬浮在发酵液内。其特点是：

（1）发酵时随所产生的二氧化碳，在发酵液内形成上下对流而悬浮于发酵液内，近发酵终了时凝聚于器底；

（2）其酵母细胞都呈圆形或椭圆形，一般不形成子囊孢子，极易分离培养，且分枝不规则；

（3）发酵最适温度为6～10℃，高者可达30℃，低者在5～7℃，能全部发酵棉子糖。

上面酵母和下面酵母的特性差异，都是相对而言的。当培养基的成分、培养条件发生变化时，其特性也在发生变化。上面酵母和下面酵母两者的区别，见表 6 - 4。

表 6-4　上面酵母和下面酵母的区别

区别内容	上面酵母	下面酵母
发酵终了时物理现象	大量酵母细胞悬浮在液面	大量酵母细胞凝聚而沉淀下来
细胞形态	多呈圆形，多数细胞集结在一起	多呈卵圆形，细胞较分散
芽孢分枝（芽簇）	生出有规则的芽孢分枝	芽孢分枝不规则，且易分离
对棉子糖发酵	发酵 1/3	能全部发酵
对蜜二糖发酵	不能	能
辅酶的浸出	不能	容易浸出辅酶
孢子的形成	培养时较易形成	用特殊培养方法才能形成孢子
对甘油醛发酵	不能	能
呼吸活性	高	低
产生硫化氢	较低	较高

3）凝聚酵母和尘状酵母

凡是在发酵时容易发生凝聚的酵母，均为凝聚酵母。即当啤酒发酵近于结束时，酵母细胞相互凝聚而成菌团，并由小渐呈肉眼可见的块状，这是许多啤酒酵母的特点，称为酵母的凝聚性。

尘状酵母也称为粉末酵母或絮状酵母。尘状酵母的特点是：发酵时，该酵母细胞长时间悬浮于发酵液中，酵母细胞很难下沉，发酵液澄清慢，发酵度较高。上面酵母和下面酵母中均有尘状酵母。凝聚酵母和尘状酵母两者的区别，见表 6-5。

表 6-5　凝聚酵母和尘状酵母两者的区别

区别内容	凝聚酵母	尘状酵母
发酵时情况	酵母易于凝聚沉淀（下面酵母）或凝聚后浮于液面	不易凝聚
发酵终了	很快凝聚，沉淀致密，或于液面形成致密的厚层	长时间悬浮发酵液中，很难沉淀
发酵液澄清情况	较快	不易
发酵度	较低	较高

2.3.2 啤酒酵母的性状

（1）啤酒酵母的形态：啤酒酵母的形态一般呈圆形、卵圆形或椭圆形，细胞的大小约为（3～7）μm×（5～10）μm，培养酵母的细胞平均直径为 4～6μm。啤酒酵母是一种极微小的单细胞植物，不能游动。

啤酒酵母在麦汁固体培养基上，呈乳白色的菌落，不透明、具有光泽。菌落的表面光滑、湿润，边缘比较整齐，随着培养时间的延长，菌落光泽逐渐变暗。

啤酒酵母在麦汁液体培养基中，由于发酵的缘故而液体表面会产生气泡和泡沫，并因菌体悬浮在培养基中而呈混浊状态。进入发酵后期，有的酵母细胞悬浮于液面而形成一个厚层，系上面啤酒发酵酵母；下面沉于器底者，为下面啤酒发酵酵母。

（2）啤酒酵母的细胞结构：啤酒酵母的细胞在显微镜下观察，具有细胞壁、细胞膜、细胞质、液泡、细胞核、颗粒和线粒体等。其结构如图6-1所示。

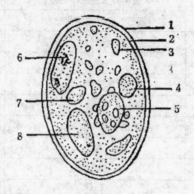

图6-1　啤酒酵母的细胞结构

1—细胞壁；2—细胞膜；3—蛋白质假晶体；4—脂肪粒；
5—液胞；6—细胞核；7—油滴；8—肝糖空泡

2.3.3 啤酒酵母的繁殖方法

酵母菌的繁殖方式可分为无性繁殖和有性繁殖两大类：无性繁殖包括芽殖、裂殖和产生无性孢子；有性繁殖主要是产生子囊孢子。在正常的营养状态下，啤酒酵母都是无性繁殖。主要以芽殖为主。

2.3.4 酵母培养

啤酒工厂的培养酵母可以分为实验室培养和生产扩大培养两部分。实验室培养是从试管扩大到种子罐（称汉生罐）为止，生产扩大培养是从种子罐扩大到零代酵母（扩大培养得到的酵母为零代酵母，在车间使用一次后得到的酵母为1代酵母，使用两次得到的酵母为2代酵母，依此类推）。这两个部分都必须安排专人负责做好这项工作。

1）酵母的纯粹培养与繁殖

原则上说来，酵母培养与繁殖，直至发酵罐正式使用前，酵母都应一直保持纯粹、无杂菌。一般现场酵母培养罐中植入的酵母，应由化验室或酵母培养室供应。为了明确责任，化验室用巴斯德瓶或卡氏罐向现场酵母培养罐接种时应有检查手续，应该用接种后留下的少量酵母种，至少做是否纯粹、无杂菌的检查。

（1）酵母培养：酵母种子如果贮存时间较长，最好先进行活化，然后再进行增殖培养。即从保存酵母种子的试管或富氏瓶内的琼脂斜面或液体麦汁中，用接种针取一耳酵母，放在装有7~10mL杀菌麦汁的试管中，在25℃下进行发酵。2~3天后，再向另一个装有7~10mL左右灭菌麦汁的试管中接种、发酵，如此，重复2、3次，酵母得以强壮后，就可进行增殖。

（2）扩大培养：扩大培养的目的一方面是获得足量的酵母，另一方面是使酵母由最适生长温度（28℃）逐步适应为发酵温度（10℃）。图6-2是扩大培养的流程。即从上述活化的麦汁试管中或保存时间不长的酵母种子经7~10mL麦汁繁殖后，在超净工作台上倾去上清液，将沉淀的酵母接入100mL麦汁中，或者在高泡期将全液倒入下一步的增殖容器中。加高泡酒，原则上以增大3~5倍量为宜（根据麦汁成分和发酵温度，以及供氧状况而不同）。根据经验，可待酵母下沉时，倾去上清液后，将沉淀酵母接入下一步的培养基中更好。扩大培养，应逐步下降培养温度，使最后培养液温度接近车间酵母培养罐所要求的温度。100mL麦汁发酵后，顺序接入1L、5L，最后接入25L的卡氏罐中。卡氏罐是连接化验室和生产现场之间的纽带。在100mL至5L的培养中，以使用培养瓶或巴斯德瓶为好，可以方便地防止杂菌污染；如果使用三角瓶则应充分注意棉塞的杀菌及棉塞上不要溅上麦汁。为了供给空气，通常瓶培养阶段，每天摇动瓶子数次；卡氏罐则以通入无菌空气力宜。

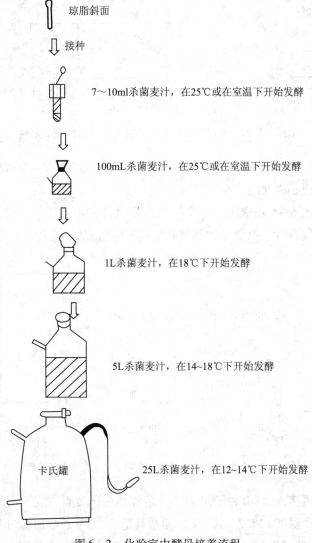

图6-2　化验室中酵母培养流程

琼脂斜面

接种

7~10ml杀菌麦汁，在25℃或在室温下开始发酵

100mL杀菌麦汁，在25℃或在室温下开始发酵

1L杀菌麦汁，在18℃下开始发酵

5L杀菌麦汁，在14~18℃下开始发酵

卡氏罐　　　25L杀菌麦汁，在12~14℃下开始发酵

　　酵母的最适合发酵温度，下面发酵酵母为25℃，上面发酵酵母为28℃，然后逐步引导至生产所需要的温度。

2）生产现场的酵母扩大培养

生产现场的酵母扩大培养，有开放和密闭扩大培养两种方法。

（1）开放式：由于密闭扩大培养投资较多，购买酵母成本又较高，小工厂可采用开放式培养。可用加盖的酵母盆或牛奶桶以及小型的槽（不锈钢或铝或者搪瓷制），若有夹套冷却更好。温度以能保持 8~15℃ 为宜。室内设有紫外光灯，要避免空气的进出。所使用麦汁为生产用麦汁，要注意器具和管道的清洁、消毒。培养程序如图 6-3 所示。

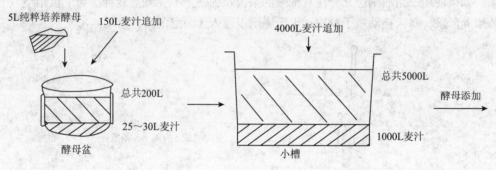

图 6-3　2.5×10^4 ~3×10^4L 添加麦汁酵母的开放繁殖

这样简单的培养，由于麦汁没杀菌，虽然不能保证确实是无菌的纯粹培养，但认真、注意地工作，酵母应是强壮的、有活力的。

（2）密闭式：图 6-4 是密闭式酵母扩大培养设备的示意图。正规的设备还应具有通无菌空气进管、出气管（包括管端的酒精封气筒）、气压表、接种阀门、视镜等。

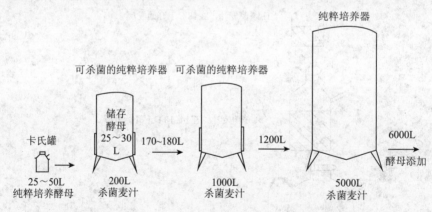

图 6-4　2.5×10^4 ~3×10^4L 添加麦汁酵母的密闭繁殖

从 25L 的卡氏罐接入 200L 种子培养罐。培养罐中的麦汁，是经过灭菌、冷却、通无菌空气的麦汁，麦汁温度 12℃ 左右，待发酵至高泡期（为了增加酵母数，可适当地通无菌空气），向下一容器移出 170~180L 发酵液。在酵母培养罐留有 20~30L 的发酵液，加杀菌、冷却（从麦汁杀菌罐来）的麦汁，麦汁数量以达到夹套上部为度，全液冷却至 2~3℃ 作为种子保存，可以不再从化验室接种。但此发酵液至少每月应更换一次新麦汁，待下一次全过程扩大培养时再接出。虽然如此，也不能无限制地重复，至少每半年应重新由化验室接种。

200L的酵母培养罐发酵至高泡期，再向1000L的杀菌（冷却、通无菌空气）麦汁中接种（第一次扩大繁殖）。开始发酵温度10℃左右。待发酵至高泡期，可向5000L的杀菌麦汁中接种。开始发酵温度约为8℃左右（第二次扩大繁殖）。此杀菌麦计可用旋流沉淀槽的麦汁，但此第二次扩大繁殖罐也应有冷却、通无菌空气的设施，例如，罐的顶部设有喷水环（自来水温度低于10℃的条件下）。此发酵液可供$2.5 \times 10^4 \sim 3 \times 10^4$L的发酵罐接种。

密闭式酵母纯粹扩大培养设备，虽可保证酵母的纯粹无菌，但也必须注意容器、管道的彻底清洁、杀菌，无菌空气必须真正的无菌。酵母扩大培养比例为4、5倍。麦汁只可在培养初期连续追加，越是接近最终扩大培养，越应减少追加次数，并减少增殖比例，因为麦汁追加法多是追加生产上的冷麦汁，容易带进杂菌。

纯粹培养的酵母在车间连续使用的代数，以4代为宜。

2.4　发酵原理及生产工艺

2.4.1　发酵原理

啤酒发酵是依靠纯种啤酒酵母利用麦芽汁中的糖、氨基酸等可发酵性物质通过一系列的生物化学反应，产生乙醇、二氧化碳及其他代谢副产物，从而得到具有独特风味的低度饮料酒啤酒。

1）糖类的酵解

啤酒酵母属兼性微生物，在有氧和缺氧的条件下均能生存。

（1）在有氧条件下，酵母进行有氧呼吸，糖类被分解为水和二氧化碳，并释放出大量热量，即

$$C_6H_{12}O_6 + 6O_2 \longrightarrow 6H_2O + 6CO_2 + 2.81 \times 10^6 J$$

（2）在缺氧的条件下，酵母进行无氧呼吸，糖类被发酵产生酒精、二氧化碳和少量热量，即

$$C_6H_{12}O_6 \longrightarrow 2C_2H_5OH + 2CO_2 + 1.13 \times 10^5 J$$

啤酒酵母发酵各种糖类的顺序是：葡萄糖、果糖、蔗糖、麦芽糖和麦芽三糖。葡萄糖和果糖首先渗入酵母细胞内而直接发酵；蔗糖需经酵母表面的蔗糖转化酶的作用，转化为葡萄糖和果糖后，才能进入酵母细胞进行发酵；上面酵母由于具有转化酶，可使麦芽糖和麦芽三糖被转化为单糖，即使在葡萄糖存在情况下，仍有发酵这两种糖的能力。而下面酵母因缺乏麦芽糖和麦芽三糖的转化酶，这两种糖需待葡萄糖和果糖的浓度降至一定程度后，由诱发而产生的转化酶发酵。即使是葡糖糖的发酵过程也极其复杂，在各种酶的作用下，经过一系列中间变化，先生成丙酮酸，最后生成酒精和二氧化碳。

啤酒发酵过程中，约有96%可发酵性糖类被分解成最终产物酒精和二氧化碳，2.5%生成其他发酵副产物，1.5%合成新的细胞。发酵副产物包括：甘油、琥珀酸、高级醇、碳基化合物（乙醛、双乙酰）、有机酸和酯类。

2）氮的同化

啤酒酵母生长的氮源，来自麦汁中的氨基酸、肽类、蛋白质、嘌呤、嘧啶和其他多种

含氮物质，这些含氮物质可供酵母繁殖和同化作用。

发酵时，出于健康的酵母细胞外蛋白酶活性微弱，因此，对麦汁中蛋白质分解作用甚微。酵母繁殖所需氮源主要是麦汁中的氨基酸，故麦汁中应有足量的氨基酸。酵母除能同化氨基酸外，还将分泌一些含氮物质于发酵液中，其量约为同化氮的1/3。

嘌呤和嘧啶是构成细胞中核糖核酸和脱氧核糖核酸的重要物质。

3）发酵代谢主要副产物

（1）连二酮：连二酮指双乙酰和2，3-戊二酮的总称，通常称为双乙酰。两者化学性质相似，但2，3-戊二酮在啤酒中含量较少，对啤酒风味影响不甚明显，而双乙酰对啤酒风味影响较大。它的感官界限值为0.1~0.2mg/L，超值时即会显示出馊饭味，故双乙酰含量已为大家所关注，是啤酒质量检测的重要指标。

双乙酰形成途径有两种：直接由乙酰辅酶A和活性乙醛缩合而成；由α-乙酰乳酸的非酶分解形成，这是双乙酰形成的主要途径。一进入发酵，便开始了双乙酰的合成和分解。主发酵前期，双乙酰前驱体α-乙酰乳酸的合成超过了双乙酰的分解。当达到最高值后，随着发酵和熟成的继续进行，双乙酰的分解远超过其合成。双乙酰在酵母还原酶的作用下，可还原生成对啤酒无不良影响的2，3-丁二醇，啤酒中双乙酰的含量是品评啤酒是否成热的主要依据。

降低双乙酰含量的措施主要有：

① 提高麦汁中α-氨基酸含量，麦汁中α-氨基氮含量控制180mg/L以上。

② 加速α-乙酰乳酸的分解速度。提高发酵温度和采取通风搅拌，可加速α-乙酰乳酸的非酶分解速度和双乙酰的还原作用。

③ 提高酵母接种量。增加酵母接种数量结合较高的发酵温度，可使双乙酰早期生成，早期还原。

④ 接种麦汁pH值。接种麦汁pH值调节至约4.4，双乙酰及其前驱物质浓度均降低。

⑤ 酒期加速还原。进入后发酵酒液中保持适量酵母，采取前高后低的贮酒温度，使酵母中的还原酶加速双乙酰还原。

⑥ 用二氧化碳洗涤。

⑦ 母菌种的选择。

（2）高级醇：高级醇一般被称为杂醇油，以异戊醇为主，高级醇的生成与氨基酸代谢作用密切相关，其形成与所使用酵母、麦汁成分和发酵条件有关。当异戊醇含量高时，啤酒饮后易引起头痛，有损啤酒的风味。

（3）乙醛：乙醛是酒精发酵的正常前驱物，醛类大量形成于主发酵前期，而后则很快下降。乙醛影响啤酒口味，当其含量超出界限值时，给人以不愉快的粗糙苦味或辛辣的腐败青草味，当乙醛与双乙酰、硫化氢并存时，则构成嫩啤酒的生青味。

（4）酯类：酯类的形成分为两个方面：一是酒液在长期的贮存过程中，由醇和酸化合而成。二是由酵母体内的高能化合物乙酰辅酶A、ATP等与醇类缩合而成，泛酸盐则起促进作用。影响酯类形成的因素有酵母菌种、酵母的接种量、发酵温度和通风量。适量的具有酯香的酯类存在于啤酒中，尚属可取，但过量时，酯香过浓而有损啤酒风味的典型性。

2.4.2　糖化时重要酶的作用

为了适应酶的特性，充分发挥酶在糖化中的作用，在研究糖化工艺和方法之前，首先要明了各种酶的作用及其最适范围。糖化时重要酶的作用及其最适范围见表 6 - 6。

表 6 - 6　糖化时重要酶的作用及其最适范围

分解过程	酶	最适 pH 值	最适温度/℃	失活/℃	分裂	产物
淀粉分解	β - 淀粉酶	5.4 ~ 5.6	60 ~ 65	70	α - 1, 4 键末端基	麦芽糖
	α - 淀粉酶	5.6 ~ 5.8	70 ~ 75	80	α - 1, 4 键内	糊精
	界限糊精酶	5.1	55 ~ 60	65	α - 1, 6 键	糊精
	麦芽糖酶	6.0	35 ~ 40	45	麦芽糖	葡萄糖
	蔗糖酶	6.5	50	55	蔗糖	葡萄糖、果糖
蛋白分解	内肽酶	3.9 和 5.5	45 ~ 50	60	肽的内部	短链肽
	羧基肽酶	4.8 ~ 6.6	50	70	肽的羧基末端	氨基酸
	氨基肽酶	7.0 ~ 7.2	45	55	肽的氨基末端	氨基酸
	二肽酶	8.8	45	50	二肽	氨基酸
骨架物质	内 β - 1, 4 - 葡聚糖酶	4.5 ~ 4.8	40 ~ 45	55	β - 1, 4 键	低分子量的 β - 葡聚糖
	内 β - 1, 3 - 葡聚糖酶	4.6 和 5.5	60	70	β - 1, 3 键	
	β - 葡聚糖溶解酶	6.6 ~ 7.0	62	73	蛋白质和 β - 葡聚糖之间的键	高分子量的 β - 葡聚糖
其他	磷酸酶	5.0	50 ~ 53	60	有机磷酸盐	磷酸

2.4.3　糖化方法

目前，国内啤酒工厂绝大部分采用二次糖化法，也有些工厂采用一次糖化法，但很少采用三次糖化法。

1）二次糖化法

二次糖化法又称一次煮出法，就是在糖化过程中，要兑出一部分醪液进行煮沸，然后并入未煮沸部分，以提高混合醪液的温度，达到分段糖化的目的。根据醪液煮沸的次数，分别称之为一次、二次和三次煮出法。

根据国内的啤酒生产条件和所生产的啤酒类型，采用二次糖化法已可很好地满足生产的要求，但如果原料质量较好，糖化工艺条件适宜，采用一次糖化法是有利的。因为一次糖化法可以缩短糖化周期，麦汁颜色较浅，无麦壳有害成分煮出，还可降低能源消耗。

二次糖化法是国内常用的糖化法。二次糖化法是经预煮的辅料醪与麦芽醪混合，使之升温到预定的糖化温度以后，进行保温糖化（30 ~ 60min），然后，兑醪约 1/3，返回糊化锅进行煮醪，再并入糖化锅，使温度提高到过滤麦汁的温度。这种糖化方法的生产周期稍长，但糖化效果好，浸出率较高，制成的啤酒质量好，而且糖化工艺控制较灵活，适应性也强，麦芽质量要求虽也较高，但质量变化对糖化效果的影响要比一次糖化法小。二次糖化法辅料用量比一次糖化法高，一般可用到 35% ~ 38%，有时可用到 40% ~ 42%。二次糖化法的工艺过程如图 6 - 5 所示。

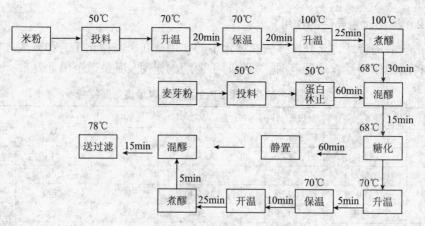

图 6-5　二次糖化法的工艺过程

2）快速糖化法

快速糖化法是近几年才在国内外采用的方法，并逐步为大家所接受和认识，它的特点是：

（1）投料温度高，辅料的投料温度可达 65～70℃，麦芽的投料温度可达 50～55℃，这样的煮醪过程较迅速，蛋白休止时间较短。

（2）煮醪、蛋白休止与糖化时间适度，不固定时间。例如煮醪（100℃）时间可在 0～15min 内任意调节，糖化过程以碘反应良好为基础，这样，可以相应地变更各个阶段的时间，以限制整个糖化过程的周期。

（3）类似浸出法的升温过程，升温的温度和保温时间，视需要而定。酶的作用效果可以在各个温度阶段得到充分的发挥。

快速糖化法速度快，日糖化次数多，设备周转率高，生产的麦汁组成良好，可以符合发酵的要求。但是，快速糖化法的基本要求是麦芽质量要好（糖化力高，蛋白溶解度好），粉碎度要适宜，辅料比例不宜用得太高。这种方法的缺点是原料利用率受麦芽质量和粉碎溶的影响较大。快速糖化法的工艺过程如图 6-6 所示。

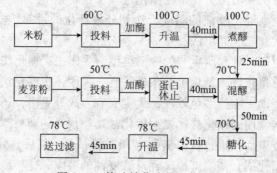

图 6-6　快速糖化法的工艺过程

在国内，根据糖化过程中是否添加酶制剂，还将糖化方法分为酶法糖化和传统糖化两类。加酶糖化法与传统糖化法的工艺过程大致相似，主要用于以下几种情况：

（1）在麦芽质量较好的情况下，进一步提高辅料的使用比例，降低生产成本，提高原料利用率和产量。

（2）在麦芽质量较差的情况下，用于改善糖化的效果，改进麦汁的组成。

（3）代替麦芽，作为辅料的液化酶来源。

2.4.4 发酵工艺

啤酒发酵过程中主要涉及糖类和含氮物质的转化以及啤酒风味物质的形成。由于酵母类型的不同，发酵的条件和产品要求、风味不同，发酵的方式也不相同。

1）传统的发酵工艺

传统的发酵法，一般都理解为前、主发酵用发酵槽（池）、后发酵用卧式贮酒罐设备的古老的发酵方法。但即使使用这种设备，近年来利用现代科学技术，已经产生了很多快速发酵法。前、主发酵 10~12 天、后发酵 6~8 周（优质啤酒至少 3 个月）的古老工艺，发酵池在国外也已几乎绝迹，我国新建厂也已经无开口发酵池，其主要原因为卫生条件难以控制，生产能力低、生产操作条件恶劣。

（1）酵母的添加

目前，国内啤酒厂的酵母添加量都是按麦汁容量计算的，为麦汁容量的 0.6%~0.8%，从理论上讲，正确添加酵母菌的方法应以酵母细胞数作为控制标准，一般控制每毫升麦汁酵母细胞达到 10×10^6 个。

用比较大的酵母添加量，可加快发酵速度，并使酵母占优势，抑制杂菌生长。但一般不采取太高的酵母添加量，因为在麦汁中固定的酵母营养物质供给下，会减弱酵母的生长，不但减少了酵母的收获比率，而且容易使酵母老化，致使添加的酵母逐步退化并易自溶，产生不愉快的口味。

酵母添加温度对整个发酵过程会起决定性的作用。添加温度高，不仅开始发酵快，而且全发酵过程也比较强烈。但发酵温度高，物质代谢比较强烈，形成的发酵副产物也比较多，会影响啤酒口味。发酵酵母添加温度一般为 5~7℃。此外，酵母添加时需要通风供氧。

（2）主发酵工艺过程

主发酵又分为两个过程，即前发酵和主发酵。其中包含酵母增殖期、起泡期、高泡期、落泡期和泡盖形成期五个阶段。前发酵又称酵母增殖期。前发酵的时间应根据发酵温度和酵母增殖情况，一般需 16~24h，生产中一般通过观察啤酒的起泡状况来确定是否结束前发酵。前发酵的主要作用是除去麦汁中影响啤酒酵母细胞增殖、发酵及不利于啤酒口味的冷凝固物。主发酵是啤酒发酵的主要过程，是酵母的活性期，该时期为酵母的厌氧发酵阶段。其间，酵母增殖缓慢，将可发酵性糖类生成酒精和二氧化碳，同时，酵母的代谢产物也在此间完成。主发酵的发酵时间，应由发酵温度、工艺条件等决定，长者达 9~12 天，短者为 5~7 天。

糖化麦汁经冷却至酵母接种温度，送入酵母增殖槽，添加酵母，通入无菌压缩空气，使酵母与麦汁混合均匀，并有一定量氧气溶解于其中，供酵母呼吸作用。经 16~24h 酵母增殖后，麦汁表面出现一层较薄的白色泡沫，便可进行倒槽，酵母增殖阶段结束。将酵母增殖后的发酵液泵入主发酵池，倒槽后的发酵液中，已溶解的氧已基本被消耗，酵母开始进行厌氧发酵。此后，每天应定时检查发酵液的温度和糖度的下降情况。约经发酵 3 天后，发酵液品温达到工艺所规定的最高温度，开始使用发酵池中所附设的冷却管，控制该温度保持 2~3 天。此时期发酵旺盛，糖的消耗较快，为高泡期阶段。此后，应根据工艺要求，以发酵品温控制降糖速度，直至达到主发酵结束时的糖度和温度要求后，主发酵即告结束。将发酵液表面泡盖捞去，送至贮酒室进行后发酵。其发酵液中的酵母量应保持适度，不可过多或过少。而主发酵池底部的沉积酵母，以规定方法进行回收、处理，保存备用。传统主发酵工艺技术条件见表 6-7。

表 6-7　主发酵工艺技术条件

项目		技术条件
发酵室温度/℃		5~6
冷麦汁 pH 值		5.2~5.6
冷麦汁的溶解氧/ppm		0~8
添加酵母时麦汁温度/℃		5~7
酵母添加量（泥状酵母）/%		0.5~0.8
添加酵母后发酵液中酵母数/（个/mL）		$(5.0~6.5) \times 10^6$
酵母增殖时间/h		16~24
发酵时最高温度		7.5~10
发酵过程发酵液最高酵母数/（个/mL）		$(5.0~7.0) \times 10^7$
消糖情况	起泡期/（BX/天）	0.3~0.5
	高泡期（BX/天）	1.2~1.6
	落泡期（BX/天）	0.5~0.8
	泡盖形成期（BX/天）	0.2~0.4
发酵用冷却水水温/℃		0.5~2.0
发酵终了时发酵液温度/℃		4~5
下酒时外观浓度/BX		3.8~4.2
下酒时外观发酵度与最终发酵度之差/%		3~5（添加高泡酒）
		10 左右（不添加高泡酒）
主发酵时间/天		6~8
下酒时发酵液中酵母数/（个/mL）		$(1.2~1.5) \times 10^7$（添加高泡酒）
		$(0.5~1.0) \times 10^7$（不添加高泡酒）
主发酵终了时发酵液 pH 值		4.2~4.6
发酵液生物稳定性（25℃无杂菌生长）/天		3~5

（3）后发酵工艺过程

后发酵又称啤酒的后熟或贮藏。将经过主发酵并去除大量沉淀酵母的发酵液，平缓地送至一定容量的密闭容器中，在低温条件下，历经一段时间，使酒液澄清、二氧化碳气体饱和及达到口味熟的啤酒。

后发酵的作用：

① 使发酵液中残糖继续发酵。进入后酵的发酵液，尚残留部分可发酵性的麦芽糖和麦芽三糖，在低温下使其缓慢继续发酵，酒精和二氧化碳继续生成，生成的二氧化碳则在密闭容器内不断溶于酒内，并达到饱和状态。

② 使发酵液加快成熟。后发酵初期所生成的二氧化碳，在排出贮酒罐时，将酒内所含有的一些生酒味挥发成分，如乙醛、硫化氢、双乙酰等排出，完成双乙酰还原任务，减少酒液不成熟物质，加快啤酒的成熟。

③ 促进啤酒液的澄清。在较长的后发酵期中，在低温和低 pH 值的条件下，酒液中悬浮的酵母、冷凝固物、酒花树脂等，进行缓慢沉淀，而使啤酒逐渐澄清，便于过滤。

④ 改善酒的非生物稳定性。在较低贮酒温度下，酒液中易形成混浊的蛋白质单宁复合物逐渐析出而易被过滤除去，提高保质期。

下酒方法分为上面下酒、下面下酒和混合下酒法。把主发酵液经管道从贮酒罐上口缓慢入罐者，称为上面下酒法，该下酒法酒液泡沫产生较多，不易满罐，但可促使酒液中酵母重新分散，可使发酵旺盛，二氧化碳产生也快；主发酵液从贮酒罐的放酒阀入罐者，称为下面下酒法，该方法酒液进罐稳定，不易产生泡沫，罐内液面及数量易于控制；若把一批发酵液分别下入两三个后酵罐，然后再将另一批发酵液分别注满者，称为混合下酒法，该方法可使产品质量均一，并促进酒液中酵母再分散而利于旺盛发酵，加快酒液的成熟。下酒方法的选择，一般根据方法的利弊、发酵液的品质和习惯操作而定。

下酒后，对发酵温度和二氧化碳压力的控制十分重要。下酒开口发酵 2～3 天后，进行封罐密闭发酵，控制二氧化碳压力 0.05～0.08MPa，若压力超过 0.1MPa，利用放空阀排压。如果下酒时发酵液酵母细胞数在 5×10^6 个细胞/mL，可发酵糖在 1.5% 以上，二氧化碳的压力是可以缓慢上升达到要求的，否则可加入 10%～15% 的高泡酒。贮酒室温度的控制，传统的方法处别用室温的调节来对酒液温度的控制。如果采用贮酒前期温度高（3～5℃），后期温度低（−1～1℃）的方法，可促进双乙酰的还原，并有利于酒液的沉淀和澄清。

2）大容量发酵罐的生产技术

自 1982 年 6 月在济南白马山啤酒广召开露天发酵罐推广现场会以来，露天发酵罐已在全国推广，无论老厂扩建或新建厂，几乎全都采用圆筒圆锥罐（简称锥形罐）。

室外发酵罐还有一大优点：由于每个罐可以单独自由冷却和升温，与其他罐互不干扰，能够适应各种工艺。一罐法的主要缺点是主发酵需要留有一定的空容，以免啤酒、主要是泡沫的涌出，而低温的贮酒期留有 5%～8% 空容即可。在贮酒期至少约损失了 10%～15% 左右的容量。补救的办法，可在贮藏期用同龄的嫩啤酒或涌泡酒补充，因此设计时必碍考虑成熟期也有冷却区，也能进行冷却。

（1）适合于传统的发酵和熟成的方法（两罐法）

发酵在正常的酵母添加量（0.5%～0.7%）下进行，通风搅拌后温度为 6～7℃，在 8.5～9.5℃下，一直发酵到接近最终发酵度，首次收获酵母，继续冷却，在 12h 内冷却至 7℃，并放置沉淀 12～24h 后，再次收酵母。然后泵至贮藏灌内并加入发酵度为 25% 左右的涌泡酒 12%～15%，贮藏温度停留于 7℃，直至总双乙酰还原至 0.1mg/L（7～8 天），继续在 3～5 天内冷却至 0～1℃，排出酵母再贮存两周。此方法的总时间为 4～5 周，如图 6−7 所示。

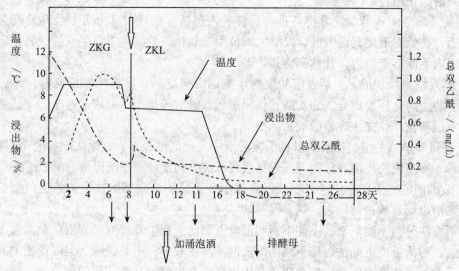

ZKG—圆形锥底发酵罐；ZKL—圆形锥底贮酒罐

图6-7　适合于传统的发酵和熟成

这种啤酒是成熟的而且很纯正，通过加涌泡酒，有新鲜、柔和的特点，能接受高的苦味质含量（适用做苦味型啤酒）。

（2）低温主发酵、自然升温12℃熟成（一罐法）

这一方法曾是轻工业部食品发酵研究所与北京啤酒厂共同进行的"露天罐一罐法和两罐法的研究"所采用的工艺。

酵母添加温度5.5~6.5℃，酵母添加量约为0.8%，主发酵最高温度8.5~9℃（不可超过9.5℃），保持此温度继续进行发酵，当外观发酵度达到55%~60%时，自然升温至12℃，如果可能升至13~14℃也无妨，以加强分解双乙酰。当发酵度降至与最终发酵度差10%~12%时，开始升压，压力升至90~100kPa，并继续分解双乙酰，直至总双乙酰降到0.1mg/L以下时，开始缓慢降温，开上下部冷却区（开下部冷却区，是为了保护酵母，不使沉降下来的酵母升温）降温，以约0.3℃/h左右的速度冷却至5℃，保持此温度12~24h，然后排出酵母约2/3，作为下次发酵时，用于添加用的酵母。然后继续以0.1℃/h的速度，降温至1.5℃，再保持1.5℃约12~24h，再排酵母（如果酵母沉淀不好，5℃时排出太稀，则在保持1.5℃后排酵母，作为下次发酵用），然后再以约0.1℃/h的速度降温至0~1℃。在-1℃下至少保持7天，在0℃下至少保持10天。这是为了使浮游物沉淀，有利于过滤，更主要的是，不如此就不足以使CO_2充分溶解于啤酒中，尤其胶体吸附CO_2，需要一定时间。然后准备过滤，滤前两天调压至40~50kPa，过滤开始前再排酵母，然后连接出酒管，送酒去过滤。

此方法全发酵期约需22天，如果麦芽质量好类似的方法可用20~21天完成。

该方法所制成的啤酒，口味是纯正的，没有发酵副产物的异味，与传统工艺所制成的啤酒不相上下，可互比高低。

2.5 啤酒生产中的主要设备

2.5.1 麦汁过滤槽

麦汁过滤方式主要有麦汁过滤槽和过滤机，使用麦汁过滤槽远远多于使用麦汁过滤机，麦汁过滤槽的过滤介质为麦壳组成的麦糟层。麦汁过滤槽的基本结构如图6-8所示。麦汁过滤槽可以分为以下4个部分。

（1）槽体部分

槽体部分主要由圆柱形槽体、槽盖和风筒组成。槽盖主要用于安装CIP装置、照明装置和风筒等，同时也为了外观的需要。槽体底部需安装假底，假底用于安装麦汁滤管和冲洗水管。

（2）麦汁过滤系统

麦汁过滤系统主要由麦汁收集器、麦汁过滤泵、流量计、视镜或浊度计、麦汁过滤控制系统等组成。视镜或浊度计用来监测过滤麦汁的清亮程度。麦汁过滤控制系统包括流量控制阀、瞬间流量和累积流量显示与记录、压差显示与记录、防真空系统以及麦汁浓度测定仪。

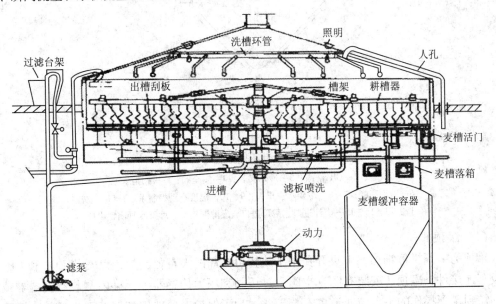

图6-8 麦汁过滤槽的基本结构

（3）清洗系统

清洗系统包括上部清洗和下部清洗两个部分，上部清洗主要对槽体和假底进行清洗，下部清洗主要对槽底和假底的反面进行清洗。

2.5.2 发酵大罐

目前主要的发酵大罐有大型圆柱锥底罐、朝日罐、通用罐和球形罐，其中大型圆柱锥底罐应用最广。大型圆柱锥底罐的基本结构如图6-9所示。

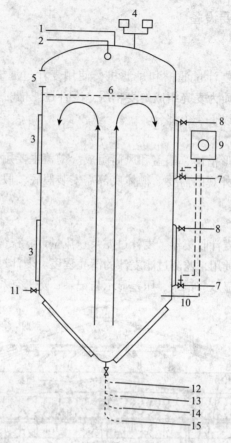

图 6-9　大型圆柱锥底罐示意图

1—排气管；2—CIP 洗涤；3—冷却夹套；4—安全阀；5—罐顶法兰；
6—液面高度；7、8—冷媒水进出口；9、10—温度自动控制系统；11—取样口；
12、13、14、15—麦汁进口、酵母进口、发酵液出口、酵母冷凝固物出口

（1）罐顶部分

罐顶为一圆拱形结构，中央开孔用于放置可拆卸的大直径法兰，以安装 CO_2 和 CIP 管道及其连接件，罐顶还安装有防真空阀、过压阀和压力传感器等，罐内侧装有洗罐器或洗球，需到罐顶操作的平台与通道也安装于此。为了保护罐顶部件和保持卫生条件，罐顶还需安装帽罩，对一些大型的露天罐，也有做成操作室的，以便于操作。

（2）罐体部分

罐体为圆柱体，是大罐的主体。大罐的高度主要取决于圆柱体的直径与高度，由于大直径的罐耐压较低，所以大罐的直径一般都不超过 6m。罐体外部用于安装冷却部分和保温层，并留有一定的位置安装测温、测压的元件。罐体部分的冷却层有各种各样的形式，如盘管（矩形或圆弧形）、米勒板、夹套式等，并分成 2～3 段，用管道引出与冷媒水进管相连，冷却层外覆以泡沫塑料的保温层，为了保护保温层，在保温层外应再包裹一层铝合全或不锈钢板的表面。

（3）圆锥底部分

圆锥底的夹角多为 60°~80°，也有 90°~110° 的，但这多用于大容量的罐。大罐圆锥底的高度与夹角有关，如夹角太小会使锥底部分很高，一般大罐锥底占总高度的 1/4 左右，不超过 1/3。圆锥底的外壁安装冷却层，也有不安装的。锥底部分需安装进出管道、阀门与视镜、测温、测压的传感元件等。

大罐的直径与高度之比一般为 1:2~1:4，总高度一般不超过 16m，太高则酵母承受压力过大。径高比过低，对流加强，影响酵母与凝固物的沉降，会造成双乙酰峰拖后和酯含量过小；但直径与高度之比越接近 1:1，充满系数就越低，推荐径高比为 1:2。制罐的材料可以使用不锈钢或碳钢，如果使用碳钢，内壁应涂以对啤酒口味没有影响并且无毒的涂料。考虑到排放酵母、洗罐的效果和液体对流等方面的原因，罐体内壁必须平整、光滑，不锈钢制作的罐内壁应该抛光，碳钢制作的罐内壁的涂料应均匀平整、无凹凸面、无颗粒状凸起。特别锥底更应光滑平整，否则酵母排放不干净。为防止酵母排放不干净，可在锥部中间向上插入一管，或在锥底出口管中插入一个内管作为出酒口，管的上口正好在堆积酵母层的上部，以避免锥底部酵母的波动。

3 制订工作计划

通过工作任务的分析，对啤酒生产所需原料及糖化发酵工艺已有所了解。在总结上述资料的基础上，通过同小组的学生讨论，教师审查，最后制订出工作任务的实施过程和计划。

3.1 确定啤酒生产工艺

啤酒生产工艺流程可以分为制麦、糖化、发酵、包装四个工序。现代化的啤酒厂一般已经不再设立麦芽车间，因此制麦部分也将逐步从啤酒生产工艺流程中剥离，前面已经简单介绍制麦工序，这里不再介绍。其工艺流程如图 6-10 所示。

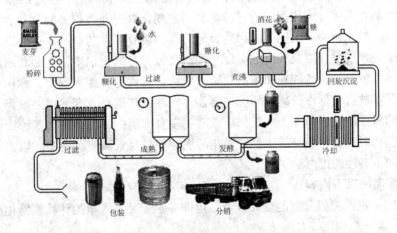

图 6-10 啤酒生产工艺流程图

我们的任务是制作全麦芽啤酒，不使用麦芽辅助原料，可不使用糊化；发酵与成熟在图中为两罐发酵，如使用一罐发酵法，则在同一大罐中进行。

3.2 确定啤酒生产的原料及菌种

由学生分组讨论，因地制宜，立足本地资源。筛选出原料充足、价格便宜、易于储运、易于发酵后处理，适宜啤酒生产的原料及菌种。选择生产原料麦芽、酒花和水，生产菌种选择下面发酵酵母。

3.3 确定啤酒酵母的培养方案

由同小组的学生讨论并总结出酵母的培养条件，通过讨论、总结得出酵母培养的方法、步骤和工艺。

纯种分离方法有稀释分离法、画线分离法和单细胞分离法，其中单细胞分离法因可用显微镜直接检查，其纯度能得到充分保证。把分离培养的纯种酵母接种到麦汁琼脂斜面培养基上，生成菌落后加以保藏。

菌种的扩大培养可使用下面流程（实验室培养）：

麦汁斜面菌种→麦汁平板（28℃，2天）→镜检，挑单菌落3个，接种50mL麦汁试管（或三角瓶）（20℃，2天，每天摇动3次）→550mL麦汁三角瓶（15℃，2天，每天摇动3次）→计数备用。

取协定法制备的麦芽汁滤液（约400mL），加水定容至约600mL，取50mL装入250mL三角瓶中，另外550mL至1000mL三角瓶中，包上瓶口布后，0.05MPa灭菌30min。

按上面流程进行菌种的扩大培养。注意无菌操作。

3.4 确定糖化过程

麦芽、大米等原料由投料口或立仓经斗式提升机、螺旋输送机等输送到糖化楼顶部，经过去石、除铁、定量。麦芽在送入酿造车间之前，先被送到粉碎塔。在这里，麦芽经过轻压粉碎制成酿造用麦芽。进入糊化锅、糖化锅糖化分解成醪液，经过滤槽、压滤机过滤，然后加入酒花煮沸，去热凝固物，冷却分离。糊化处理即将粉碎的麦芽、谷粒与水在糊化锅中混合。糊化锅是一个巨大的回旋金属容器，装有热水与蒸汽入口，搅拌装置如搅拌棒、搅拌桨或螺旋桨，以及大量的温度与控制装置。在糖化锅中，麦芽和水经加热后沸腾，这是天然酸将难溶性的淀粉和蛋白质转变成为可溶性的麦芽提取物，称作麦芽汁或麦汁。然后麦芽汁被送至称作分离塔的滤过容器。麦芽汁在被泵入煮沸锅之前需先在过滤槽中去除其中的麦芽皮壳，并加入酒花和糖煮沸；在煮沸锅中，混合物被煮沸以吸取酒花的味道，并起色和消毒。在煮沸后，加入酒花的麦芽汁被泵入回旋沉淀槽，以去除不需要的酒花剩余物和不溶性的蛋白质。

此过程需明确以下内容：

（1）生产一定的啤酒需要的麦芽数量，也即一定麦芽用水量的计算。糖化用水量一般按下式计算：$W = A (100 - B) / B$

式中：B——过滤开始时的麦汁浓度（第一麦汁浓度）；

A——100kg 原料中含有的可溶性物质（浸出物重量百分比）；

W——100kg 原料（麦芽粉）所需的糖化用水量（L）。

例：我们要制备 60L10 度的麦芽汁，如果麦芽的浸出物为 75%，请问需要加入多少麦芽粉？因为 $W = 75 (100 - 10) / 10 = 675L$

即 100kg 原料需 675L 水，则要制备 60L 麦芽汁，大约需要添加 10kg 的麦芽和 60L 左右的水（不计麦芽溶出后增加的体积）。

（2）麦芽的粉碎。粉碎最好用 EBC 粉碎机，若用 1 号筛粉碎，细粉约占 90%，用 2 号筛粉碎细粉约占 25%。对溶解度好的麦芽，建议用 2 号筛。因为细粉太多影响过滤速度。一般要求粗粒与细粒（包括细粉）的比例达 1:2.5 以上。麦皮在麦汁过滤时形成自然过滤层，因而要求破而不碎。如果麦皮粉碎过细，不但会造成麦汁过滤困难，而且麦皮中的多酚、色素等溶出量增加，会影响啤酒的色泽和口味。但麦皮粉碎过粗，难以形成致密的过滤层，会影响麦汁浊度和得率。麦芽胚乳是浸出物的主要部分，应粉碎得细些。

为了使麦皮破而不碎，最好稍加回潮后进行粉碎。

（3）选择和合适的糖化工艺。对于全麦芽啤酒制备，选择快速糖化法较好。

（4）调节合适的 pH 值。

（5）选择麦芽冷却的合适方法。

3.5 发酵过程

洁净的麦芽汁从回旋沉淀槽中泵出后，被送入热交换器冷却。随后，麦芽汁中被加入酵母，开始进入发酵的程序。在发酵的过程中，人工培养的酵母将麦芽汁中可发酵的糖分转化为酒精和二氧化碳，生产出啤酒。发酵在 8 个小时内发生并以加快的速度进行，积聚一种被称作"皱沫"的高密度泡沫。这种泡沫在第 3 或第 4 天达到它的最高阶段。从第 5 天开始，发酵的速度有所减慢，皱沫开始散布在麦芽汁表面，必须将它撇掉。酵母在发酵完麦芽汁中所有可供发酵的物质后，就开始在容器底部形成一层稠状的沉淀物。随之温度逐渐降低，在 8 ~ 10 天后发酵就完全结束了。整个过程中，需要对温度和压力做严格的控制。当然啤酒的不同、生产工艺的不同，导致发酵的时间也不同。通常，贮藏啤酒的发酵过程需要大约 6 天，淡色啤酒为 5 天左右。发酵结束以后，绝大部分酵母沉淀于罐底。酿酒师们将这部分酵母回收起来以供下一罐使用。除去酵母后，生成物"嫩啤酒"被泵入后发酵罐（或者被称为熟化罐中）。在此，剩余的酵母和不溶性蛋白质进一步沉淀下来，使啤酒的风格逐渐成熟。成熟的时间随啤酒品种的不同而异，一般在 7 ~ 21 天。

发酵时利用各种参数来反映发酵条件和代谢变化，并根据代谢变化来控制发酵条件，使生产菌的代谢沿着需要的方向进行，以达到预期的生产水平。因此，让学生必须了解与发酵相关的主要参数，并通过同小组学生讨论，并制定出各参数的控制方法。

明确温度对菌体生长繁殖、合成产物的影响，确定菌体生长以及产物合成所需的最适温度范围，以及通过发酵罐的夹套等对温度进行有效调控，明确接种量。

明确 pH 值对菌体生长繁殖及对产物合成代谢的影响。通过查阅文献和试验确定菌体生长、产物合成的所需的最适 pH 值以及调控 pH 值方法。确保发酵液 pH 值保持准确、稳定。

明确溶氧对发酵的影响及调控方法。通过查阅文献、试验调试等方法，确定发酵过程中的搅拌速度、通气量和维持的罐压。以满足不同发酵阶段对溶氧量的需要。

3.6 过滤分装

经过后发酵而成熟的啤酒在过滤机中将所有剩余的酵母和不溶性蛋白质滤去，就成为待包装的啤酒。

酿造好的啤酒先被装到啤酒瓶或啤酒罐里，然后经过目测和液体检验机等严格的检查后，再被装到啤酒箱里出厂。

4 工作任务实施

通过前面对工作任务——啤酒生产过程分析，已经对生产啤酒所需的原料、麦芽制作、糖化和发酵工艺、运行操控参数以及发酵设备等相关技术资料等基本知识有所了解和掌握。下面就啤酒生产的实际工作任务进行实施。

4.1 原料选用

根据要求选择合适的原料，并对原料进行检查。

4.2 原料的粉碎

选用 EBC 粉碎机，用 2 号筛粉碎，细粉约占 25%。

4.3 糖化工艺的确定

料水比为 1:3.5

（1）53℃水温下料，保温 40min，15min 搅拌一次；

（2）升温 65℃后，停止加热，保温 60min，15min 搅拌一次；

（3）升温至 78℃时打入过滤槽（过滤槽先用糖化锅中下料前的 53℃水注至过滤板面露出）；

（4）静置 10min 后过滤，将含杂质的麦汁用桶接住慢慢倒回过滤槽，待麦汁澄清后开始过滤；

（5）待露出糟头时，用 78℃的水洗糟。（洗糟水是糖化完成后，把糖化锅洗净加水升温至 78℃待用）洗糟水用量为 50L 左右；

（6）过滤完毕后将麦汁打入糖化锅加热，煮沸后 5min 时加苦啤酒花 40g，30min 后再加 40g 香花，再煮沸 10min 后，停止加热；

（7）继续开搅拌，用自来水将 100℃左右的麦汁降至自来水温；

（8）麦汁降温后继续在糖化锅中静置 20~30min 后，开排污阀将酒花糟排出。

4.4 发酵工艺的确定

（1）发酵罐清洗杀菌，将发酵罐降温至 0℃左右；

（2）将酵母接部分麦汁混合后倒入糖化锅至发酵罐的软管后接好至发酵罐。同时充氧（无菌风）3min，酵母添加量约为 0.8%；

（3）排完酒花槽后将麦汁打入发酵罐，同时将发酵罐的温度调到 9～9.5℃；

（4）发酵罐控温 9.5～10℃进行主发酵，待糖度降至 4BX 时，关闭上端排气阀进行后发酵（压力表调至 0.12～0.16MPa）；

（5）将发酵罐控温 9.5～10℃后发酵 4 天后，进行缓慢降温，压力保持 0.14～0.16MPa；

（6）以 2℃/天的速度降温至 4℃，后保持 24h，2℃分 4 次降温，每次 0.5℃；

（7）以 3h/℃的速度将发酵罐降温至 1～1.5℃，保持此温度 3～5 天（贮酒）后，可以品尝；

（8）发酵罐的温度控制靠调节自动温控仪实现。

5　工作任务检查

通过同小组的学生互查、讨论，对工作任务的实施过程进行全程检查，最后由教师审查，并提出修改意见。检查主要内容为：

5.1　原材料及培养基组成的确定

由学生分组讨论，因地制宜地提出生产原料、培养基组成和配比，并说明选择的理由和依据，由指导老师审核，并提出修改意见，讲解原因。

5.2　培养基及发酵设备的灭菌

每一小组的学生都要对本工作任务的生产原料、培养基、设备管道和空气的灭菌实施过程进行检查、互查。指导教师根据学生的检查情况，要对空消、实消和空气灭菌的工艺过程逐一进行审查。特别是对生产过程中是否发生杂菌污染、溢料情况进行检验、审查。

5.3　酵母的扩大培养确定

由同小组的学生对生产菌种的扩大培养条件、种龄、接种量数等实施过程进行互查和讨论，并对方案实施过程中出现的问题提出改进意见，由指导教师审查。

5.4　糖化、发酵工艺及操控参数的确定

让学生结合本情境实施的糖化、发酵工艺和设备，对啤酒糖化、发酵设备的选用、糖化、发酵方式以及糖化、发酵温度、pH 值、通气量等糖化、发酵参数的调控进行检查和讨论，由指导教师审查后提出修改意见。

总之，通过对工作任务的检查，让学生发现在啤酒这一生产任务的实施过程中出现的问题、错误以及取得的成绩，有利于学生在今后实际工作中改进和完善，提高其岗位操作、处理问题的综合技能。

6 工作任务评价

根据每个学生在工作任务检查中的表现以及实际操作等情况进行任务评价。采用小组学生之间和不同小组之间互评，由指导教师根据量化的评分标准给出最终评价。本工作任务总分 100 分，其中理论部分占 40 分，生产过程及操控部分占 60 分。

6.1 理论知识（40 分）

依据学生在本工作任务中对啤酒发酵生产方面理论知识的掌握和理解程度，每一步实施方案的理论依据的正确与否进行量化。以小组学生之间互评为依据，由指导教师给出最终评分，必要时可通过理论试卷考试。

6.2 生产过程与操控（60 分）

6.2.1 原料识用与培养基的配制（10 分）

①碳氮源及无机盐、生长素的选择是否准确；②称量过程是否准确、规范；③加料顺序是否正确；④物料配比和制作是否规范、准确。

6.2.2 培养基和发酵设备的灭菌（10 分）

在啤酒生产以前，学生必须对培养基、设备、管道和通入的空气进行灭菌，确保发酵过程中无杂菌污染现象。因此，指导教师要对以上环节对学生作出评分，并进行情境实施过程中是否被杂菌感染进行检查，根据检测结果进行最终评价。

6.2.3 种子的扩大培养（10 分）

根据学生在谷氨酸生产菌种的扩大培养过程中的操作的规范程度、温度、pH 值、摇床转速或通气量的调控能力，接种消毒操作、接种量和种龄的控制方面由指导教师进行打分。

6.2.4 糖化、发酵工艺及参数的操控（25 分）

①温度控制及温度调节是否准确；②pH 值控制及调节是否准确及时；③根据发酵现象调控通气量是否及时准确；④泡沫控制是否适当、消泡剂的加入是否及时准确；⑤发酵终点的判断是否准确；⑥发酵过程中是否出现染菌、溢料等异常现象。

6.2.5 产品质量（5 分）

检验项目：参见质量标准 GB 4927—1991。

7 知识拓展

7.1 协定法糖化试验

协定法糖化试验是欧洲啤酒酿造协会（EBC）推荐的评价麦芽质量的标准方法，用该法进行小量麦芽汁制备，并借此评价所用麦芽的质量。

由水浴和500~600mL的烧杯组成糖化仪器，杯内用玻棒搅拌。实验时杯内液面应始终低于水浴液面。最好采用专用糖化器：该仪器有一水浴，水浴本身有电热器加热和机械搅拌装置。水浴上有4~8个孔，每个孔内可放一糖化杯，糖化杯由紫铜或不锈钢制成，每一杯内都带有搅拌器，转速为80~100转/分，搅拌器的螺旋桨直径几乎与糖化杯同，但又不碰杯壁，它离杯底距离只有1~2mm。

1）协定法糖化麦汁的制备

（1）取50g麦芽，用植物粉碎机将其粉碎。

（2）在已知重量的糖化杯（500~600mL烧杯或专用金属杯）中，放入50g麦芽粉，加200mL，温度为46~47℃的水，于不断搅拌下在45℃水浴中保温30min。

（3）使醪液以每min升温1℃的速度，升温加热水浴，在25min内升至70℃。此时于杯内加入100mL 70℃的水。

（4）70℃保温1h后，在10~15min内急速冷却到室温。

（5）冲洗搅拌器。擦干糖化杯外壁，加水使其内容物准确称量为450g。

（6）用玻璃棒搅动糖化醪，并注于干漏斗中进行过滤，漏斗内装有直径20cm的折叠滤纸，滤纸的边沿不得超出漏斗的上沿。

（7）收集约100mL滤液后，将滤液返回重滤。过30min后，为加速过滤可用一玻璃棒稍稍搅碎麦槽层。将整个滤液收集于干烧杯中。在进行各项试验前，需将滤液搅匀。

2）糖化时间的测定

（1）在协定法糖化过程中，糖化醪温度达70℃时记录时间，5min后用玻璃棒或温度计取麦芽汁1滴，置于白滴板（或瓷板）上，再加碘液1滴，混合，观察颜色变化。

（2）每隔5min重复上述操作，直至碘液呈黄色（不变色）为止，记录此时间。

由糖化醪温度达到70℃开始至糖化完全无淀粉反应时止，所需时间为糖化时间。报告以每5min计算：

如<10min；

10~15min；

15~20min等。

正常范围值：

浅色麦芽：15min内；

深色麦芽：35min内。

3）过滤速度的测定

以从麦汁返回重滤开始至全部麦芽汁滤完为止所需的时间来计算，以快、正常和慢等来表示，1h内完成过滤的规定为"正常"，过滤时间超过1h的报告为"慢"。

4）气味的检查

糖化过程中注意糖化醪的气味。具有相应麦芽类型的气味规定为"正常"，因此对深色麦芽若有芳香味，应报以"正常"；若样品缺乏此味，则以"不正常"表示，其他异味亦应注明。

5）透明度的检查

麦汁的透明度用透明、微雾、雾状和混浊表示。

6）蛋白质凝固情况检查

强烈煮沸麦芽汁5min，在透亮麦芽汁中凝结有大块絮状蛋白质沉淀，记录为"好"；若蛋白质凝结细粒状，但麦汁仍透明清亮，则记录为"细小"；若虽有沉淀形成，但麦芽汁不清，可表示为"不完全"；若没有蛋白质凝固，则记录为"无"。

7.2 啤酒酵母的计数

啤酒发酵时，必须接入一定数量的酵母细胞。酵母菌的计数常用血球计数板方法。血球计数板是一块长方形的玻璃板，被四条凹槽分隔成三个部分，中间部分又被一横槽隔成上下两半，每一半上各刻有一个方格网，方格网的边长为3mm，分为9个正方形大格，每一大格为$1mm^2$，其中中间那个大格被横向和纵向的双线分成25（或16）个中格，每个中格又被单线分成16（或25）个小格，因此一个大格中共有$25 \times 16 = 400$个小格。这样的一个大格就是一个计数室。由于计数室比板表面要低0.1mm，因此盖上盖玻片后，整个计数室的容积就是$0.1mm^3$，相当于0.0001mL。

计数时，先让计数室中充满待检溶液，然后计数400个小格中的细胞总数，就可换算出1mL发酵液中的总菌数；

（1）取清洁的血球计数板一块，平放于桌面上，在计数室上方加盖专用盖玻片；

（2）取酵母菌液（发酵液）一小滴，滴至盖玻片的边缘，让菌液渗入计数室内，注意计数室内不能留有气泡；

（3）静置5min，让酵母细胞稳定附着于计数室内；

（4）将计数板置于显微镜的载物台上，先用低倍镜找到计数板的方格网，并移至视野中间（寻找时可通过缩小光圈，降低聚光镜，开低电源电压等方式减少进光量，使视野稍偏暗）；

（5）找到计数室位置（中间一个大方格），并看清由双线包围的中方格（16格或25格）及由单线包围的小方格（共400格）；

（6）计数大格内的酵母细胞总数，必要时可在高倍镜下观察。

若酵母细胞过多，可采取以下方法：

（1）稀释后再计数；

（2）有代表性地选择左上，左下，右上，右下，中间五个中方格，计数其内的菌数，求得每个中格的平均值，然后乘以中方格数（25或16），即得每个大格内的细胞总数；

（3）在上述5个中方格中选择处于顶角的4个小方格，计数，计算20个小方格中的总菌数，再乘以20，即得大格内的细胞总数。

①计算

$$酵母细胞数/mL = 大格中的细胞总数 \times 10000 \times 稀释倍数$$

②血球计数板的清洗

将血球计数板立即用流水冲洗干净，若菌液变干，酵母细胞被固定在计数板上，则很难用流水冲洗干净，必须用优质脱脂棉湿润后轻轻擦洗，再用流水冲洗干净、凉干。

7.3 糖度的测定

为了调整啤酒酿制时的原麦汁浓度，控制发酵的进程，常常在麦汁过滤后、发酵过程中用简易的糖锤度计法测定麦汁的浓度。

现对糖锤度计作一介绍。

糖锤度计即糖度表，又称勃力克斯比重计。这种比重计是用纯蔗糖溶液的重量百分数来表示比值，它的刻度称为勃力克斯刻度（Brixsale，简写 BX）即糖度，规定在 20℃ 使用，BX 与比重的关系举例如下（20℃）：

比重	BX
1.00250	0.641
1.01745	4.439
1.03985	9.956

它们之间有公式可换算，同一溶液若测定温度小于 20℃，则因溶液收缩，比重比 20℃ 时要高。若液温高于 20℃ 则情况相反。不在 20℃ 液温时测得的数值可从附表中查得 20℃ 时的糖度。我们说某溶液是多少 Brix 值，或多少糖度，应是指 20℃ 的数值。若是在 20℃ 以外用糖度表得数值，应加温度说明（显然，如测纯蔗糖溶液，只有在 20℃ 液温测得的数值是真正表示了含蔗糖的重量百分数）。

麦汁浓度常用 BX 表示，有时也用 Plato 表示。换算举例：

在 11℃ 液温用糖表读得啤酒主发酵液为 4.2 糖度，问 20℃ 的糖度为多少 BX？多少 Plato？查表：观测糖锤度温度校正表，11℃ 时的 4.2 糖度应减去 0.34 得 3.86，即 20℃ 时为 3.86BX，亦即 3.86Plato。

糖度表本身作为产品允许出厂误差为 0.2BX，放在啤酒发酵液中指示时，由于 CO_2 上升的冲力使表上升，而读数偏高，故刚从发酵容器取出的样品须过半分钟待 CO_2 逸走后再读数，糖度表一直放在发酵液中作长期观测时，不读数时应设法使其全部没入发酵液中，否则浮在液面的泡盖物质会干结在表上，造成明显的读数偏差。

思考题

1. 我国生产的啤酒有哪些类型？
2. 啤酒生产的主要原料有哪些？各有什么质量要求？
3. 啤酒发酵使用的菌种是什么？有哪些类别？
4. 如何进行酵母的扩大培养？
5. 糖化过程涉及哪些分解过程？影响因素有哪些？
6. 糖化方式有哪些？
7. 简述发酵原理。
8. 大罐发酵比传统发酵有哪些优点。
9. 双乙酰在啤酒发酵中为什么受到重视？
10. 啤酒除理化检测，为什么要进行感官检测？

参考文献

［1］王文甫．啤酒生产工艺［M］．北京：中国轻工业出版社．1997．

［2］赵金海．啤酒酿造技术［M］．北京：中国轻工业出版社．2011．

［3］杜绿君，袁惠民．啤酒酵母和微生物管理［M］．北京：中国轻工业出版社．1990．

［4］张志强．啤酒酿造技术概要［M］．北京：中国轻工业出版社．1995．

［5］何国庆．食品发酵与酿造工艺学（第二版）［M］．北京：中国农业出版社．2011．

［6］李华．酿造酒工艺学［M］．北京：中国农业出版社．2012．

情境七　酱　油

学习目的和要求

（1）知识目标：了解酱油生产的原料，掌握培养基的种类和配制方法；了解霉菌的菌落形态和特点，掌握霉菌生产菌的种类和特点；掌握菌种的分离、纯化、选育和保藏方法；掌握菌种扩大培养的方法和目的；了解发酵方式、发酵参数的种类和控制方法；掌握发酵物料的分离、提取、精制和加工方法。

（2）能力目标：掌握霉菌固体发酵生产工艺流程及过程控制要点。掌握固体发酵培养基的配制、设备灭菌的方法和特点，掌握种曲扩大培养的方法及成品酱油配制的方法；了解固体发酵工艺及设备。

（3）情感目标：培养学生学习过程中形成的使命感、责任感、自信心、进取心、团队合作精神等方面的自我认识和自我发展。

1　接受工作任务

1.1　酱油的相关知识介绍

酱油是我国传统的酿造调味品，早在周朝就已经开始制作并食用，至今已有两千多年历史。酱油中含有多达 17 种氨基酸、维生素和矿物质，酱油中还含有一定量的糖、酸、醇、酚等多种复杂的香气成分。由于其独特的风味、色泽以及丰富的营养价值，酱油已成为人们饮食生活中不可或缺的调味品。

在烹调时加入一定量的酱油，可增加食物香味，并使其色泽更加好看，从而增进食欲。提倡后放酱油，这样能够使酱油中有效的氨基酸和营养成分得到保留。酱油具有解热除烦、调味开胃的功效。酱油还含有异黄醇，这种特殊物质可降低人体胆固醇，降低心血管疾病的发病率。新加坡食物研究所发现，酱油能产生一种天然的抗氧化成分。它有助于抑制自由基对人体的损害，其功效比常见的维生素 C 和 E 等抗氧化剂大十几倍。用少量酱油所达到的抑制自由基的效果，与一杯红葡萄酒相当。

中华人民共和国国家标准将酱油分为酿造酱油和配制酱油两大类。其中酿造酱油的定义为：以大豆（或）脱脂大豆、小麦和（或）麸皮为原料，经微生物发酵制成的具有特殊色、香、味的液体调味品。配制酱油的定义为：以酿造酱油为主体，与酸水解植物蛋白调味液、食品添加剂等配制成的液体调味品。但配制酱油中酿造酱油的比例不得少于50%，并且其中不得添加味精废液、胱氨酸废液和用非食品原料生产的氨基酸液。

酿造酱油是经微生物发酵制成的，没有毒副作用，其酱香、酯香浓厚。而配制酱油有可能含有三氯丙醇（有毒副作用），虽然符合国家标准的产品不会对人体造成危害，可以安全食用，但还是建议大家购买酿造酱油。酿造酱油又可分为生抽和老抽：

生抽——以优质黄豆和面粉为原料，经发酵成熟后提取而成。色泽淡雅，酯香、酱香浓郁，味道鲜美。

老抽——是在生抽中加入焦糖，经过特别工艺制成的浓色酱油，适用于红烧肉、烧卤食品及烹调深色菜肴。色泽浓郁，具有酯香和酱香。

生抽、老抽二者最大的区别是老抽由于添加了焦糖而颜色浓，黏稠度较大；而生抽酱油盐度较低，颜色也较浅。如果做粤菜或者需要保持菜肴原味时可以选用生抽酱油，如果想做口味重的菜或需要上色的菜肴如红烧肉，最好选用老抽酱油。

由于人们对食品口味追求的提高，酱油花色品种不断增加，许多新品种陆续和消费者见面。下面列举近年来市场上出现的几种花色酱油新品：

海带酱油。以海带为主要辅料，经过热浓缩配制而成。它含有大量的碘元素，长期食用可预防骨关节病、高血压、结核病等。该酱油产于山东。

无盐酱油。以药用氯化钾、氯化铵代替钠盐，适宜心脏病、肾脏病和高血压患者食用。

草菇酱油。由大豆与草菇提取液一起进行微生物发酵制成。它虽不属于纯粹的大豆或小麦发酵制品，但是有草菇的鲜美和营养价值。

1.2 接受产品生产任务书

本学习情境的工作任务是以沪酿 3.042 米曲霉为菌种，以豆饼、小麦、麸皮、食盐、水等为原料，通过原料处理、制曲、制醅、发酵、滤油、调配等工序生产合格的酱油产品。生产任务书见表 7-1。

表 7-1 酱油生产任务书

产品名称	调味品——酱油	任务下达人	教师
生产责任人	学生组长	交货日期	年　月　日
需求单位		发货地址	
产品数量		产品规格	
一般质量要求 （注意：如有客户特殊要求，按其标注生产）	符合 GB 18186—2000《酿造酱油》的质量要求		
进度备注：			

备注：此表由市场部填写并加盖部门章，共 3 份。在客户档案中留底一份，总经理（教师）一份，生产技术部（学生小组）一份。

2 工作任务分析

2.1 酱油生产原料

2.1.1 蛋白质原料

酿造酱油的主要原料蛋白质经微生物酵解之后生成各种氨基酸，是酱油呈鲜味的主要原因。传统酿造都以大豆为主，随着科学技术的发展，人们发现大豆里的脂肪对酿造酱油作用不大，为了合理利用资源，节约油脂，目前大部分酿造厂已普遍采用脱脂大豆，如豆饼，豆粕等。由于脱脂前处理时将大豆压扁，破坏了大豆的细胞膜，因此在吸水、蒸煮工序都比未处理的大豆容易，霉菌容易渗透进去，药的作用和分解也快等优点。我国各地情况不同，除了大豆饼粕之外尚有其他类型的蛋白质原料，现分述如下。

1）豆粕

豆粕是大豆先经适当加热处理，再经轧坯机压扁，然后加入有机溶剂，以浸出法提取油脂后的产物。一般呈颗粒片状、质地疏松、有利于制曲和滤油。豆粕中脂肪含量极低、水分少、蛋白质含量较高，可降低生产成本，因此适宜作酱油原料。

2）豆饼

豆饼是大豆用压榨法提取油脂后的产物，习惯上统称为豆饼。由于压榨设备的不同，所产生的豆饼性质也各异。

豆粕可直接用于生产酱油，豆饼需要经过粉碎机处理。由于豆饼在榨油时加热程度的不同．因此蛋白质变性程度也不同。在酿造酱油原料处理时也有不同的技术要求。

3）花生饼及其他蛋白质原料

花生饼是花生经榨油后的剩余饼粕，也可作为生产酱油的原料。花生饼被黄曲霉污染后极易产生黄曲霉毒素，是一种致癌物质，因此用花生饼作酱油原料时必须选择新鲜干燥而无霉烂变质者，否则要经检测黄曲霉素含量后方可使用，以确保安全。

2.1.2 淀粉原料

淀粉是酱油酿造的辅助原料。淀粉经微生物酵解成糖类，经酵母，细菌发酵，产生各种醇类和有机酸，进一步合成各种酯类，形成酱油风味。传统酿造酱油的淀粉原料以面粉为主，为了节约粮食，经试验证明小麦或碎米和麸皮是较理想的淀粉原料。20 世纪 70 年代后，酶法液化应用于酱油生产后更节约了粮食原料。

2.1.3 食盐和水

食盐是酱油生产的主要原料之一，它使酱油具有适当咸度，并能起到调味的作用。在发酵和酱油成品贮存过程中起到了防腐的功能。

食盐还含有卤汁及其他杂质。选择酿造酱油用盐应要求氯化钠含量高、杂质少、颜色洁白、卤汁（氯化钾、氯化镁、硫酸钙、硫酸镁、硫酸钠）少。含卤汁过多的食盐带有苦味，苦味是由于氯化镁引起的，从而影响酱油风味。除去卤汁的方法是将食盐堆放在水泥地盐库中，让卤汁成分自然吸收空气中水分，潮解变成卤水排掉。这种卤水可用于制豆腐点花。

　　纯食盐的相对密度为 2.161（25℃），比水重 2 倍多，因此在溶解食盐水时，应注意搅拌，以防盐水下沉。温度变化对溶解度的影响不大，所以不必加热，以节约燃料。

　　酱油生产用水要求没有制酒那样严格，但也必须符合食用标准。凡可饮用的自来水、深井水、清洁的河水、江水、湖水等均可使用，但含有多量的铁及有异味的水不宜使用，否则有损酱油的风味和香气。禁用被污染的水。

2.2　生产菌种

　　中国酱油酿造几乎 90% 以上的企业都是用菌种米曲霉，少数也有用酱油曲霉的。米曲霉（Aspergillus oryzae）是曲霉属里的一个品种，它的变种很多，由于它与黄曲霉（Aspergillus flavus）十分近似，所以又同属于黄曲霉。

2.2.1　米曲霉的菌落特征

　　米曲霉的个体形态：分生孢子梗长为 2mm 左右，近顶囊处直径可达大小为 12 ~ 15μm，顶囊近球形，大小为 40 ~ 50μm。小梗绝大多数是单层，大小为（12 ~ 15）μm ×（3 ~ 5）μm。分生孢子球形或近球形，分生孢子头放射状，也有少数为疏松柱状。直径一般为 4.5 ~ 7μm，个别大者可达 8 ~ 10μm。中科 3.951 米曲霉（沪酿 3.042）分生孢子直径为 4 ~ 6μm，如图 7 - 1 所示。

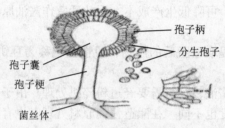

　　　　　　　　　　　　　　　　　　　孢子柄

　　　　　　　　　　　　　　　　　　　分生孢子

　　孢子囊

　　孢子梗

　　菌丝体

图 7 - 1　米曲霉个体形态

　　米曲霉分类鉴定时，选用察氏培养基。在察氏培养基上，菌落形成较快，培养 10 天，直径可达 5 ~ 6cm，质地疏松，初为白色、黄色，继而变为带黄褐色至淡绿色，但不呈真正的绿色，反面无色。在一般自然培养基上，米曲霉菌落形成更快，培养 2 ~ 3 天，已全部生出分生孢子，呈黄绿色，因而常误认为是黄曲霉，其实从察氏培养基上所生的菌落就能初步分辨出来，这是两个不同的种。

2.2.2　培养基及生长过程

　　米曲霉培养，分为斜面培养和三角瓶培养两个阶段。三角瓶培养物在工厂中作为一级种子。

1）试管斜面培养基：

表 7 - 2　试管斜面培养基组成

豆汁	1000mL	硫酸镁	0.5g
可溶淀粉	20g	磷酸二氢钾	1g
硫酸铵	0.5g	琼脂	20 ~ 25g
pH 值	6.0 左右		

豆饼浸出汁：100g 豆饼，加水 500mL，浸泡 4h，煮沸 3～4h，纱布自然过滤，取液，调整至 5 波美度。100mL 豆汁加入可溶性淀粉 2g，磷酸二氢钾 0.1g，硫酸镁 0.05g，硫酸铵 0.05g，琼脂 2g，自然 pH 值。或采用马铃薯培养基：马铃薯 200g，葡萄糖 20g，琼脂 15～20g，加水至 1000mL，自然 pH 值。

培养条件：置于 30±1℃ 恒温箱内培养 3 天。米曲霉开始长出白色菌丝，以后逐渐转黄绿色，72h 绿色孢子布满斜面，即成熟。

2）三角瓶培养基制备：

米曲霉的培养基：

（1）麸皮 40g，面粉 10g，水 40mL。

（2）豆粕粉 40g，麸皮 36g，水 44mL。

（3）装料厚度：1cm 左右；

（4）灭菌：120℃，30min；

接种及米曲霉的培养条件：米曲霉固态培养主要控制条件为：温度、湿度、装料量、基质水分含量。固态培养前，原料的蒸熟及灭菌是同时进行的，实验室一般是在高压灭菌锅中进行；但在工厂中则是原料的煮熟和灭菌与发酵分别在不同的设备中进行。这点与液态发酵是不同的。28～30℃，培养 20h 后，菌丝应布满培养基，第一次摇瓶，使培养基松散；每隔 8h 检查一次，并摇瓶。培养时间一般为 72h。

3）生长过程

米曲霉菌落生长快，10 天直径达 5～6cm，质地疏松，初白色、黄色，后变为褐色至淡绿褐色，背面无色。

2.3 酱油生产原理

目前，酿造酱油主要以大豆（或脱脂大豆）、小麦和（或）麸皮为原料，经米曲霉等微生物的发酵，再经抽提（压榨）、加热消毒、过滤、调配等工艺而制成的具有特殊色、香、味的液体调味品。

酱油发酵过程中所产生的一系列极其复杂的化学变化。与微生物学和生物化学有着密切的关系，主要有以下反应：

原料中的蛋白质在蛋白质水解酶的作用下，水解生成胨、胨、肽及氨基酸。

$$蛋白质 \xrightarrow[(内肽酶)]{蛋白酶} 胨、胨 \xrightarrow[(内肽酶)]{蛋白酶} 多肽 \xrightarrow[(内肽酶)]{蛋白酶} 氨基酸$$

蛋白质原料中游离出的谷氨酰胺被曲霉分泌的谷氨酰胺酶水解，产生谷氨酸。

$$\begin{array}{c} CH_2 \cdot CONH_2 \\ | \\ CH_2 \cdot CH(NH_2) \cdot COOH \end{array} + H_2O \longrightarrow \begin{array}{c} CH_2 \cdot COOH \\ | \\ CH_2CH(NH_2) \cdot COOH \end{array} + NH_3 \uparrow$$

原料中淀粉质在淀粉酶的作用下水解成小分子糊精、麦芽糖、葡萄糖等糖类物质。

$$淀粉 \xrightarrow{\alpha - 淀粉酶} 糊精、麦芽糖、葡萄糖$$

$$糊精 \xrightarrow{葡萄糖苷酶系} 葡萄糖$$

在乳酸菌的作用下，利用葡萄糖进行乳酸发酵。

$$C_6H_{12}O_6 \xrightarrow{同型乳酸发酵酶系} 2CH_3 \cdot CHOH \cdot COOH$$

$$C_6H_{12}O_6 \xrightarrow{异型乳酸发酵酶系} C_2H_5OH + CH_3 \cdot CHOH \cdot COOH + CO_2$$

2.4 酱油生产工艺

目前，酿造酱油的生产工艺根据发酵方法的不同，基本上可以分为低盐固态发酵法及高盐稀态发酵法两类。目前国内以固态低盐发酵为主，少数也有用固态无盐发酵。

2.4.1 低盐固态酱油发酵工艺

低盐固态发酵是在20世纪60年代取代无盐发酵而发展起来的，发酵周期一般为2周~1个月，属于酱油速酿技术。低盐固态发酵工艺不需添置特殊设备，保持用浸出法淋油，操作简易、管理方便、原料蛋白质利用率及氨基酸生成率均较高，出品率稳定，比较易于满足消费者对酱油的大量需要。由于没有经过高温水解，具有酱油固有的风味，无水解臭，已为广大消费者接受，所以到现在仍占有酱油产量的主导地位。工艺流程图如图7-2所示。

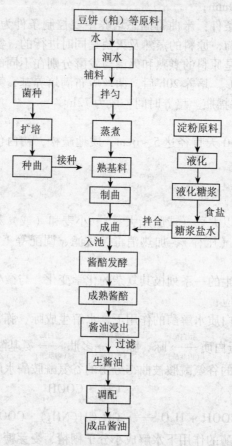

图7-2 低盐固态酱油发酵工艺流程图

2.4.2 酱油的原料处理

一般酱油的原料处理分为4步。

（1）原辅料粉碎：用粉碎机将豆饼、小麦等粉碎至粒径2~3mm左右，并使20目以下粉末不超过5%，3.1mm（8目）以上颗粒不超过20%，力求颗粒大小均匀。用于液化、糖化的淀粉时可以粉碎成状100~200目细粉。

（2）饼粕加水及润水：加水量以蒸熟后曲料水分达到47% ~50% 为标准。

（3）混和：饼粕润水后，与轧碎小麦及麸皮充分混和均匀。

（4）蒸煮：用旋转式蒸锅加压蒸料，使蛋白质适度变性，淀粉蒸熟糊化，并杀灭附着在原料上的微生物。

先将豆粕原料真空抽入旋转蒸煮锅，开蒸汽干蒸至110℃，（豆粕因被抽取油脂后系低温处理的，干蒸使蛋白质凝固，防止产生结块黏糊现象）关闭蒸汽，开启排气阀，使锅压力降到0后，泵入计算量水，豆粕吸水后，旋转锅身浸润40min后停止旋转，添加配方量的辅料小麦片及麸皮，再旋转混合20min，开蒸汽升压至 1.9×10^4 Pa（0.5kgf/cm^2）后关蒸汽，开排气阀降压到0后，关闭排气阀，继续通入蒸汽。转锅内的温度上升到120℃，压力为 14.71×10^4 Pa（1.5kgf/cm^2）左右，维持4min，开启排汽阀5min，压力快速脱压至0，接着开启真空，在10min内抽冷至75 ~80℃，即可出料。

2.4.3 制曲

1）冷却接种

熟料快速冷却至45℃，接入米曲霉菌种经纯粹扩大培养后的种曲0.3% ~0.4%，充分拌匀。

2）种曲的制备

（1）种曲制备流程

原菌→斜面试管培养→三角瓶培养→种菌（扩大曲）

通过种曲制备流程了解到，我们必须通过制备斜面试管后接入沪酿3.042米曲霉，通过三角瓶的母种培养后，再经过扩大培养。

① 三角瓶种曲的制备及保存

三角瓶种曲原料配比如下：（任选一种）

a）麸皮80g，面粉20g（或白薯干粉），水80mL。

b）豆粕粉10g，麸皮90g，饴糖4g，水100mL。

第一种配方，将原料混合加水拌匀；第二种配方，先将饴糖溶解在水里，倒入豆粕粉中，使其充分吸收，然后加麸皮拌匀。将上述拌匀的原料，装入三角瓶，以1cm厚左右为宜。夏天比冬天略薄些。加上棉塞，扎好防潮纸，蒸汽加压 9.806×10^4 Pa（1kgf/cm^2），于120℃灭菌，维持30min后，趁热把结块的熟料摇松。

② 接种及培养 待冷却后，去掉防潮纸，放进无菌室或无菌橱，按试管方式在无菌条件下接种，用接种环挑取试管斜面上的曲霉孢子 1 ~2 环放入三角瓶，迅速塞上棉塞，全部接种完毕，充分摇匀。放入 30 ±1℃恒温箱内培养约18h，三角瓶内曲料菌丝布满已稍结饼（块）时，摇瓶一次（即将瓶在手掌中轻轻敲碎结块）。置25 ~28℃的恒温箱中培养，再过4 ~5h后又结块，再轻轻摇碎。继续按上述温度培养，约42h后曲料呈淡黄绿色且结块，可一一扣瓶即把三角瓶轻轻地倒置过来，使瓶内多余的水分从拥塞中吸附而流出，再在28℃的保温下培养1天，共计72h。

如暂时不用可放在4℃冰箱内保存或置阴凉处，但以新鲜的三角瓶种曲发芽率高，随着保存时间的延长，孢子发芽率逐渐降低（孢子不断老化死亡），所以保存期不超2 ~3 周。

③ 种曲的扩大培养及保存

a. 种曲的扩大培养工艺流程如图 7 – 3 所示。

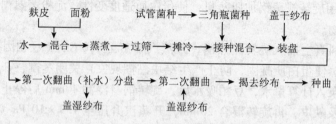

图 7 – 3　种曲的扩大培养工艺流程

b. 原料配比和处理

a）麸皮 80，面粉 20（或干薯粉 20），水（总用量 75% ~ 80%）。

b）麸皮 85，豆粕粉 15，水（总用量 90% 左右）。

原料混合拌水后即可蒸料，熟料总水分也在 50% ~ 54%。

c. 接种与培养

熟料过筛后要求尽快冷至 40℃ 以下，每盘装料厚度在 1cm 以下。接种量按总原料接入三角瓶种曲 0.5%。接种后装入曲盘，上面盖灭菌（清洁）的干纱布放入制曲室培养。控制室温 28℃，品温 30℃，相对湿度 30% ~ 35%。培养 16h 左右，当品温上升至 34 ~ 35℃，曲料表面稍有白色菌丝，进行第一次翻曲。翻曲后堆叠成十字形。室温按品温要求适当降低至 26 ~ 28℃，翻曲后 4 ~ 6h，当品温又上升至 36℃ 时，进行第二次翻曲，每翻毕一盘，上盖灭菌湿纱布一张，曲盘改堆成品字形。掌握品温在 30 ~ 36℃。培养至 50h 揭去纱布，继续培养一天，共 3 天成熟。

d. 种曲的保存

自制种曲尽量随做随用，含水较高的种曲不宜久存，在气温较高时不但会继续新陈代谢造成孢子衰老死亡，孢子发芽率逐渐降低，而且又容易被杂菌污染。所以把制成的种曲放在竹匾内（厚皮不超过 2cm）移到阴凉通风处，自然干燥，使用时先出先用。对暂时不用的种曲，经 40 ~ 45℃ 通风干燥，水分在 10% 以下，才可以保存数月。但总以使用新鲜的种曲为好。

3）制曲管理

制曲即培养曲霉菌。要管好制曲，首先要了解曲霉菌的生长规律及其生理变化。

（1）曲霉菌在曲料上生长的变化（以沪酿 3.042 米曲霉，厚层通风制曲为例）

① 孢子发芽期。曲料接种后，米曲霉得到适量的水分与温度，开始发芽，接种初期 4 ~ 5h 是米曲霉的孢子发芽期。孢子发芽期霉菌自身不产生热量，所以要注意保温。25℃ 以下霉菌发芽缓慢，对低温型的小球菌及毛霉、青霉较合适，高于 38℃ 适合枯草杆菌的生长。霉菌的最适发芽条件为 30 ~ 34℃。过高过低都会招致杂菌的污染。

② 菌丝生长期。孢子发芽后，接着生长菌丝。品温逐渐上升，就需要间歇通风，维持品温在 30 ~ 35℃，培养到 8 ~ 12h，曲料稍见白色菌丝，手感略有结块，说明菌丝体已经形成。随着菌丝的逐渐形成曲料的结块需要连续通风，通风阻力也逐渐增加，品温出现上层高，下层低，温差增大，风压表上毫米水柱也上升，通风量减少。为使曲料疏松，减少通风阻力，需要进行第一次翻曲。

③ 菌丝繁殖期。菌丝繁殖期在接种后 12～18h。第一次翻曲后，连续不断通风供给空气，菌丝发育更加旺盛，品温上升也极为迅速，必须加强管理，控制曲室及曲料的温度，品温仍旧控制在 30～35℃。菌丝繁殖期可看到曲科全部发白的菌丝。随着水分的散发，曲料第二次结块收缩，面层产生裂缝现象，应进行策二次翻曲，否则裂缝处会出现跑风，造成曲料层缺少空气而出现局部烧曲现象。第二次翻曲后，各种酶大量分泌，酶对温、湿度十分敏感，其中酱油发酵所需要的蛋白酶（酸性，中性、碱性），特别是谷氨酰胺酶、肽酶等主要酶系在低温条件下活力较高。在这个大量产酶阶段，温度控制在 30±2℃ 左右为宜。随着通风面带来水分的散发，保持湿度十分重要，当曲料水分在 35% 以下，酶活力基本停止。在夏季如没有空调是很难达到的，所以自古以来夏季是不宜制曲的季节，夏天的酱油出品率和质量部不如其他季节。

④ 孢子着生期。18h 以后，随着水分挥发和菌丝的繁殖，如继续出现裂缝跑风现象而造成品温不均匀，可采用铲曲或第三次翻曲措施。品温仍要求在 30℃ 左右。这个阶段，孢子从着生到成熟，使曲料从淡黄色到嫩黄绿色。在孢子产生期各类酶系大量分泌，着重注意温度管理。整个周期约 28h 左右。

制曲的 4 个阶段与温度、原料水分有关。如温度低、水分大、周期延长、曲活力也较高，反之周期就缩短。如采用竹匾，曲盘制曲生长周期相应延长至 32h 左右。

（2）制曲过程常见的杂菌污染

制曲过程中常见的杂菌有霉菌、酵母和细菌。尤其以细菌为最多，目前酱油生产正常的成曲含细菌数约 30～50 亿个/克，而污染严重的高达 100～300 亿个/克，污染细菌严重的成曲会造成酱油细菌性混浊，影响酱油质量及卫生指标。

4）制曲操作法

（1）竹匾、曲盘制曲操作法

原料蒸熟后要经过冷却、接种的程序，然后制曲。按种分装入竹匾或曲盘，装入数量视气候而定，一般大号竹匾每只装料 5kg 左右，冬天适当多些，夏天少些，匾或盘规格各地不一，以摊平后厚度约 2.5cm 左右。曲料装匾后为了保持温度，开始堆成丘形，中间呈凹状，冷天堆得厚些，夏天摊得薄些。竹匾放在竹架上，曲盘可堆分成柱形，夏天避成品字形。

冬天曲室要预热到 28～30℃，曲料入室后要求维持品温 30℃ 左右，相对湿度 95%。开始时，在孢子发芽期，曲本身散热，品温逐渐下降，需依靠外界的室温保暖，不使品温低于 28℃。7～8h 后菌丝逐渐繁殖，曲料本身品温新渐回升，经过 15～17h 菌丝大量繁殖，曲料表面出现白色菌丝，手感已有结块，品温上升至 37～38℃，不得超过 40℃，即可进行翻曲，先热先翻，可上下调换位置。翻曲的目的使品温下降，供给新鲜空气，疏松曲料，调节水分。翻曲是一项熟练的技术，要求迅速、均匀、疏松、摊平（厚薄均匀）。如料层厚薄不匀，厚的地方容易出现烧曲。翻曲后菌丝大量繁殖，曲料自身散发出呼吸热和分解热。注意降低室温至 25～26℃，保持品温在 28～35℃，宁低勿高，最高不超过37℃。为了放热，竹匾在每层竹架上应交叉堆放。培养期间应经常交换上下层位置，调整上下层的温差。24h 左右开始着生孢子，品温不再上升。继续保持品温 28～32℃，干温球

计相差2℃左右，32～36h呈黄绿色孢子即可出曲。

（2）厚层通风制曲操作法

① 熟料冷却与接种　目前国内很多工厂采用旋转式转锅、水力喷射泵，真空抽冷至70～80℃，熟料倾倒入螺旋输送机吹冷至40～50℃，从接种斗接入0.3%～0.4%种曲。种曲事先用4～5倍麸皮搓碎均匀。接种温度：夏天40℃，冬天50℃。经高压鼓风机管道气流风送，通过旋风分离器进入曲池（箱）。因为经过气流输送，原料进入曲池的品温约35℃左右，接种时的温度虽然略高，但仅一瞬间。如果进入曲池的温度超过40℃，就得考虑降低接种温度。在热天接种温度因设备关系难以下降，可采取原料一边进入曲池、一边利用制曲鼓风机吹冷，务必使高温堆积时间不太长。因为制曲是在敞口条件下操作和带菌的条件下输送，制曲的原料又是以营养丰富的蛋白质为主，若在高温下停留时间稍久，给有害细菌提供了繁殖条件，不利于米曲霉的发芽生长。管道气流输送，最大缺点是管壁集积熟料不易清洗，极易污染细菌，如蒸锅和制曲在同一平面，尽量不采用管道送料。曲料输送完毕，立即开启鼓风机循环通风数分钟称谓调温，即使曲池内曲料上下层温度均匀为止。鼓循环风时保持曲室在30℃左右。调温结束，保持品温30～32℃。在曲料的上中下各插温度计一支，室温30℃左右。另一方面注意清理，冲洗输送熟料的绞龙、管道，积料务必清理干净，定期灭菌。清理卫生工作必须天天做是制好曲的关键。

② 培养　接种后静止培养，6h左右料层升温至35～36℃，应即开机通风，使品温降至30℃，停止通风。以后按温度的升降决定风机的开关，维持品温在30～35℃。这个阶段叫间歇通风。随着菌丝生长，曲料结块，料层阻力增加，除循环通风之外可掺入部分室外自由空气。当曲料上下层温差增大，肉眼已能看到白色菌丝，一般在接种后8～12h可进行第一次翻曲，使曲料疏松。翻曲前通风降低品温到28℃以下，然后停风机，迅速翻曲，翻曲时间要抓紧，因停风机过长导致曲料升温太猛造成损失。翻曲料结束后一面平整曲料，一面通风降温，继续保持品温在30～35℃，经过4～6h，根据曲料品温上升和收缩、裂缝等情况，进行第二次翻曲。第二次翻曲后，保持品温在30±2℃，室温以品温的要求来调节，力求做到后期低温制曲。以后出现曲料收缩、裂缝、跑风现象，可用铁铲铲曲。铲曲即用铁铲以倾斜的角度，每隔2～3cm从曲料上一铲到底，整个曲池经过铲曲后，通风均匀。铲曲较费劳力，可以采用第三次翻曲，来解决裂缝问题。总的来说如果第一次翻曲迟一些致使曲料老一些。整个制曲翻三次即可。如果第一次翻得早些（嫩些）就有可能翻三次曲。培养到30h左右，曲料呈淡黄绿色孢子丛生、菌丝很浓，即可出曲。出曲后注意曲池竹帘或金属网板的清洗并定期灭菌。

一般来说厚层通风制曲操作法，又可分为厚层通风制曲和平面形厚层通风制曲两种。

① 厚层通风制曲：接种后的曲料送入曲室曲池内。先间歇通风，后连续通风。制曲温度在孢子发芽阶段控制在30～32℃，菌丝生长阶段控制在最高不超过35℃。这期间要进行翻曲及铲曲。孢子产生初期，产酶最为旺盛，品温以控制在30～32℃为宜。

② 平面形厚层通风制曲：采用机械通风，机械翻曲来调节温度、疏松曲料以散热供氧，称通风制曲。通风制曲由曲池和通风机组成。曲池（也称曲箱）是培养米曲霉的温床，呈长方形，用钢筋混凝土、砖、钢板、水泥板、木板等制成。国内一般规格为：长7～10m，宽1.6～2.5m，高约0.5m（不包括风道）。有地面式和半地下式。在竹帘假底下设通风道，通

风道底部倾斜，角度以 7~8° 为宜。如曲池建在楼上角度亦可略有倾斜。斜倾的作用是改变气流的方向，使水平方向来的气流转向垂直方向流动。

通风机的配备按曲池的大小和料层的厚度而定。料层一般为 25~30cm，料层过厚需要较高风压的风机，高压风机耗功率大、噪声大、不经济。目前的厚层通风制曲一般选用离心式中压风机，风压 100mm H_2O 以上，风量（m^3/h）为曲池内总原料数的 4~5 倍。

2.4.4　酱油发酵工艺

成曲加 12~13°Be′ 热盐水拌和入发酵池，品温 42~45℃ 维持 20 天左右，酱醅基本成熟。

浸出淋油将前次生产留下的三油加热至 85℃，再送入成熟的酱醅内浸泡，使酱油成分溶于其中，然后从发酵池假底下部把生酱油。

一般采用多次浸泡，分别依序淋出头油、二油及三油，循环套用才能把酱油成分基本上全部提取出来。

后处理：酱油加热至 80~85℃ 消毒灭，再配制（勾兑）、澄清及质量检验，得到符合质量标准的成品。

目前，酿造酱油的生产工艺根据发酵方法的不同，基本上可以分为低盐固态发酵法及高盐稀态发酵法两类。

1）低盐固态酱油发酵工艺

低盐固态发酵是在 20 世纪 60 年代取代无盐发酵而发展起来的，发酵周期一般为 2 周~1 个月。属于酱油速酿技术，由于没有经过高温水解，具有酱油固有的风味，无水解臭，已为广大消费者接受，所以到现在仍占有酱油产量的主导地位。低盐固态酱油发酵工艺流程见图 7-2。

（1）淀粉原料的液化及糖化原理

淀粉在 α-淀粉酶水解成各种糊精，再经糖化酶分解成各种糖，反应式如下：

$$(C_6H_{10}O_5)_n \xrightarrow{\alpha-\text{淀粉酶}} (C_6H_{10}O_5)_g \xrightarrow{\beta-\text{淀粉酶}} nC_{12}H_{22}O_{11} \xrightarrow{\text{糖化酶}} 2nC_2H_{12}O_6$$

淀粉　　　　　　　　　各种糊精　　　　　　　　麦芽糖

淀粉各种糊精麦芽糖

淀粉水解是否完成，常以碘液或无水乙醇检查。淀粉与碘呈蓝色反应，与乙醇以溶解度来鉴别见表 7-3。

表 7-3　碘液与无水乙醇检查淀粉水解程度颜色变化表

成　分	淀粉	蓝糊精	紫糊精	红糊精	无色糊精	麦芽糖	葡萄糖
碘液	蓝色	蓝色	紫色	红色	无色	无色	无色
无水乙醇	不溶	不溶	不溶	不溶	不溶	微溶	溶解

一般淀粉的液化及糖化工艺流程如图 7-4 所示。

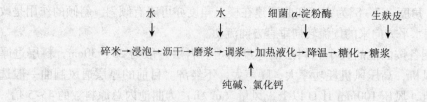

图7-4 液化及糖化工艺流程

对于不同原料进行液化、糖化的要点如下:

① 如采用麦粉或面粉等粉质原料可直接调装。

② 生麸皮每克含有2000左右单位糖化酶。一般成曲在正常情况下,米曲霉含有较高的糖化酶,淀粉液化后不必再经糖化,立即可以落曲。

(2)液化、糖化的方法

① 磨浆 将碎米(或大米)洗净后浸泡0.5~1h,沥去浸泡水,用钢片式磨粉机边进料边加入清水,磨成粉浆,每100kg碎米磨成粉浆约250kg,要求越细越好。

② 调浆 用碳酸钠(纯碱)调节浆水 pH 值至 6.2~6.4,加水调节粉浆浓度至18~20°Bé,加入相当于原料量6.2%氯化钙(起到保护淀粉酶的作用),加 α-淀粉酶(每克原料使用淀粉酶100单位)0.25%。氯化钙和酶制剂事先分别用少量水溶解后再加入。

③ 液化 调浆加酶完毕,开动搅拌,然后通气加热,使粉浆温度缓缓升至85~90℃,维持88℃,保持10~15min后用稀碱液检查,不呈蓝紫色反应而呈红橙色或黄色反应即表示液化终点。(淀粉遇碘呈蓝色反应),液化也可采用边加热边流加浆水连续液化的方法。

④ 糖化 液化完毕,蛇形管内进入冷水,冷却至65℃,加入相当于碎米或粉的1%~2%的新鲜生麸皮作为糖化剂。保温60~65℃(最适62℃)3~4h糖化即可完成。糖化浆如果暂时不使用,可在60~70℃保存或加盐13%~14%混合以防变质。如用面粉或其他粉质原料溶化可省去浸泡磨浆等手续。面粉尚可洗去湿面筋制造"烤麸"、"水面筋"、"油面筋"等综合利用。其下沉的淀粉浆仍可按常规液化、糖化。

(3)盐水的配制

食盐溶解后,以波美表测定其浓度,并根据当时的温度调整到规定的浓度。一般在100kg水中如1.40kg左右盐,得到的盐水约1°Bé(20℃为标准)。实际工作中如温度高于或低于20℃需要进行修正。

修正值:当盐水温度高于20℃时,$B = $实际测得值 $A + 0.05$($t - 20℃$)

当盐水温度低于20℃时,$B = $实际测得值 $A - 0.05$($20℃ - t$)

t 为测定盐水的实际温度。

固态低盐发酵制醅盐水的浓度一般要求在 12~13°Bé,化验含氯化钠约13%~14%为宜。盐水浓度过高会抑制酶的作用,影响发酵速度;盐水浓度过低有可能引起杂菌污染而酸败变质。

如果酿制红酱油则制醅盐水调入液化糖浆,或加入三油水或少量酱油脚,但需注意其pH 值要求在6.4~7.0,可用碳酸钠 Na_2CO_3 调节,以适应中、碱性蛋白酶的作用,如 pH 值在5.0以下就会明显地抑制蛋白酶的作用,影响全氮利用率。糖浆和盐水的混合物要求含氯化钠约 13% ~ 14%。拌曲后酱醅中含食盐（NaCl）7% 左右，不低于 6%，以免酸败变质。

（4）制醅用盐水量及计算方法

盐水用量在发酵过程中尤为重要，成曲拌入盐水后可使成曲中各种酶类游离出来，水分子进入原料内部，有利于蛋白质及可溶性物质溶出。

制醅用盐水量的计算：

$$酱醅要求水分\% = \frac{（曲重 \times 曲的水分\%）+ 盐水量 \times（1 - 氯化钠\%）}{曲重 + 盐水量} \times 100\%$$

但在实际生产中投料的总数是已知的，而成曲的重量及水分往往是未知的，根据生产实践，成曲与总料之比为 1.15:1（制曲时间 28h 左右为正常成曲）代入上式。

$$盐水量（估算）= \frac{总量 \times 成曲与总量之比 \times（酱醅要求水分\% - 曲的水分\%）}{（1 - 氯化钠\%）- 酱醅要求水分\%} \times 100\%$$

（5）制醅

即盐水拌曲下池的过程。如果酿制红酱油，将液化糖化好的浆水加入按要求的食盐和水，趁热调配成糖盐水，温度一般在 50 ~ 55℃。视气候及曲料输送路线长短而定，要求拌曲入池的酱醅品温达 40 ~ 44℃，如入池后品温低于 40℃应运当提高糖盐水的温度，再将打碎的成曲由螺旋推进器推进，在推进过程中与糖浆盐水充分拌匀，要求每一个成曲颗粒都能和盐水接蚀，不得有干曲或过湿观象。所以开始拌成曲用糖盐水可略少些，然后逐步增加，造成下层比上层略干些。拌曲完毕，将酱醅表面轻轻敲实，将保留剩余的糖盐水约 1/10 左右均匀地泼浇于酱醅表面。稍待片刻糖盐水全部吸入料内，盖上封面（顶）盐。如酿制淡色酱油，可用清盐水拌曲及适当增加拌曲盐水数量。

防止表面氧化层除了下曲拌盐水时有意增加上层水分之外，还可将面层酱醅轻轻敲实，盖上无毒的塑料薄膜，四周用食盐封面（顶），隔绝空气防止表面层的过度氧化，有效地保存了残面水分和面层的温度，取得良好的效果。

（6）保温发酵和管理

在发酵过程中，主要由各种酶系参与的生化反应。在一定范围内，当温度上升时，反应速度增加，温度下降，反应速度就减小。但温度过高，酶本身就被破坏，反应也就停止，说明各种酶的作用快慢合适与否取决于温度。所以在各个发酵阶段要严格控制最适宜发酵温度。发酵前期主要是蛋白酶系的催作用，最适温度要求 40 ~ 45℃，37 ~ 40℃也适合谷氨酰胺酶的作用。如果超过 45℃蛋白酶失活较快，影响氨基酸的生成。40 ~ 45℃发酵蛋白油水解迅速，在 7 ~ 8 天基本上完成蛋白质和淀粉质的分解任务，蛋白酶和淀粉酶基本失活。12 天完脱发酵任务（见表 7 - 4）。如果生产红酱油可在 7 天后，在 45℃基础上每天提高发酵温度 1 ~ 2℃，2 星期使品温达到 55℃左右，使酱醅中氨基酸与糖分发生迈拉德反应增加色素。如果生产淡色酱油最高品温保持在 45℃左右，2 周酱醅成熟。为了改善酱油香气和风味，可在成熟的酱醅中添加酱油酵母与嗜盐片球菌（乳酸菌）降低酱醅品温至 30 ~ 35℃，有利于酵母菌与乳酸菌的繁殖发酵，同时需要补充酱醅的含盐量达 15% 左右。补盐与降温可采用淋浇工艺达到酱醅上下层均匀的要求。通过淋浇技术使酵母菌与乳酸菌接种进入酱醅，在酱醅中繁殖发酵，这个阶段称为低温后熟发酵。时间约 15 天，整个发酵周期为 1 个月。

表 7-4　固态低盐发酵过程酶活力和酱油质置的变化

项目　　发酵天数	2	3	4	5	6	8	10	12	14
蛋白酶活性	67.86	29.02	6.43	6.43	3.16	0.904	0	0	0
淀粉酶活性	48.01	47.60	33.90	32.30	15.50	10.20	7.14	6.92	6.56
氨基氮，10%	0.55	0.844	0.864	0.874	0.881	0.912	0.948	0.944	0.864
糖分，%	6.24	9.64	9.32	8.94	8.18	8.76	8.94	8.42	7.74

上述固态低盐发醇原池浸淋法发酵温度：0~7 天为 40~45℃；7~14 天为 45~55℃；淡色酱油 0~7 天为 40~45℃，7~14 天为 45℃左右，酱醅水分为 57% 左右。

北方地区一般采用移池浸出法，发酵温度先高后低，即成曲加盐水入池，温度在 38~40℃，此时不踩曲，待第二天品温上升到 48~49℃时，将表面干皮翻一下，摊平踩实，加 1~2cm 厚的盖顶盐，以防止腐败和氧化层形成。发酵池水浴保持温度 50~55℃，品温 48~49℃，发酵 8~9 天，倒池一次，使酱醅均匀松散，品温下降到 43~46℃，再经 8~9 天，倒第 2 遍池，酱醅的品温下降到 40℃左右，发酵期为 25 天左右。由于倒醅，酱醅水分不宜太多，否则影响滤油，但酱醅水分少也会影响原料的分解和利用率的提高（酱醅水分为 50%~53%）。如此分段倒池控制温度，有利于减少酱醅氧化层，使上下层发酵条件均匀，提高风味。酱醅成熟呈紫红色，有光亮而不发乌、有酱香、无不良气味。

（7）酱醅的质量标准

① 红褐色、有光泽、不发乌，醅层颜色一致；

② 酱醅柔软、不干燥、无硬心；

③ 有酱香、味鲜、酸度适中，无苦涩异味及不良气；

④ 酱醅 pH 值不低于 4.8；

⑤ 酱醅全氮含量 4%（干基）以上，细菌数不超过 30 万个/g。

（8）酱油的浸出、加热消毒与配制

① 酱油浸出工艺流程，如图 7-5 所示。

图 7-5　酱油浸出工艺流程图

② 浸泡、滤油

当酱醅发酵成熟后，即可加入二油浸泡，亦称养胚或称浸渍。二、三油或清水叫溶剂，酱醅谓溶质，通过浸泡把酱醅中的可溶性分解产物扩散到渍体中去，这种液体谓浸出液，即酱油，最后液渣分离，提取出酱油。

浸泡方法：目前广泛采用的浸出工艺属于多效连续逆流萃取范畴，即以第 2、3 次洗涤液（二、三油）作为浸泡用水，滤得头油；以第 3、4 次洗涤液（三、四油）作为二次浸泡用水，滤得二、三油。头油和部分二油合并即为成品。最后用清水洗涤残渣得三、四油，如此逆流回套滤，一方面逐步提高头二油的浓度，得到质量较高的酱油，另一方面经过多次浸提萃取，尽可能洗净残渣中有效成分，提高得率。浸泡应注意以下三点：

浸泡温度：二、三油水浸泡前需要加热至80℃左右，提高温度可增加分子的动能，加速分子的运动和扩散作用。同时提高温度可以降低介质的黏度，减少介质对溶质分子的运动阻力。此温度愈高，扩散系数愈大，越有利于加速扩散减少黏度的作用。二、三油水加热之后利用水泵直接加入酱醅，注意在酱醅表层垫一块竹帘或塑料薄膜，使二、三油水冲在竹帘上，防止直接冲散酱醅，造成酱醅冲糊，影响淋油。二、三油水用量应根据生产酱油的品种、蛋白质总量及出品率等来决定。二、三油加毕，酱醅应保持在60℃以上，约经4h左右，酱醅慢慢上浮，随后逐步散开，此属于正常者；如酱醅整块上浮，一直不会散开，或者底部酱醅有黏块者表示发酵不良，浸出会受到一定影响。为防止上述现象，可将二油水分数次加入，先加入的二油水使酱醅润胀软化，然后再加入部分二油水便于酱醅化开上浮达到浸出（养醅）的目的。

浸泡时间：由于目前浸泡工艺是不搅拌的静态浸渍，而且头遍浸渍、酱醅和二油水浓度与黏度都很高，其分子的扩散速度就较慢，所以要有一定的浸渍时间，一般要10～20h左右，在浸渍期间注意保持温度不低于60℃，滤出头油。以后浸入三、四油及清水的浸泡时间逐步缩短到10h、2h，最后清水浸泡半小时即可，因为浸淋到后面浸液是清水，浓度很低且与酱醅的浓度差较大，较易浸出。

增加浸提次数：酱油浸提工艺习惯上采用套滤（或称逆流萃取），即二、三油套头油，三、四油套二油，清水套三、四油。如此套滤可以获得较好的酱油。在套滤时不可图方便把浸液一次加入，就会减少酱醅的洗涤次数，降低得率。正确的方法应该分多次浸泡、滤油。

③ 滤（淋）油方法

滤油亦称淋油，经过浸泡有效成分逐步溶出，以淋油方式达到渣水分离。滤油要注意以下几点：

滤油速度：浸泡时间达到后开启阀门，头油从发酵池底部放出流入酱油池中。池内预先置盛食盐的箩筐，把每批需用的食盐置筐中，流出的头油通过盐层而逐渐将盐溶解。滤油速度以中速为宜，切勿太快，防止酱醅中成分来不及溶出。待头油淋至酱醅刚露液面时，关闭阀门，再加入80℃左右的三油水，浸泡10h左右，滤出二油（部分与头油配兑成品，部分备下批浸泡用）。再加入80℃四油，浸泡2h左右，滤出三油，以后连续用清水分数次浸淋出四油。作浸泡用的二、三、四油不必加盐，保持65℃以上备下次浸泡用。

滤油要保持油层畅通。酱醅经过浸泡，内部呈悬浮状态，醅质疏松，形成均匀的毛细孔道滤层，每当淋油至酱醅即将露出液面时，应随时加入浸液，一直保持酱醅呈悬浮状态，直至最后才淋干。切忌淋油中途酱醅脱水龟裂，造成酱醅颗粒之间紧缩而结实，造成毛细孔道堵塞，发生"短路"现象，且酱醅下沉，紧粘竹篾假底影响浸滤。淋油时注意切忌搅拌破坏滤层。

三、四油及清水浸泡时间不宜太长，因为滤出头、二油后，酱醅的成分很低，含盐很少，浸泡时间过长会造成细菌污染而酸败变质，如果时间安排有困难，必须注意保持浸泡温度不得低于65℃。

浸淋酱油因为套用二、三、四油，所以注意保持生产淋油连续性，暂时不用的二、三油水不能久存，必须保持65℃以上，或加盐至18%以防变质。而浓盐水浸提，又不利于有效成分的溶出，实践证明7%以下的食盐不影响成分的浸出。

④ 影响漫泡、滤油的因素

a. 过滤面积越大，过滤速度越快。因此料层薄或悬浮疏松状态滤油快，如料层厚而酱醅紧密结实者滤油就慢。

b. 过滤压力大，滤出快，在浸出法中，过滤压力由酱醅层与水层的自重形成。

c. 滤层黏度越大，滤油速度越慢。

（9）出渣

滤油完毕，用人工或机械出渣，送入贮渣场地作饲料。机械出渣一般用平胶带输送机。出渣完毕，清洗发酵池，检查假底上的竹箅有否损坏，四壁是否漏缝，防止酱渣漏入假底下堵塞放油管道。

（10）加热、消毒与配制

将滤出的成品油（头油及部分二油）补加食盐至规定氯化钠含量后，泵入加热装置加热消毒，然后按要求兑配成各级成品酱油。

① 加热消毒的目的：

a. 迅速杀死酱油中较多的食盐病原菌。酱油在酿制过程中污染耐盐性产膜性酵母、细菌等微生物，常在酱油表面生霉花，引起酸败变质，加热消毒杀灭残存的微生物，可延长酱油贮藏期。

b. 调和香气和风味　生酱油加热后，能使酱油变得和醇圆熟，增加酯、醛等香味成分，改善口味。

c. 增加色泽　生酱油加热后，色泽略有加深，部分高分子蛋白质及悬浑物发生絮状沉淀起到澄清作用，使酱油透明有光泽感。

② 加热方法：

国内生酱油加热较普遍使用的加热设备是列管式热交换器。一般酱油加热温度以70~80℃，维持30min为宜，以免使酱油中部分低沸点易挥发的香气成分受到损失。

如果在酱油中添加核甘酸，增加酱油鲜味。必须把酱油加热到85℃维持30min，破坏酱油中存在的核苷酸分解酶——磷酸单酯酶。但是对风味较好的高档酱油，采用高温长时间灭菌会使低沸点易挥发的香气受到损失，有损酱油风味。

（11）酱油的配制

配制即将生产的半成品酱油，按商业部统一质量标准进行配兑，俗称"拼格"。使成品达到感官指标、理化指标和卫生指标。此外，由于各地习惯口味不同，对酱油要求各异，因此在原来的酱油基础上，分别调配助鲜剂、甜味剂及其他香辛料等，以增加酱油的花色品种。常用的助鲜剂有谷氨酸钠（味精）；强烈助鲜剂有5′-鸟苷酸和5′-肌甘酸；甜味剂有蔗糖、饴糖、甘草；香辛料有花椒、大小茴香、丁香、桂皮等。

酿造酱油的质量标准要符合 GB 18186—2000《酿造酱油》的规定。配制工作十分重要，不仅可以保证产品质量，而且关系到企业的经济效益。

① 防霉

为了防止酱油生白霉变，可以在成品中添加一定量的防腐剂。习惯使用的酱油防腐剂有苯甲酸、苯甲酸钠等品种，尤以苯甲酸钠为常用。

②澄清、过滤与包装

生酱油加热后，随着温度的增高，逐渐产生凝结物，酱油变得浑浊，须放置于容器中，静置数日，使凝结物及其他杂质积聚于容器底部，从而使成品酱油达到澄清透明的要求，这个过程称为澄清。

2）高盐稀态发酵工艺

高盐稀态发酵工艺是在我国传统发酵工艺上改进的。同时又吸收消化了国外许多先进技术。发酵周期为3～6个月，酱油产品氨基酸态氮生成率高，约为全氮的60%左右，酱油风味好。高效稀态发酵工艺如图7-6所示。

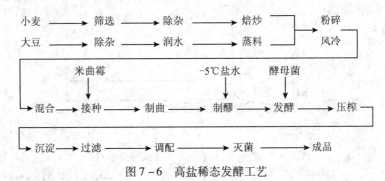

图7-6　高盐稀态发酵工艺

两种发酵工艺关键的区别在于发酵与油渣分离的方法和条件：① 低盐固态发酵工艺发酵温度低、水分小，使酶类和微生物存活率降低，氨基酸的生成率相对较低，无法添加生香酵母和乳酸菌。② 高盐稀态发酵工艺发酵时间长、水分大，起作用的酶类全，氨基酸生成率较高。两种工艺比较见表7-5。

表7-5　两种工艺比较

工艺	原料	酱醪含盐量/%	酱醪含水量/%	发酵温度/℃	发酵周期/天	出油方式	产品色泽	成品风味	成本
低盐固态	麸皮、豆粕	8～11	50～60	40～50	30	淋油	深褐色	有酱油香气	低
高盐稀醪	小麦、豆粕	17～20	70～80	5～30	180	压榨	浅褐色	香气浓郁	高

两种方法工艺条件的较大差异，决定了低盐固态酱油的风味远不如高盐稀态酱油。但高盐稀态发酵工艺发酵周期长，生产成本高，这也是该工艺需要不断改进之处。本情境中主要讨论低盐固态酱油发酵工艺生产酱油。

2.5　酱油生产中的主要生产设备

酱油生产设备主要包括原料处理设备、制取设备和发酵设备等。现介绍一些主要设备情况。

2.5.1　种曲室及其设施

种曲室的要求是，冬天便于保温保湿，夏天又容易排热降温，周围环境清洁，曲室密闭条件好，利于灭菌。曲室一般长5m，宽3.5m，高3m，墙壁、门窗要有一定的厚度，有利于隔热。上顶弧圆形并设有气窗排除余热，四壁抹水泥，有条件用磨石水泥或油漆，便于清洗。四周置有排水沟及保暖设备。

1）矩形通风曲池

矩形通风曲池是最普通，应用广泛，建造简易。曲池可砌半地下式或地面式，长度一般为8~10m，宽度为1.5~2.5m，高为0.5m左右。曲池（曲箱）底部的风道，有些斜坡，以便下水。通风道的两旁有10m左右的边，以便安装用竹帘或有孔塑料板、不锈钢板等制作的假底，假底上堆放曲料（图7-7）。

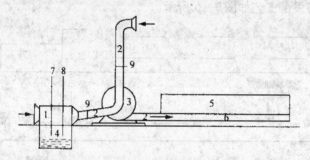

图7-7　矩形曲池（曲箱）通风制曲示意图

1—温湿调节箱；2—通风管道；3—通风机；4—贮水池；5—曲池（曲箱）；

6—通风假底；7—水管；8—蒸汽管；9—闸门

2）圆盘式通风制曲设备

盘式制曲设备不仅可用于大企业，而且也适用于小企业。熟料入曲、翻曲和出曲等都能做到机械化和连续化。如图7-8所示。

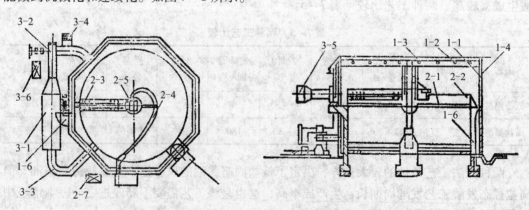

图7-8　圆盘式自动制曲设备（单层曲室式）

1-1—保温内壁；1-2—加热管；1-3—保温外室；1-4—钢架；1-5—门；1-6—培养床的混凝土基础；

2-1—回传圆盘培养床；2-2—培养床驱动装置；2-3—翻曲机；2-4—入曲及出曲装置；2-5—中心圆筒；

2-6—培养床侧壁；2-7—操作台；3-1—空气调节机；3-2—送风机；3-3—通风道；3-4—调节板；

3-5—散热片式加热器；3-6—控制台（盘）

2.5.2 常用发酵设施

1) 发酵池容器

用于酱油的发酵的容器通常为发酵池。发酵池的建造要求十分严格，防止裂缝漏油，池底略倾斜，置不锈钢管一根，管口装阀门，浸淋酱油用。离油底10cm处设一假底，假底使用木制或钢筋水泥板制成，板面铺簾席，四周固定，防止漏渣。池面配有木盖及塑料纸保温。池内涂环氧树脂以防腐蚀。发酵池外套水浴池，称水浴保温，或者在假底下部直接通入一根多孔汽管，称汽浴保温。汽浴保温开汽前须排尽冷凝水后方可放汽，并须注意缓慢升温。直接蒸汽保温建造比较简单造价低。如采用酱醅移位浸出法，发酵池不需设假底及淋油管道，但须另有假底的浸泡池一组。如图7-9所示。

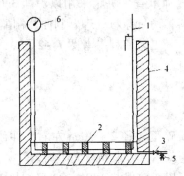

图7-9 发酵池保温装置
1-蒸汽管；2-假底；3-放油阀；4-发酵池；5-排水阀

2) 制醅机

制醅机俗称下池机，是将成曲破碎，拌和盐水及糖浆液成醅后进入发酵容器内的一种机器。其由机械破碎、斗式提升及绞龙拌和兼输送（螺旋拌和器）三个部分联合组成。此机大小根据各厂所采用的发酵设备来决定，其形状如图7-10所示。绞龙的底部外壳，须特制成一边可脱卸的，便于操作完毕后冲洗干净，以免杂菌污染。

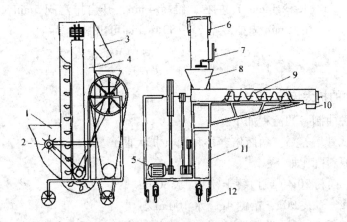

图7-10 制醅机示意图
1-成曲入口；2-碎曲机；3-升高机出口；4-升高机；5-电动机；6-升高机调节器；
7-盐水管及糖浆液管；8-入料斗；9-螺旋拌合器（绞龙）；10-出料口；11-铁架；12-轮子

3　制订工作计划

通过工作任务的分析，对酱油生产所需菌种、原料、生产培养基组成及发酵工艺已有所了解。在总结上述资料的基础上，通过同小组的学生讨论，教师审查，最后制订出工作任务的实施计划。

3.1　确定酱油生产工艺

通过同小组的学生讨论，教师审查，决定采用以沪酿 3.042 米曲霉为菌种，以豆饼、小麦、麸皮、食盐、水等为原料，通过原料处理、制曲、制醅、低盐固态发酵、滤油、调配等工序生产合格的酱油产品。其工艺流程参考图 7-2。

3.2　原料及处理

3.2.1　原料粉碎

用粉碎机将豆饼、小麦等粉碎至粒径 2～3mm 左右，并使 20 目以下粉末不超过 5%，3.1mm（8 目）以上颗粒不超过 20%，力求颗粒大小均匀。

用于液化、糖化的淀粉时可以粉碎成状 100～200 目细粉。

3.2.2　润水及蒸煮

先将豆粕原料真空抽入旋转蒸煮锅，开蒸汽干蒸至 110℃，（豆粕因被抽取油脂后系低温处理的，干蒸使蛋白质凝固，防止产生结块黏糊现象）关闭蒸汽，开启排气阀，使锅压力降到 0 后，泵入计算量水，豆粕吸水后，旋转锅身浸润 40min 后停止旋转，添加配方量的辅料小麦片及麸皮，再旋转混合 20min，开蒸气升压至 $1.9 \times 10^4 Pa$（$0.5kgf/cm^2$）后关蒸汽，开排气阀降压到 0 后，关闭排气阀，继续通入蒸汽。转锅内的温度上升到 120℃，压力为 $14.71 \times 10^4 Pa$（$1.5kgf/cm^2$）左右，维持 4min，开启排汽阀 5min，压力快速脱压至 0，接着开启真空，在 10min 内抽冷至 75～80℃，即可出料。

3.3　制曲

3.3.1　菌种的扩大培养

一般工业上种曲制备的流程如下：

原菌→斜面试管培养→三角瓶培养→种菌（扩大曲）

三角瓶种曲原料配比如下：

a. 麸皮 80g，面粉 20g（或白薯干粉），水 80mL。

b. 豆粕粉 10g，麸皮 90g，饴糖 4g，水 100mL。

将上述培养基任选一种拌匀原料，装入三角瓶，以 1cm 厚左右为宜。夏天比冬天略薄些。加上棉塞，扎好防潮纸，蒸汽加压 $9.806 \times 10^4 Pa$（$1kgf/cm^2$）（120℃）灭菌，维持 30min 后，趁热把结块的熟料摇松。待冷却后，在无菌室接种。用接种环挑取试管斜面上的曲霉孢子 1~2 环放入三角瓶，迅速塞上棉塞，全部接种完毕，充分摇匀。于 30±1℃ 恒温箱内培养约 18h 左右，当瓶内曲料菌丝布满已稍结饼时，摇瓶一次（即将瓶在手掌中轻轻敲碎结块）。置 25~28℃ 恒温箱中培养 4~5h 又结块时，再轻轻摇碎。继续按上述温度培养约 42h 后曲料呈淡黄绿色且结块，可把三角瓶轻轻地倒置过来，使瓶内多余的水分从棉塞中吸附而流出。再在 28℃ 的保温下培养 1 天。共计 72h。

3.3.2 种曲的制备及保存

1）常用的种曲制备工艺流程如图 7-11 所示。

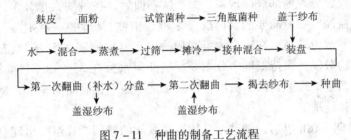

图 7-11 种曲的制备工艺流程

2）原料配比和处理

① 麸皮 80g、面粉 20g（或干薯粉 20g）、水（总用量 75%~80%）。

② 麸皮 85g、豆粕粉 15g、水（总用量 90% 左右）。

原料混合拌水后即可蒸料，熟料总水分也在 50%~54%。

3）接种与培养

熟料过筛后要求尽快冷至 40℃ 以下，每盘装料厚度在 1cm 以下。接种量按总原料接入三角瓶种曲 0.5%。接种后装入曲盘，上面盖灭菌（清洁）的干纱布放入制曲室培养。控制室温 28℃、品温 30℃、相对湿度 30%~35%。培养 16h 左右，当品温上升至 34~35℃，曲料表面稍有白色菌丝，进行第一次翻曲。翻曲后堆叠成十字形。室温按品温要求适当降低至 26~28℃，翻曲后 4~6h，当品温又上升至 36℃ 时，进行第二次翻曲，每翻毕一盘，上盖灭菌湿纱布一张，曲盘改堆成品字形。掌握品温在 30~36℃。培养至 50h 揭去纱布，继续培养一天，共 3 天成熟。

4）种曲的保存

自制种曲尽量随做随用，含水较高的种曲，不宜久存。对暂时不用的种曲，经 40~45℃ 通风干燥，水分在 10% 以下，才可以保存数月。

3.3.3 制曲管理

制曲即培养曲霉菌要管好制曲，首先要了解曲霉菌的生长规律及其生理变化。

曲霉菌在曲料上生长的变化（以沪酿 3.042 米曲霉，厚层通风制曲为例）

① 孢子发芽期 曲料接种后，米曲霉得到适量的水分与温度，开始发芽，接种初期 4~5h 是米曲霉的孢子发芽期。霉菌的最适发芽条件为 30~34℃，过高过低都会招致杂菌的污染。

② 菌丝生长期 孢子发芽后，接着生长菌丝。品温逐渐上升，就需要间歇通风，维持品温在 30~35℃，培养到 8~12h，曲料稍见白色菌丝，手感略有结块，说明菌丝体已

经形成。随着菌丝的逐渐形成曲料的结块需要连续通风，通风阻力也逐渐增加，品温出现上层高、下层低，温差增大，风压表上毫米水柱也上升，通风量减少。为使曲料疏松，减少通风阻力，需要进行第一次翻曲。

③ 菌丝繁殖期 菌丝繁殖期在接种后 12~18h。第一次翻曲后，连续不断通风供给空气，菌丝发育更加旺盛，品温上升也极为迅速，必须加强管理，控制曲室及曲料的温度，品温仍旧控制在 30~35℃。菌丝繁殖期可看到曲料全部发白的菌丝。随着水分的散发，曲料第二次结块收缩，面层产生裂缝现象，应进行第二次翻曲，否则裂缝处会出现跑风，造成曲料层缺少空气而出现局部烧曲现象。第二次翻曲后，各种酶大量分泌，酶对温、湿度十分敏感，其中酱油发酵所需要的蛋白酶（酸性、中性、碱性），特别是谷氨酰胺酶、肽酶等在低温条件下活力较高。在这个大量产酶阶段，温度控制在 30±2℃ 左右为宜。随着通风面带来水分的散发，保持湿度十分重要，当曲料水分在 35% 以下，酶活力基本停止。在夏季如没有空调是很难达到的，所以自古以来夏季是不宜制曲的季节，夏天的酱油出品率和质量部不如其他季节。

④ 孢子着生期 18h 以后，随着水分挥发和菌丝的繁殖，如继续出现裂缝跑风现象而造成品温不均匀，可采用铲曲或第三次翻曲措施。品温仍要求在 30℃ 左右。这个阶段，孢子从着生到成熟，使曲料从淡黄色到嫩黄绿色。在孢子着生期各类酶系大量分泌，着重注意温度管理。整个周期约 28h 左右。

制曲的 4 个阶段与温度、原料水分有关。如温度低、水分大、周期延长、曲活力也较高，反之周期就缩短。如采用竹匾，曲盘制曲生长周期相应延长至 32h 左右。

3.3.4 制曲操作

1）竹匾、曲盘制曲操作法

原料蒸熟后要经过冷却、接种的程序，然后制曲。接种后分装入竹匾或曲盘，装入数量视气候而定，一般大号竹匾每只装料 5kg 左右，冬天适当多些，夏天少些，匾或盘规格各地不一，以摊平后厚度约 2.5cm 左右。曲料装匾后为了保持温度，开始堆成丘形，中间呈凹状，冷天堆得厚些，夏天摊得薄些。竹匾放在竹架上，曲盘可堆分成柱形，夏天避成品字形。

冬天曲室要预热到 28~30℃，曲料入室后要求维持品温 30℃ 左右。保持室内相对湿度 95%，即干湿球计相差 1℃。开始时，孢子在发芽期，由于曲料本身散热，品温逐渐下降，依靠外界的室温保暖，不使品温低于 28℃。7~8h 后菌丝逐渐繁殖，曲料本身品温逐渐回升，经过 15~17h 菌丝大量繁殖，曲料表面出现白色菌丝，手感已有结块，品温上升至 37~38℃，不得超过 40℃，即可进行翻曲，先热先翻，底层匾（盘）热得迟，可上下调换位置。翻曲后菌丝大量繁殖，曲料自身散发出呼吸热和分解热。注意降低室温至 25~26℃，品温在 28~35℃，宁低勿高，最高不超过 37℃。曲盘堆成斜品字形，夏天可在地上洒冷水减少料层，减少投料量，开启排风扇和曲室所有门窗等。培养期应经常交换上下层位置，调整上下层的温差。24h 开始着生孢子，品温不再上升。继续保持品温 28~32℃，干温球计相差 2℃ 左右。32~36h 呈黄绿色孢子即可出曲。

2）厚层通风制曲操作法

（1）熟料冷却与接种

目前国内很多工厂采用旋转式转锅、水力喷射泵，真空抽冷至 70~80℃，熟料倾倒入螺旋输送机吹冷至 40~50℃，接入 0.3%~0.4% 种曲。种曲事先用 4~5 倍麸皮搓碎均匀。接种温度：夏天 40℃，冬天 50℃。经高压鼓风机管道气流风送，通过旋风分离器进入曲池。因经过气流输送，原料进入曲池的品温约 35℃ 左右，接种时的温度虽然略高，但仅一瞬间。如果进入曲池的温度超过 40℃，就得考虑降低接种温度。在热天接种温度因设备关系难以下降，可采取原料一边进入曲池、一边利用制曲鼓风机吹冷，使高温堆积时间不太长。因为制曲是在敞口条件下操作和带菌的条件下输送，制曲的原料又是以营养丰富的蛋白质为主，若在高温下停留时间稍久，给有害细菌提供了繁殖条件，不利于米曲霉的发芽生长。管道气流输送，最大缺点是管壁集积熟料不易清洗，极易污染细菌，如蒸锅和制曲在同一平面，尽量不采用管道送料。曲料输送完毕，立即开启鼓风机循环通风数分钟，称谓调温，即使曲池内曲料上下层温度均匀为止。鼓循环风时保持曲室在 30℃ 左右。调温结束，保持品温 30~32℃，在曲料的上中下各插温度计一支，室温 30℃ 左右。另一方面注意清理，冲洗输送熟料的绞龙、管道，积料务必清理干净，定期灭菌。

（2）培养

接种后静止培养，6h 左右料层升温至 35~36℃，即开机通风，使品温降至 30℃，停止通风。以后按温度的升降决定风机的开关，维持品温在 30~35℃。随着菌丝生长，曲料结块，料层阻力增加，除循环通风之外可掺入部分室外自由空气。当曲料上下层温差增大，肉眼已能看到白色菌丝，一般在接种后 8~12h 可进行第一次翻曲，使曲料疏松。翻曲前通风降低品温到 28℃ 以下，然后停风机，迅速翻曲，翻曲时间要抓紧，因停风机过长防止曲料升温太猛造成损失。翻曲料结束后一面平整曲料，一面通风降温，继续保持品温在 30~35℃，经过 4~6h，根据曲料品温上升和收缩、裂缝等情况，进行第二次翻曲。第二次翻曲后，保持品温在 30±2℃，室温以品温的要求来调节，力求做到后期低温制曲。以后出现曲料收缩、裂缝、跑风现象，可用铁铲铲曲。总的来说如果第一次翻曲迟一些致使曲料老一些。整个制曲翻三次即可。如果第一次翻得早些（嫩些）就有可能翻三次曲。培养到 30h 左右，曲料呈淡黄绿色孢子丛生，菌丝很浓，即可出曲。

（3）成曲质量的鉴定

感官鉴定：① 手感曲料疏松柔软，具有弹性；② 外观菌丝丰满粗壮，密密着生嫩黄绿色的孢子色，无夹心；③ 具有曲子特有香气，无霉臭及其他异味。

理化指标：① 水分要求：1 天曲，32%~34%，2 天曲，26%~28%；② 福林法测定中性蛋白酶在 1000 单位/g（干基）以上；③ 成曲细菌总数 50 亿个/g 以下。

3.4 固态低盐发酵

3.4.1 固态低盐发酵的特点

低盐固态发酵是 20 世纪 70 年代由上海调味品研究所研制，因其原料多为麦麸，发酵时间一般在半个月左右的优点，被当时普遍推广。目前，低盐固态方法生产的酱油占我国酱油总量的 70% 以上，此工艺为我国独有的酱油生产工艺。

固态发酵是微生物在没有或基本没有游离水的固态基质上的发酵方式，固态基质中气、液、固三相并存，即多孔性的固态基质中含有水和水不溶性物质。与液态发酵相比，固态发酵有以下优点：

① 以豆饼或豆粕与麸皮为原料；② 采用低盐固态发酵，水分活度低，基质水不溶性高，微生物易生长，酶活力高，酶系丰富，改善了酱油风味，提高了质量；③ 发酵过程粗放，不需严格无菌条件；④ 设备构造简单、投资少、能耗低、易操作；⑤ 后处理简便、污染少，基本无废水排放。

3.4.2　固态低盐发酵的操作要点

见本章 2.4.4 酱油发酵工艺。

4　工作任务实施

通过前面对工作任务的分析和计划制订，已经对以米曲霉生产菌，以豆饼、小麦为原料，通过低温固态发酵生产酱油的工艺过程、主要设备、酱醅发酵、酱油配制等有所了解和掌握。在工作任务制定基础上，就酱油生产的工作任务实施进行阐述。

4.1　原料处理

豆饼粉碎：豆饼粉碎是为润水、蒸熟创造条件的重重工序。一般认为原料粉碎越细，表面积越大，曲霉繁殖接触面就越大，在发酵过程中分解效果就越好，可以提高原料利用率；但是碎度过细，润水时容易结块，对制曲、发酵、浸出、淋油都不利，反而影响原料的正常利用。所以细碎程度必须适当控制，只要大部分达到米粒大小就行。

其他原料的处理：使用小麦、玉米、碎米或高粱作为制曲原料时，一般应先经炒焙，使淀粉糊化及部分糖化，杀死原料表面的微生物，增加色泽和香气。也可以将上述原料直接磨细后，进行液化、糖化，用于发酵。

以其他种子饼粕作为原料的处理方法与豆饼大致相同。米糠饼可经细碎作为麸皮的代用品。

4.2　润水

润水是使原料中含有一定的水分，以利于蛋白质的适度变性和淀粉的充分糊化，并为米曲霉生长繁殖提供一定水分。常用原料配比为豆饼 100∶麸皮 50~70；加水量通常按熟料所含水分控制在 45%~50%。如使用冷榨豆饼，要先行干蒸，使蛋白质凝固，防止结块，然后加水润料。润水时要求水、料分布均匀，使水分充分渗入料粒内部。

4.3　蒸料

蒸料是使原料中的蛋白质适度变性及淀粉糊化，成为容易为酶作用的状态。此外，还可以通过加热蒸煮，杀灭附在原料表面的微生物，以利于米曲霉的生长。用旋转式蒸煮锅蒸料，应先排放进气管中的冷凝水；原料冷榨豆饼经干蒸、润水后，开放排气阀排除冷气，以免锅内形成假压，影响蒸料效果。至排气管开始喷出蒸汽时，关闭排气阀；待压力升至 $0.3 kg/cm^2$ 时，再一次排放冷气，压力表降到零位，然后按要求升压。蒸料压力一般控制在 $0.8~1.5 kg/cm^2$ 左右，维持 15~30min。在蒸煮过程中，蒸锅应不断转动。蒸料完毕后,立即排气,降压至零,然后关闭排气阀,开动水泵用水力喷射器进行减压冷却。锅内品温迅速冷至需要的程度,即可开锅出料。

4.4 制曲

本任务采用厚层通风制曲。厚层通风制曲成曲质量稳定,制曲设备占地面积少;管理集中、操作方便;减轻劳动强度;便于实现机械化,提高劳动生产率。

原料经蒸熟出锅,在输送过程中打碎小团块,然后接入种曲。种曲在使用前可与适量新鲜麸皮充分拌匀,种曲用量为原料总重量的0.3%左右,接种温度40℃上下为好。

曲料接种后多入曲池,厚度一般为20~30cm,堆积疏松平整,并及时检查通风,调节品温至28~30℃,静止培养6h,品温即可升至37℃左右,开始通风降温。以后根据需要,间歇或持续通风,并采取循环通风或换气方式控制品温,使品温不高于35℃。入池11~12h左右,品温上升很快,此时由于菌丝结块,通风阻力增大,料层温度出现下低上高现象,并有超过35℃的趋势,此时应即进行第一次翻曲。以后再隔4~5h,根据品温上升及曲料收缩情况,进行第二次翻曲。此后继续保持品温在35℃左右,如曲料又收缩裂缝,品温相差悬殊时,还要采取1~2次铲曲措施。入池18h以后,曲料开始生孢子,仍应维持品温32~35℃,至孢子逐渐出现嫩黄绿色,即可出曲。如制曲温度掌握略低一点,制曲时间可延长至35~40h,对提高酱油质量有好处。

制曲过程中,要加强温度、湿度及通风管理,不断巡回观察,定时检记品温、室温、湿度及通风情况。

制曲操作归纳起来有:"一熟、二大、三低、四均匀"四个要点。

一熟:要求原料熟透好,原料蛋白质消化率在80%~90%;

二大:大风、大水。曲料熟料水分要求在45%~50%;曲层厚度一般不大于30cm,每立方米混合料通风量为70~80m³/分;

三低:装池料温低、制曲品温低、进风风温低。装池料温保持在28~30℃;制曲品温控制在30~35℃;进风风温一般为30℃。

四均匀:原料混合及润水均匀,接种均匀,装池疏松均匀,料层厚薄均匀。

4.5 发酵

固态低盐发酵的主要操作如下:

4.5.1 食盐水配制

根据经验,100kg水中溶食盐1.5kg左右,可以配成1°Bé的盐水,食盐在水中溶解后,以波美氏比重计测定盐水浓度。

4.5.2 制醅

将准备好的11~12°Bé盐水,加热至50~55℃,再将成曲和盐水充分拌匀入池。拌盐水时要随时注意掌握水量大小,通常在醅料入池最初的15~20cm厚的醅层时,应控制盐水量略少,以后逐步加大水量,至拌完后以能剩余部分盐水为宜。最后将此盐水均匀淋于醅面,待盐水全部吸入料内,再在醅面封盐。盐层厚约3~5cm,并在池面加盖。成曲拌

加的盐水量要求为原料总重量的 65% ~ 100% 为好。

成曲应及时拌加盐水入池，以防久堆造成"烧曲"。在拌盐水前应先化验成曲水分，再计量加入盐水，以保证酱醅的水分含量稳定。入池后，酱醅品温要求为 42 ~ 50℃，发酵 8 天左右，酱醅基本成熟，为了增加风味，通常延长发酵期为 12 ~ 15 天。发酵温度如进行分段控制，则前期为 40 ~ 48℃，中期为 44 ~ 46℃，后期为 36 ~ 40℃。分段控制有利于成品风味的提高，但成品色泽较浅，发酵期间要有专人负责管理，按时检记温度，如发现不正常现象，要及时采取必要的措施纠正。

固态低盐发酵的操作要特别注意盐水浓度和控制制醅用盐水的温度，制醅盐水量要求底少面多，并恰当地掌握发酵温度。

4.6 浸出

浸出是指在酱醅成熟后利用浸泡及过滤的方式将其可溶性物质溶出。浸出包括浸泡、过滤两个工序。

4.6.1 浸泡

按生产各种等级酱油的要求，酱醅成熟后，可先加入二淋油浸泡，加入二淋油时，醅面应铺垫一层竹席，作为"缓冲物"。二淋油用量通常应根据计划产量增加 25% ~ 30%。加二淋油完毕，仍盖紧容器，防止散热。2h 后，酱醅上浮。浸泡时间一般要求 20h 左右，品温在 60℃以上。延长浸泡时间，提高浸泡温度，对提高出品率和加深成品色泽有利。如为移池浸出，必须保持酱醅疏松，必要时可以加入部分谷糠拌匀，以利浸滤。

4.6.2 过滤

可采取间歇过滤和连续过滤。酱醅经浸泡后，生头淋油可以从容器的假底下放出，溶加食盐，待头油将完，关闭阀门；再加入预热至 80 ~ 85℃的三淋油，浸泡 8 ~ 10h，滤出二淋油；然后再加入热水，浸泡 2h 左右，滤出三淋油备用。总之，头淋油是产品，二淋油套出头淋油，三淋油套出二淋油，最后用清水套出三淋油，这种循环套淋的方法，称为间歇过滤法。但有的工厂由于设备不够，也有采用连续过滤法的，即当头淋油将滤光，醅面尚未露出液面时，及时加入热三淋油；浸泡 1h 后，放淋二淋油；又如法滤出三淋油。如此操作，从间淋油到三淋油总共仅需 8h 左右。滤完后及时出渣，并清洗假底及容器。三淋油如不及时使用，必须立即加盐，以防腐败。

在过滤工序中，酱醅发黏、料层过厚、拌曲盐水太多、浸泡温度过低、浸泡油的质量过高等因素，都会直接影响淋油速度和出品率，必须引起重视。

4.7 配制加工

4.7.1 加热

生酱油加热，可以达到灭菌、调和风味、增加色泽、除去悬浮物的目的，使成品质量进一步提高。加热温度一般控制在 80℃以上。加热方法习惯使用直接火加热、二重锅或蛇形管加热以及热交换器加热的方法。在加热过程中，必须让生酱油保持流动状态，以免焦糊。每次加热完毕后，都要清洗加热设备。

4.7.2 配制

为了严格贯彻执行产品质量标准的有关规定，对于每批产成的酿造酱油，还必须进行适当的配制。配制是一项细致的工作，要做好这项工作，不但要有严格的技术管理制度，而且要有生产上的数量、质量、储放情况的明细记录。配制以后还必须坚持进行复验合格，才能出厂。

4.7.3 防霉

为了防止酱油生白霉变，可以在成品中添加一定量的防腐剂。以苯甲酸钠最为常用。

4.7.4 澄清及包装

生酱油加热后，产生凝结物使酱油变得浑浊，必须在容器中静置 3 天以上，方能使凝结物连同其他杂质逐渐积累于器底，达到澄清透明的要求。如蒸料不熟及分解不彻底的生酱油，加热后不仅酱泥生成量增多，而且不易沉降。酱泥可再集中过滤，回收酱油。

酱油包装分洗瓶、装油、加盖、贴标、检查、装箱等工序，最后作为产品出厂。

5 工作任务检查

工作任务完成后，通过同小组的学生互查、讨论，对工作任务的实施过程进行全程检查，最后由教师审查，并提出改进意见。检查主要内容为：

5.1 原材料及培养基组成的确定

由学生分组讨论，因地制宜地提出生产原料，培养基组成和配比，并说明选择的理由，由指导老师审核，并提出修改意见，讲解原因。

5.2 培养基及发酵设备的灭菌

每一小组的学生都要对本情境的生产原料、培养基、设备管道和通气的灭菌提出方案，同时制订出相应的灭菌工艺，经指导教师审查后，确定空消、实消和空气灭菌的具体方案。

5.3 种曲培养和成曲质量的鉴定

由同小组的学生讨论并总结出种曲培养的培养条件、接种量及成曲的鉴定方法，由指导教师审查后，提出修改意见后方可实施。

5.4 固态低盐发酵工艺及操控参数的确定

让学生结合发酵工艺，对固态低盐发酵设备的选用、以及发酵条件（种曲加入量、加盐量、发酵温度、酱醅湿度等）如何调控进行讨论并形成方案，由指导教师审查修改后实施。

5.5 酱油的浸出、加热消毒与配制

针对酱油固态发酵的特性，讨论采用适当的浸出工艺、加热消毒工艺及配制的工艺流程并形成方案，由指导教师审查修改后实施。

5.6 产品检测及鉴定

工作任务实施结束后，要对生产的产品进行检测和鉴定。主要包括对产品产量、收率和质量进行检查。酿造酱油的质量标准要符合 GB 18186—2000《酿造酱油》的规定。

6 工作任务评价

根据每个学生在工作任务完成过程中的表现以及基础知识掌握等情况进行任务评价。采用小组学生之间和不同小组之间互评，由指导教师根据量化的评分标准给出最终评价。本工作任务总分100分，其中理论部分占40分，生产过程及操控部分占60分。

6.1 理论知识（40分）

依据学生在本工作任务中对上游技术、发酵和下游技术方面理论知识的掌握和理解程度、每一步实施方案的正确与否进行量化，依据小组学生之间互评、理论考核，由指导教师给出最终评分。

6.2 生产过程与操控（60分）

6.2.1 原料识用与培养基的配制（10分）

① 碳氮源及无机盐的选择是否准确；② 称量过程是否准确、规范；③ 加料顺序是否正确；④ 物料配比和制作是否规范、准确。

6.2.2 培养基和发酵设备的灭菌（10分）

在酱油生产以前，学生必须对培养基、设备、管道和通入的空气进行灭菌，确保发酵过程中无严重杂菌污染现象。因此，指导教师要对以上环节对学生作出评分，并进行杂菌检测，根据检测结果进行最终评价。

6.2.3 种曲培养（10分）

根据学生在米曲霉的制曲工艺规程进行操作和质量鉴定，由指导教师根据实际操作情况进行打分。

6.2.4 固态低盐发酵工艺操控（15分）

① 种曲加入量是否合适、均匀；② 盐的加入量是否合适；③ 温度控制及温度调节是否准确；④ 酱醅湿度控制及调节是否准确及时；⑤ 固态发酵终点的判断是否准确；⑥ 发酵过程中是否出现染菌等异常现象。

6.2.5　酱油的浸出、加热消毒与配制（10分）

① 酱醅浸出工艺是否正确；② 酱醅浸淋方法操作是否正确规范；③ 浸出液消毒温度、时间是否正确合理；④ 酱油配制过程是否正确。

6.2.6　产品质量（5分）

生产的酱油产品质量应符合 GB 18186—2000《酿造酱油》的质量要求。

思考题

1. 酱油生产常用的生产工艺有哪些？
2. 酱油生产常用的菌种有哪些？为什么不用黄曲霉作为生产菌种？
3. 种曲的培养基的组成如何？成熟种曲有哪些特征？
4. 情境工艺中菌种扩大培养的目的和要求？
5. 固态低盐发酵工艺中，酱醅发酵为什么要盐封？
6. 发酵过程中如何防止早期杂菌污染？
7. 成熟酱醅提取酱油的工艺有哪些？
8. 生酱油是如何配制成成品酱油的？
9. 查阅高盐稀态发酵工艺的资料。

参考文献

［1］张永华，刘耘. 调味品生产工艺学［M］. 广州：华南理工大学出版社，2001.

［2］陈骑声，林祖申. 酱油及酱类的酿造［M］. 北京：化学工业出版社，1987.

［3］林祖申. 酱油生产技术问答［M］. 北京：中国轻工业出版社，2000.

情境八　有机酸——柠檬酸

学习目的和要求

　　(1) 知识目标：了解柠檬酸生产的原料，掌握培养基的种类和配制方法；了解霉菌的菌落形态、特点和繁殖方法，掌握柠檬酸生产菌的种类和特点；掌握菌种扩大培养的方法，了解柠檬酸发酵工艺、参数的种类和操控方法。

　　(2) 能力目标：掌握霉菌发酵特点、生产工艺，了解柠檬酸培养基和发酵设备灭菌的方法。掌握柠檬酸发酵料液的预处理、不溶盐中和提取法、真空蒸发结晶的精制方法、沸腾干燥等加工方法。

　　(3) 情感目标：培养学生学习过程中形成的使命感、责任感、自信心、进取心、团队合作精神等方面的自我认识和自我发展。

1　接受工作任务

1.1　工作任务介绍

　　柠檬酸又名枸橼酸，学名2—羟基丙烷—1，2，3—三羧酸，分子式：$C_6H_8O_7$，分子量：192.14，CAS号77—92—9，是一种重要的有机酸。产品为无色晶体，常含一分子结晶水，无臭、有很强的酸味、易溶于水，在潮湿空气中微有潮解性。其钙盐在冷水中比热水中易溶解，此性质常用来鉴定和分离柠檬酸。柠檬酸结晶形态因结晶条件的不同而不同，有无水柠檬酸：$C_6H_8O_7$，也有含结晶水的柠檬酸 $C_6H_8O_7 \cdot H_2O$ 或 $C_6H_8O_7 \cdot 2H_2O$。结晶时控制适宜的温度可获得无水柠檬酸。

1.1.1　物理性质

　　天然柠檬酸在自然界中分布很广，主要存在于植物和动物中。人工合成的柠檬酸是用糖蜜、淀粉、葡萄糖等含糖物质发酵而制得的，可分为无水和水合物两种。

　　柠檬酸结晶温度低于36.3℃时从水溶液中结晶的柠檬酸带一分子的结晶水。一水柠檬酸分子量210.14，属斜方晶系，晶体常温下稳定，温和加热至70~75℃时会"软化"失水，至135~152℃完全融化。迅速加热至100℃时失水固化成无水结晶，继续加热至153℃时融化成液体。结晶温度高于36.3℃时，从水溶液中结晶的柠檬酸不带结晶水。无水柠檬酸结晶分子量 192.13，属单斜晶系。一水结晶柠檬酸暴露于干燥空气会失去结晶水。一水柠檬酸成品通常用双层塑料袋和纸袋作内包装，久贮易结块。柠檬酸极易溶于水、乙醇，难溶于乙醚等有机溶剂。柠檬酸在各种温度下的溶解度见表 8-1，在各种有机溶剂中溶解性见表 8-2。

表 8-1 柠檬酸在水中的溶解度

温度/℃	饱和溶液浓度/（g/100g 溶液）	固相物质
10	54	一水柠檬酸
20	59.2	一水柠檬酸
30	64.3	一水柠檬酸
36.6	67.3	一水柠檬酸与无水柠檬酸
40	68.6	无水柠檬酸
50	70.9	无水柠檬酸
60	73.5	无水柠檬酸
70	76.2	无水柠檬酸
80	78.8	无水柠檬酸
90	81.4	无水柠檬酸
100	84.0	无水柠檬酸

表 8-2 柠檬酸在有机溶剂中的溶解度

溶剂	溶解度（g/100g 溶液）	溶剂	溶解度（g/100g 溶液）
甲醇	197	乙酸乙酯	5.27（一水酸）
乙醇	61.1	乙醚	2.17（一水酸）
戊醇	15.4	二乙醚	1.05（一水酸）
戊酸乙酯	4.22	氯仿	0.0075（一水酸）

1.1.2 化学性质

柠檬酸加热至 170℃ 失水形成乌头酸，反应式如下：

$$
\begin{array}{c}
CH_2{-}COOH \\
| \\
COH{-}COOH \\
| \\
CH_2{-}COOH
\end{array}
\xrightarrow[-H_2O]{175℃}
\begin{array}{c}
CH{-}COOH \\
\| \\
C{-}COOH \\
| \\
CH_2{-}COOH
\end{array}
$$

在低温和酸性条件下柠檬酸的叔羟基被高锰酸钾氧化，碳链断裂形成丙酮二羧酸，用发烟硫酸加热产生类似反应：

$$
\begin{array}{c}
CH_2COOH \\
| \\
HO{-}C{-}COOH \\
| \\
CH_2{-}COOH
\end{array}
\xrightarrow[<35℃]{KMnO_4\ H_2SO_4}
\begin{array}{c}
CH_2COOH \\
| \\
C{=}O \\
| \\
CH_2{-}COOH
\end{array}
+ K_2SO_4 + MnSO_4 + H_2O + CO_2
$$

柠檬酸　　　　　　　　　　　丙酮二羧酸

$$
\begin{array}{c}
CH_2COOH \\
| \\
HO-C-COOH \\
| \\
CH_2-COOH
\end{array}
\xrightarrow[\triangle]{\text{发烟 } H_2SO_4}
\begin{array}{c}
CH_2COOH \\
| \\
C=O \\
| \\
CH_2-COOH
\end{array}
+ HCOOH\uparrow
$$

丙酮二羧酸与 H_2SO_4 反应生成有色沉淀：

$$
\begin{array}{c}
CH_2COOH \\
| \\
C=O \\
| \\
CH_2-COOH
\end{array}
+ HgSO_4 \longrightarrow
\begin{array}{c}
O \\
\| \\
CH_2-C-O-Hg-O \\
| \\
C=O \\
| \\
CH_2-C-O-Hg-O \\
\| \\
O
\end{array}
\begin{array}{c}
O \\
\| \\
S \\
\| \\
O
\end{array}
\downarrow
$$

丙酮二羧酸与溴反应生成五溴丙酮：

$$
\begin{array}{c}
CH_2COOH \\
| \\
C=O \\
| \\
CH_2-COOH
\end{array}
+ 5Br_2 \longrightarrow
\begin{array}{c}
CHBr_2 \\
| \\
C=O \\
| \\
CBr_3
\end{array}
+ 5HBr + 2CO_2
$$

用上述反应可鉴别柠檬酸。

1.1.3 柠檬酸的应用

柠檬酸是有机酸中第一大酸，由于物理性能、化学性能、衍生物的性能，是广泛应用于食品、医药、日化等行业最重要的有机酸。

1）用于食品工业

因为柠檬酸有温和爽快的酸味，普遍用于各种饮料、葡萄酒、糖果、点心、罐头果汁、乳制品等食品的制造。在有机酸市场中，柠檬酸市场占有率70%以上，到目前还没有一种可以取代柠檬酸的酸味剂。一分子结晶水柠檬酸主要用作清凉饮料、果汁、果酱、水果糖和罐头等酸性调味剂，也可用作食用油的抗氧化剂，同时改善食品的感官性状，增强食欲和促进体内钙、磷物质的消化吸收。无水柠檬酸大量用于固体饮料。柠檬酸的盐类如柠檬酸钙和柠檬酸铁是某些食品中需要添加钙离子和铁离子的强化剂。柠檬酸的酯类如柠檬酸三乙酯可作无毒增塑剂，制造食品包装用塑料薄膜。

2）用于化工、制药和纺织业

柠檬酸可作化学分析试剂、实验试剂、色谱分析试剂及生化试剂；还可用作络合剂、掩蔽剂，用以配制缓冲溶液。采用柠檬酸或柠檬酸盐类作助洗剂，可改善洗涤产品的性能，可以迅速沉淀金属离子，防止污染物重新附着在织物上，保持洗涤必要的碱性，使污垢和灰分分散和悬浮；柠檬酸还能提高表面活性剂的性能，是一种优良的螯合剂。

3）用于环保

柠檬酸—柠檬酸钠缓冲液用于烟气脱硫。中国煤炭资源丰富，是构成能源的主要部分，然而一直缺乏有效的烟气脱硫工艺，导致大气 SO_2 污染严重。柠檬酸—柠檬酸钠缓冲溶液由于其蒸汽压低、无毒、化学性质稳定、对 SO_2 吸收率高等原因，是极具开发价值的脱硫吸收剂。

4）用于禽畜生产

在仔猪饲料中添加柠檬酸，可以提早断奶，提高饲料利用率5%～10%，增加母猪产仔量。在生长育肥猪日粮中添加1%～2%柠檬酸，可提高日增重，降低料肉比，提高蛋白质消化率，降低背脂厚度，改善肉质。柠檬酸稀土是一种新型高效饲料添加剂，具有促进动物生长，改善产品品质，提高抗病能力及成活率，提高饲料转化率，缩短饲喂周期等特点。

5）用于化妆品

柠檬酸属于果酸的一种，主要作用是加快角质更新，常用于乳液、乳霜、洗发精、美白用品、抗老化用品等。角质的更新有助于皮肤的黑色素剥落，毛孔收细，黑头的溶解等。

6）用于医药

柠檬酸具有收缩、增固毛细血管并降低其通透性的作用，还能提高凝血功能及血小板数量，缩短凝血时间和出血时间，具有止血作用，制药业用作医药清凉剂，测血钾。

1.2　接受生产任务书

本学习情境的工作任务是以黑曲霉为生产菌，以薯干、麸皮和无机盐为原料，通过菌种的斜面复壮、麸曲瓶培养以及种子罐扩大培养，把合格的黑曲霉种子液按5%～7%接种量，接种到已空消过的发酵罐中，经过薯干粉糊化、通气深层发酵、发酵液再经过加热预处理、固液分离后，滤液通过碳酸钙中和、硫酸酸化、活性炭脱色、树脂净化、真空浓缩结晶和离心分离得到柠檬酸湿品，再经过沸腾干燥、包装可得到成品柠檬酸。教师以产品生产任务书的形式给学生组长下达任务，明确产品名称、规格，产品质量要求等。生产任务书见表8-3。

表8-3　生产任务书

产品名称	柠檬酸	任务下达人	教师
生产责任人	学生组长	交货日期	年　月　日
需求单位		交货地址	
产品数量		产品规格	柠檬酸99.5%～100.5%
一般质量要求 （注意：如有客户特殊要求，按其标注生产）	GB 1987—2007《柠檬酸质量标准》		

进度备注：

备注：此表由市场部填写并加盖部门章，共3份。在客户档案中留底一份，总经理（教师）一份，生产技术部（学生小组）一份。

2　工作任务分析

本情境的工作任务是有机酸——柠檬酸的生产。因此我们须通过文献查阅，全面了解

生产柠檬酸所需的原料、菌种、发酵工艺、运行操控参数和发酵设备等相关技术资料。对柠檬酸生产的工作任务进行详细分析和了解，为下一步制定工作任务做准备。

2.1 生产原料

生产柠檬酸可利用含有淀粉或糖的物质作为原料，如红薯、木薯、甘蔗、糖蜜，也可以利用正烷烃等。直接用薯干等淀粉质原料生产时，首先要利用生产菌产生的淀粉酶作用，把淀粉水解为葡萄糖；而糖蜜为原料要在糖化酶作用下变为葡萄糖和果糖，最后再由葡萄糖生成柠檬酸；正烷烃生产柠檬酸的原料单耗低，转化率高，但石油发酵通气量大、产热高，所以电力及冷却水耗用量大。此外，石油属不可再生资源，公众对石油制品用于食用的疑虑以及产品分离等一些问题，用正烷烃为原料制备柠檬酸尚未构成工业化大规模生产。

一般说来，凡含有淀粉的农副产品都可以做为发酵培养基的碳源加以利用，如甘薯、马铃薯、玉米、小麦、木薯等。部分薯类原料的成分见表 8 - 4。

表 8 - 4 部分薯类原料的成分

单位:%

种类	水分	粗蛋白	粗脂肪	碳水化合物	粗纤维	灰分
甘薯干	12.90	6.10	0.50	76.70	1.40	2.40
马铃薯干	12.00	7.40	0.40	74.00	2.30	3.90
木薯干	13.12	—	—	73.36	—	1.70

以葡萄糖为原料生产柠檬酸理论上发酵率为 106.7%。以淀粉为原料发酵率为 118.5%。目前以薯干为原料生产柠檬酸的实际情况看，一般对淀粉的转化率仅达 90%。

2.2 培养基

一般生产用的培养基糖浓度较高，柠檬酸产量也会相应提高。种子培养基采用的薯干粉浓度为 8% ~ 10%，发酸培养基的薯干粉浓度为 10% ~ 16%，一般采用 12% 的浓度，浓度太高会导致发酵终止时残糖较高，反而降低了总的转化率。此外，还要给予适量的氮源和无机盐、生长因子等，由于原料和菌种不同，添加的种类和数量也就不同。如用薯干粉时，种子培养基中最好加入 1% 的麸皮作为氮源和多种维生素的来源，发酵培养基就只用薯干粉一种，而糖蜜原料要添加一定量的硝酸铵或硫酸铵、硫酸镁、磷酸盐等。

柠檬酸生产用培养基均是合成培养基，由多种组分按一定比例配制而成。可分为：

斜面培养基（%）：麦芽汁 15 ~ 18，葡萄糖 2，琼脂 2，pH 值自然。

种子培养基（%）：薯干粉 8，麸皮 1。

发酵培养基（%）：薯干粉 18，$MgSO_4 \cdot 7H_2O$ 0.06，KH_2PHO_4 0.2，$FeSO_4$ 0.02，尿素 0.6，$MnSO_4$ 2 mg/kg，消泡剂 0.03，pH 值 6.8 ~ 7.2。

2.3 生产菌种

生产柠檬酸的菌种是黑曲霉、假丝酵母等，属于霉菌类微生物。所以在了解生产菌以前，我们首先介绍一下霉菌的相关知识。

2.3.1 霉菌

霉菌是丝状真菌的统称。在自然界中分布极广，在土壤、水域、空气、动植物体内外均有霉菌存在。霉菌菌体均由分枝或不分枝的菌丝构成，菌丝是构成霉菌菌体营养体的基本单位。是一种管状的细丝，多数无色透明，宽度一般为 $2\sim10\mu m$，比细菌和放线菌的宽度大几倍到几十倍，与酵母菌差不多。菌丝自尖端生长，并产生很多分枝，成为分枝的菌丝。菌丝的分枝和长度都是无限度的。许多分枝的菌丝相互交错成一团菌丝则称为菌丝体。

1）菌丝的类型

根据菌丝有无隔膜可分为无隔膜菌丝和有隔膜菌丝。无隔膜菌丝是多核菌丝，菌丝只有核分裂，没有细胞分裂。随着核的分裂，细胞不断延伸和分枝，细胞壁则成为套在这种分枝丝状的多核细胞的壁套，在显微镜下表现为没有隔膜的菌丝，如绝大多数的卵菌和接合菌的菌丝是无隔膜的。有隔膜菌丝的核分裂伴随着细胞分裂，成为由许多细胞连接而成的菌丝。在显微镜下表现为有许多横膈膜的菌丝，每个细胞中有一个或几个核，如子囊菌和担子菌的菌丝是有隔膜的。

根据菌丝的分化程度又可分为营养菌丝和气生菌丝。营养菌丝伸入培养基内吸取营养物质；气生菌丝伸展到空气中，顶端可形成各种孢子，故又称繁殖菌丝。如图 8-1 所示。

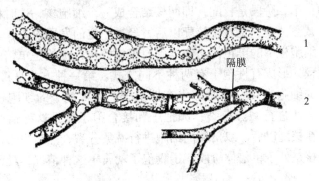

图 8-1　真菌的菌丝

1—无隔膜菌丝；2—有隔膜菌丝

2）霉菌的繁殖

霉菌的繁殖能力极强，繁殖方式复杂多样，主要是以无性生殖或有性繁殖产生各种各样孢子的形式进行繁殖，也可借助菌丝的片断繁殖。

（1）无性繁殖和无性孢子

霉菌无性繁殖是指能以营养细胞增殖，每一段菌丝都可以发展为一个新的菌丝体，以及营养细胞产生各种无性孢子的繁殖。卵菌和接合菌的无性孢子生在孢子囊内，所以称孢囊孢子。子囊菌和半知菌产生的分生孢子是真菌中最常见的一类无性孢子，分生孢子着生已分化的分生孢子梗或具有一定形状的小梗上；也有些真菌的分生孢子就着生在菌丝的顶端。有些真菌种类在菌丝的中间或顶端发生局部的细胞质浓缩和细胞壁加厚，最后形成一些厚壁的休眠体，称为厚垣孢子。厚垣孢子对不良环境有较强的抵抗力。有些真菌在幼年

时或培养初期菌丝体为完整的多细胞丝状，老后由菌丝内横隔处断裂，形成短枝状或筒状，或两端稍呈钝团的细胞，称为节孢子。如图8-2所示。

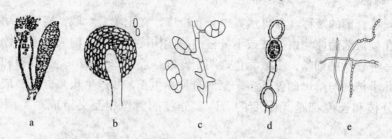

图8-2　无性孢子的类型

a—游动孢子；b—孢囊孢子；c—分生孢子；d—厚垣孢子；e—节孢子

（2）有性繁殖和有性孢子

霉菌有明显而比较复杂的有性繁殖，但不如无性繁殖普遍，仅发生特定的条件下。它们是通过两个性细胞的配合和分裂，产生双倍体和单倍体世代交替实现的。霉菌有性繁殖所产生的孢子，称为有性孢子。常见的有性孢子有由无隔菌丝产生的卵孢子和接合孢子，有隔菌丝产生的子囊孢子。

有性繁殖过程一般分为质配、核配和减数分裂三个阶段。第一阶段是质配，也就是两个配偶细胞的原生质和细胞核融合在同一个细胞中，但两个核不立刻结合，第一个核的染色体数都是单倍的；第二阶段是核配，即两核结合成一个细胞核，这时核的染色体数是双倍的；第三阶段是减数分裂，也就是核配以后，经过一定的发展阶段，具有双倍体核的细胞通过减数分裂，细胞核中的染色体又恢复到原来的数目，仍然是单倍的。应当指出，霉菌经过有性繁殖过程，形成有性孢子有两种不同方式。第一种方式是霉菌经过核配以后，含有双倍体细胞核的细胞直接发育而形成有性孢子，这种孢子的细胞核是处于双倍体阶段，在它萌发的时候才进行减数分裂，卵孢子和接合孢子就是这种情况，处于双倍体阶段。第二种方式是在核配以后，双倍体的细胞进行减数分裂，然后再形成有性孢子，所以这种性孢子的细胞核是处于单倍体阶段，子囊孢子就属于这种情况，处于单倍体阶段。如图8-3所示。

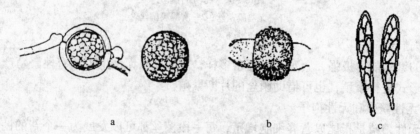

图8-3　有性孢子的类型

a—卵孢子；b—接合孢子；c—子囊孢子

① 卵孢子的形成：由两个大小不同的配子结合发育而成，小型的称精子器，大型的称藏卵器，藏卵器中的原生质与精子器配合以前，收缩成一个或数个原生质团，称卵球。当精子器与藏卵器配合时，精子器中的细胞质和细胞核通过受精而进入藏卵器与卵球配

合，此后卵球生出外壁即成为卵孢子。

②接合孢子的形成：相接近的两种菌丝接触后，接触处的细胞壁逐渐溶解，由两菌丝的原生质结合而成接合孢子，然后形成孢子壁，使其与母菌丝相隔离。接合孢子有极厚的细胞壁，表面呈棘状或具不规则突起。在适宜条件下，接合孢子萌发而形成新菌丝。

③子囊孢子的形成：同一菌丝或相邻菌丝两个大小形态相同的细胞互相缠绕，受精后开始形成分枝菌丝，此菌丝称为造囊菌丝。造囊菌丝经过减数分裂，即产生子囊，每个子囊产生2~8个（双数）子囊孢子。

3）霉菌的菌落特征

霉菌菌落和放线菌一样，都是由分枝状菌丝组成。由于霉菌菌丝粗而长，故形成的菌落较大而疏松，呈绒毛状、絮状或蜘蛛网状，一般比细菌和放线菌大几倍到几十倍。较放线菌易挑起。霉菌菌落表面因孢子的形状、构造与颜色的不同而呈现不同形态结构和色泽特征。

4）霉菌的常见属

常见的霉菌有毛霉属（*Mucor*）（图8-4）、根霉属（*Rhizopus*）（图8-5）、青霉属 *Achlya*（图8-6）、曲霉属（*Aspergillus*）（图8-7）、镰刀霉属（*Fusarium*）（图8-8）、木霉属（*Trichoderma*）（图8-9）、交链包霉属（*Alternaria*）（图8-10）和白地霉（*Ceotrichumcandidum*）。其主要特征和作用见表8-5。

表8-5　霉菌常见属的主要特征比较

属或种	主要特征	作用与用途
毛霉属	菌丝白色，茂盛，无隔膜；孢囊梗由菌丝体生出，一般单生，分枝较少或不分枝；孢囊梗顶端有球形孢子囊，内生孢囊孢子。	分解蛋白质和淀粉的能力很强；是制作腐乳、豆豉的重要菌可生产有机酸或转化甾体。
根霉属	菌丝无隔膜，但有匍匐菌丝和假根，在假根着生处向上长出直立的孢囊梗，孢囊梗顶端着生孢子囊，黑色，球形或近似球形，内生大量孢囊孢子。	分解淀粉的能力很强，是酿酒的重要菌种；还可用来生产有机转化甾族化合物等。
青霉属	菌丝有隔膜，分生孢子梗顶端经多次分枝产生几轮对称或不对称小梗，小梗顶端产生成串的分生孢子；孢子穗形似扫帚状；菌落呈密毡状，多为灰绿色。	产生青霉素，生产有机酸（如柠檬酸、延胡索酸）和酶制剂。
曲霉属	菌丝有隔膜，营养菌丝分化出厚壁的足细胞，在足细胞上长出分生孢子梗，顶端膨大成球形顶囊，顶囊表面长满一层或二层辐射状小梗，小梗末端着生成串分生孢子；呈绿、黄、橙、黑等颜色。	生产酶制剂（如淀粉酶、蛋白酶等）和有机酸（如柠檬酸和葡萄糖酸等）；有些曲霉能产生黄曲霉毒素，为已知的致癌物。
镰刀霉属（又称镰孢霉）	菌丝有隔膜，分枝；分生孢子梗分枝或不分枝；分生孢子有大小两种类型。大型的是多细胞，为长柱形或镰刀形，有3~9个平行隔膜；小型的呈卵圆形、球形、梨形或纺锤形，多为单细胞，少数是多细胞，有1~2个隔膜；镰刀霉的菌落呈圆形、平坦、绒毛状，颜色有白色、粉红色、红色、紫色和黄色等。	对氰化物的分解能力强，可用于处理含氰废水；有些种可生产酶制剂（纤维素酶，脂肪酶等）；有些种可产生毒素，污染粮食、蔬菜和饲料，人畜误食会中毒。

续表

属或种	主要特征	作用与用途
木霉属	菌丝有隔膜，多分枝，分生孢子梗有对生或互生分枝，分枝上可再分枝，分枝顶端有瓶状小梗，束生、对生、互生或单生，由小梗长出成簇的孢子，孢子圆形或椭圆形，五色或淡绿色；木霉菌落绒絮状，产孢区常排列成同心轮纹，菌落绿色，不产孢区菌落白色。	生产纤维素酶，合成核黄素，生产抗生素；分解纤维素和木质素。
交链孢霉属	菌丝有隔膜，分生孢子梗较短，单生或丛生，大多不分枝；分生孢子呈纺锤形或倒棒状，顶端延长成喙状，多细胞，有壁砖状分隔，分生孢子常数个成链，一般为褐色至黑色。	有些种可用于生产蛋白酶，有些种可转化甾族化合物。
白地霉	菌丝有隔膜；在营养菌丝的顶端长节孢子，节孢子呈单个或连接成链，孢子形状为长筒形、方形、椭圆形。	白地霉的菌体蛋白营养价值高，可食用或作饲料；处理制糖、酿酒、淀粉、食品饮料、豆制品等有机废水。

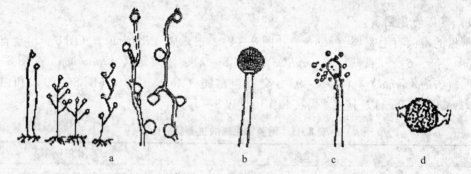

图 8-4　毛霉属形态

a—孢子梗；b—幼孢子囊和孢囊梗；c—孢子囊散发；d—接合孢子

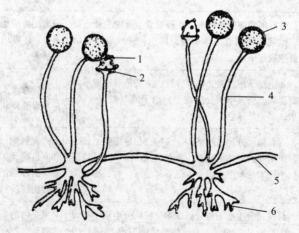

图 8-5　根霉属形态

1—囊轴；2—囊托；3—孢子囊；4—孢囊梗；5—匍匐菌丝；6—假根

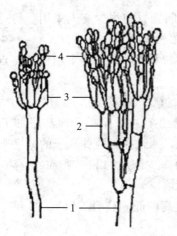
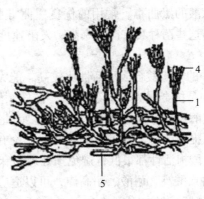

图 8-6 青霉属形态

1—分生孢子梗；2—梗基；3—小梗；4—分生孢子；5—营养菌丝

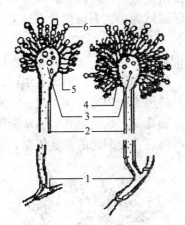

图 8-7 曲霉属形态

1—足细胞；2—分生孢子梗；3—顶囊；4—初生小梗；5—次生小梗；6—分生孢子

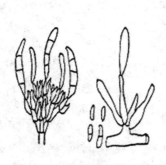

图 8-8 镰刀菌属形态图   8-9 木霉属形态   图 8-10 交链孢霉属形态

2.3.2 柠檬酸生产菌

许多真菌类微生物能形成柠檬酸，如黑曲霉、温氏曲霉、淡黄青霉、假丝酵母等。在发酵生产中常用的菌种有两种：一种是以石油为原料生产柠檬酸的菌种，多是解脂假丝酵

母，如 PC711、B74 等菌种，但由于技术和经济问题目前很少有人采用。另一种是以糖质原料生产柠檬酸的黑曲霉。常用的优良黑曲霉菌种有 N558、$C_0$827、Y-144 等，经过生产实践，证明这些菌种具有产酸率高、发酵速度快和营养条件要求粗放的特点。这些菌种有以下优点：

（1）菌种的柠檬酸合成酶活性比较高，能大量合成柠檬酸。

（2）菌种是抗金属离子的变异株。在柠檬酸生产中，某些金属离子如 Fe^{2+} 和 Mg^{2+}，分别是乌头酸酶及异柠檬酸合成酶的辅酶。因此，通过控制两种离子的浓度来抑制这些酶的活性，可以提高产量。选用变异株后，无论有多少浓度的 Fe^{2+} 和 Mg^{2+} 存在，异柠檬酸脱氢酶和乌头酸梅活性都很低，避免预处理的麻烦。

（3）菌种产酸高、耐酸、耐高渗，可以适应高糖低 pH 值的环境。

1）黑曲霉菌落形态

（1）菌落

在固体培养基上，黑曲霉菌落一般都比较疏松，可布满培养基表面，边缘不齐。菌落初为白色，逐渐变成棕色，孢子区域为黑色，菌落呈现绒毛状。

（2）菌丝

菌丝有隔膜和分枝，是多细胞的菌丝体，无色或有色。培养基上面为气生菌丝，下面为营养菌丝。生长一段时间后，菌丝细胞变厚，形成足细胞，由足细胞向上生出直立的分生孢子梗。梗的顶部膨大成球形的顶囊，顶囊表面生出一层或二层小梗，小梗顶端产生一串串分生孢子，使整个顶囊成为菊花形。这就是我们通常所说的孢子头（见图 8-11）孢子头的形状、孢子颜色及大小等都是鉴定菌种的重要依据。

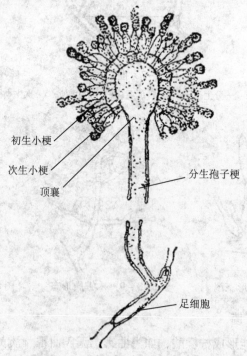

初生小梗
次生小梗
顶囊
分生孢子梗
足细胞

图 8-11　黑曲霉分生孢头、孢子梗

2）黑曲霉生理特征

一般黑曲霉在薯干粉、玉米粉、可溶性淀粉、糖蜜、葡萄糖、麦芽糖等培养基上均能生长产酸。在以薯干粉为碳源时，不需要添加其他氮源，并能保持较高的产酸水平。柠檬酸生产过程中，pH 值、温度、通气状况对产酸也有很大影响，一般来说发酵初期以 pH 值为 3.4~3.5 为宜，低的 pH 值可以减少杂菌污染，能维持柠檬酸合成酶的活性，促进柠檬酸积累。产酸最适 pH 值因菌种不同也略有不同，通常在 pH 值为 1.8~2.5。发酵最适温度一般在 28~31℃，温度较高时易形成草酸。总之，黑曲霉生产柠檬酸，要求较低的温度和 pH 值，较高的通气量和糖浓度，这有利于产物的积累。

2.4 发酵原理及生产工艺

2.4.1 发酵原理

目前，用糖质原料发酵柠檬酸的生化过程已基本明确，它是糖需氧氧化过程中的一种中间产品。在发酵过程中，当微生物缺少某些酶或对发酵条件加以控制，使柠檬酸继续氧化的酶受到抑制后，柠檬酸便大量地积累起来。和大多数微生物一样，糖质原料生产柠檬酸的生化过程中，丙酮酸是一个关键化合物。

柠檬酸合成的途径包括两个生化途径：一个是 EMP（葡萄糖酵解）途径，由糖变成丙酮酸。它包括 10 个独立的、但又是连续的反应来完成的。柠檬酸合成途径可以简写为一个总反应式：

$$2C_6H_{12}O_5 + 3O_2 \longrightarrow 2C_6H_8O_7 + 4H_2O$$

葡萄糖　　　　　　　柠檬酸

另一个是三羧酸循环途径（TCA），而柠檬酸就是羧醋循环中的一个分支。柠檬酸合成途径可以简写为一个总反应式：

$$2(C_6H_{10}O_5)_n + 2nH_2O + 3nO_2 \longrightarrow 2nC_6H_8O_7 + 4nH_2O$$

淀粉　　　　　　　　　　　柠檬酸

糖质原料主要包括含淀粉的农副产品和糖蜜。淀粉质原料则需要经过淀粉酶的作用变成葡萄糖；而糖蜜为原料则在蔗糖酶的作用下变为葡萄糖和果糖。微生物就是利用这些单糖进行柠檬酸的合成。

目前主要的生产工艺是以黑曲霉为生产菌，直接利用薯干原料生产柠檬酸。就是利用黑曲霉产生的淀粉酶，把淀粉糖化，然后合成柠檬酸。那么我们首先应该了解一下淀粉的结构。

1）淀粉的结构

淀粉是一种多糖，是由许多葡萄糖脱水缩合而成的。因此，当把淀粉水解成葡萄糖时，理论得率约为 111%。从结构上看，可分为糖淀粉（直链淀粉）与胶淀粉（支链淀粉）。糖淀粉是长链式的，其葡萄糖残基之间是以糖苷键在第一碳原子与第四碳原子间相连接的（见图 8-12）。胶淀粉除第一碳原子与第四碳原子之间相连接外，还存在第一碳原子与第六碳原子的结合（见图 8-13）因而形成分支。

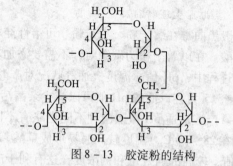

图 8 - 12　糖淀粉结构　　　　　　图 8 - 13　胶淀粉的结构

2）淀粉的糖化

由于淀粉的结构不同，以及酶的高度专一性，把淀粉变成葡萄糖是由许多种酶协同作用的结果。淀粉酶的分布极广，对于不同的机体，存在着某些差别。就黑曲霉而言，产生的淀粉酶已知的主要有 α - 淀粉酶，淀粉 α - 1，4 葡萄糖苷酶，淀粉 α - 1，6 葡萄糖苷酶、麦芽糖酶等。黑曲霉产生的淀粉酶要比其他生物体产生的淀粉酶耐酸性强，可以在较低的 pH 值下进行糖化。各种淀粉酶的作用如下：

（1）α - 淀粉酶

这种酶作用于淀粉时，可任意分解 α - 1，4 葡萄糖苷键，但不能分解 α - 1，6 葡萄糖苷键，其产物为小分子糊精及少量的麦芽糖、葡萄糖等。淀粉在 α - 淀粉酶作用后，黏度迅速降低，故又称为液化酶。生产柠檬酸使用的黑曲霉产生的这种酶很少，但液化性能很强，在发酵培养基蒸煮后，黏度很大，经过此酶的作用后，很快变稀，对改善培养基的流动性和热交换都有好处。

（2）α - 1，4 葡萄糖苷酶

α - 1，4 葡萄糖苷酶又称为葡萄糖产生酶，黑曲霉的糖化作用主要依靠这种酶。它能够分解淀粉 1，4 葡萄糖苷键，由非还原性末端依次把葡萄糖分解出来，但它不能分解淀粉 - 1，6 葡萄糖苷键，可绕过这种结构继续对 1，4 键进行作用。

（3）麦芽糖酶

此酶的作用是把麦芽糖分解成葡萄糖。

黑曲霉中含有丰富的分解淀粉的酶类，当然不只限于上述几种，这里只是把研究比较多的起主要糖化作用的酶作了简单介绍。在这些酶的协同作用下，使淀粉最终变成了葡萄糖，这是柠檬酸发酵的第一步，即糖化过程。

2.4.2　发酵工艺

柠檬酸发酵是好氧发酵，生产方式主要有三种：表面发酵（也叫浅盘法）、固体发酵和深层液体发酵。

1）浅盘发酵

最早使用的柠檬酸发酵法是浅盘法。此法原料是糖蜜，常用菌种还是黑曲霉，发酵是在发酵室中进行，室内放置发酵盘，一层层架起来，用鼓风机供风。由于糖蜜中含有大量的肢体物质、蛋白质和金属离子，这些物质的存在对柠檬酸发酵有很大影响，因此原料必须进行预处理。可以使用黄血盐、单宁、石灰、硫酸等作为糖蜜的澄清剂。去除以铁为主的金属离子和胶体物方能使用。

经过预处理的糖蜜稀释到含糖15%～20%，添加适量无机盐并用酸调节pH值为6～6.5，加热到40℃时，加入抗菌剂HCF（六氰基高铁酸钾），混匀后接种。HCF可沉淀复杂的微量金属（Fe、Mg、Zn等），另外用量多时可作为代谢抑制剂，限制生长并促进产酸。接入的孢子发芽需要温度，因此鼓风机通风温度维持34～35℃、1～2天，当产生柠檬酸时，放出热量需降温。产酸阶段温度维持在28～32℃，风量15～18m³/h，发酵6～8天。发酵液含酸200～250g/L。柠檬酸浅盘发酵工艺流程如图8－14所示。

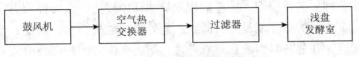

图8－14 柠檬酸浅盘发酵工艺流程

接种的孢子发芽需要1～2天。此时如温度太低，可通入加热的湿空气。当柠檬酸生成时，产生的热量，可通入空气使温度维持在30℃。孢子萌芽后形成菌丝，培养基表面形成皱皮，千万不要让皱皮下沉，否则有碍酸的生成。当菌丝生成时，柠檬酸开始生成，pH值降低至2，发酵时间约6～8天。底部培养液与上面培养温度差约30℃，可进行培养液的混合。如果发酵时pH值升至3.0以上，则有大量草酸和葡萄糖酸的生成，柠檬酸便减产。柠檬酸生成量最佳为0.9～1.1kg/m³·h，平均生产量为0.2～0.4kg/m³·h。发酵液中柠檬酸含量200～250g/L，每100g的葡萄糖生成柠檬酸为75g。

发酵时应时常通入无菌空气，空气需要量以孢子发芽阶段和生酸阶段而定。第一阶段可以通入微量无菌空气，第二阶段是通入过滤空气，其目的在于降低发酵液的温度。

浅盘发酵的特点是：设备简单、投产快、能耗低；原料粗放、产酸高。但发酵周期长、劳动强度大、占地多。内装有通风设备，供空气流通、温度和湿度的调节等。发酵室是密闭的，四壁及屋顶所用材料应易于清洗和耐酸，常用二氧化硫或甲醛气进行消毒，浅盘在盛培养基前也应进行清洗消毒，以免酵母、乳酸菌等杂菌的污染。

2）固体发酵

固体发酵法也称为种曲法，是利用薯干、淀粉渣等农副产品下脚料进行固体发酵，废渣还可做饲料。如利用麸皮、碳酸钙和硫酸铵、薯渣、米糠、水65%。灭菌后接种，培养温度25～30℃，发酵96h，产酸率70%。

用淀粉质原料固体培养的原理，与薯干粉工艺基本相同。也是利用黑曲霉产生的糖化酶边糖化边生酸的过程，只不过是一个用液体培养基，一个用固体培养基而已。主要原料是含淀粉物质，另外辅之以其他营养成分，制成培养基。

我国于1985年就试验成功利用薯干粉为原料的固体培养发酵法。其工艺条件如下：

① 制种曲：麸皮与水按1:1搅拌混合后常压蒸煮1h，铺入曲盘，厚度为2～3cm，冷却到35～37℃后接种黑曲霉，生长4～5天，待孢子成熟后，即可做为种曲使用。

种曲培养基：麸皮100kg，碳酸钙10kg，硫酸铵0.5kg，水100kg。

② 发酵培养基：为了增加培养基的氮源及透气性，把薯干粉和米糠等按一定比例用水混合，其配方大致如下：

薯干粉100kg，米糠14kg，水60kg，调pH值为3.5

发酵培养基配好后，在常压下蒸煮1h，然后冷却至35～40℃，接入0.3%的种曲，堆在曲盘上，厚度约 3~4cm。发酵室要保持一定的温度，一般在 28~30℃，并保持一定湿度（相对湿度为 86%~90%）进行培养。培养室要做好灭菌工作，搞好环境卫生，以防杂菌感染。在发酵旺盛时，会产生大量的热，要经常翻盘，以散发热量，防止品温过高，发酵周期一般 80h 左右就可结束。一般种曲与蒸料的含水量不能太高，以便使料的结构疏松，灭菌时易穿透，培养时易通气。一般蒸料的含水不超过 65%，冷却后补水至含水量 71%~77%，装盘厚度 5cm 左右。

发酵结束后，即可进行浸泡，柠檬酸用水从曲汁中浸出，以后提取方法与深层发酵相同。由于固体盘曲生产的培养基暴露时间长，与外界接触机会多，因此，生产过程一定要严格注意无菌操作。在蒸料时，注意蒸煮熟透，防止夹生的团粒。发酵室要注意消毒，定期用甲醛或硫黄熏蒸，其用量甲醛为 $10mL/m^3$，硫黄为 $25g/m^3$。柠檬酸固体发酵工艺流程如图 8-15 所示。

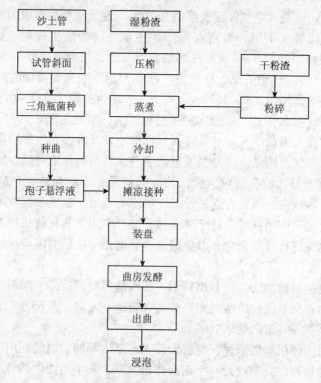

图 8-15　柠檬酸固体发酵工艺流程

固体发酵法的特点：发酵设备和工艺简单、原料易得，适于小型化生产。

3）深层液体发酵

我国目前柠檬酸发酵以深层培养为主。这是出于深层发酵有着发酵周期短、产率高、操作简便、占地少、原料粗放、来源丰富、便于自动化和连续生产等优点。由于我国薯类资源丰富，利用薯类原料的黑曲霉生长要求粗放，所以我国大多数采用薯类原料。目前采用的菌种多为黑曲霉 C_0827。利用薯干为原料生产柠檬酸的流程如图 8-16 所示。

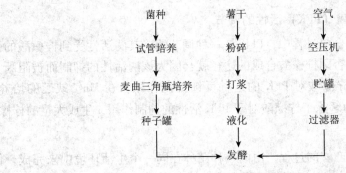

图 8-16 柠檬酸深层发酵流程

我国深层发酵柠檬酸生产中，目前以薯干为主要原料。薯干中含有大量淀粉和少量其他营养物，如蛋白质、维生素、灰分、氨基酸等。一般要求薯干无霉烂、色洁白、杂质少、含淀粉量65%以上。其中以薯干片为佳，薯干丝次之。发酵前将薯干片或丝粉碎，用粉碎机粉碎至40目。薯干粉需先称重，然后与水拌匀，用泵打入发酵罐中。经高压蒸汽灭菌后即可作为发酵原料。

2.5 发酵参数及控制

在柠檬酸发酵过程中，有许多发酵条件和因素影响发酵过程，同时也影响到产酸率和原料转化率等。现就发酵过程中主要的工艺条件及控制介绍如下。

2.5.1 碳源的浓度

糖的浓度较高，对形成柠檬酸有利。若用薯干粉为原料，种子培养基的薯干粉浓度为8%，发酵培养基的薯干粉浓度为10%~16%，一般多用12%的浓度，总糖浓度约在9.5%左右。浓度再高虽然能够得到较多的柠檬酸，但发酵终了的残糖较高，因而对投入总糖的转化率较低，造成浪费。用薯干生产柠檬酸时，在正常情况下对投入总糖的转化率可达80%左右。在残余的糖分中，有相当一部分是未被酶降解成单糖的不同聚合度的糊精化物。若用酒精检查发酵液就会发现有絮状沉淀析出。这主要是由于霉菌缺少某种淀粉酶或淀粉酶作用条件不适宜而造成的。另一个原因就是由于霉菌中也存在转移葡萄糖苷酶，使葡萄糖重新聚合成异麦芽糖或葡萄糖。这些糖不能发酵，如设法把这些糖化的中间物转化成单糖，对提高原料的利用率有很大作用。

2.5.2 金属离子

金属离子对一般黑曲霉的柠檬酸发酵影响最大。过量铁离子有抑制产酸的作用，因此使用糖蜜为原料发酵时必须加 HCF（六氰基高铁酸钾）或黄血盐。金属离子与柠檬酸发酵的关系相当复杂，一般认为铁离子是乌头酸水合酶的活化剂，乌头酸水合酶的活力高时，柠檬酸累积就受到影响。所以糖蜜为原料含铁较高，必须添加黄血盐，把铁离子与黄血盐络合起来，有利于柠檬酸的生成。过量的铜离子对柠檬酸发酵有不良影响，但它却可为铁的对抗剂，即可抵消铁对柠檬酸生成的抑制作用。而锰离子也可抑制柠檬酸的累积。

2.5.3 磷酸果糖激酶（PFK）活性的调节

在葡萄糖到柠檬酸的合成过程中，PFK 是一种调节酶，其酶活性受到柠檬酸的强烈抑制。这种抑制必须解除，否则柠檬酸合成的途径就会因为该酶活性的抑制而被阻断。微生物体内的 NH_4^+ 可以解除柠檬酸对 PFK 的这种反馈抑制作用。在 Mn^{2+} 缺乏的培养基中，NH_4^+ 浓度异常的高，进而解除了柠檬酸对于 PFK 活性的抑制作用，生成大量的柠檬酸。

2.5.4 pH 值影响

发酵是一个边糖化边产酸的过程，由同一种菌种在同一个生活环境中来完成，但两个过程的最适 pH 值不同。最初是以糖化过程为主，黑曲霉的淀粉酶是比较耐酸的，糖化过程最适 pH 值为 2.5～3.0，而生酸最适 pH 值为 2.0～2.5，比糖化 pH 值更低。在产酸后，为了防止 pH 值下降抑制淀粉酶的活性，可以调节通气与搅拌程度。在前期通气量低一些对糖化有利，在发酵过程中可分阶段逐步提高通气量也可以在 pH 值降至 2.0 时，加入灭菌的碳酸钙乳剂，中和部分酸使 pH 值回升至 2.5 左右。中和剂的用量一定要适度，pH 值过高则会产生大量杂酸（主要草酸），一般在发酵 24～48h 后加入发酵液量的 0.5%～1.0% 的碳酸钙即可。

总的来说，柠檬酸发酵时低 pH 值有利于形成柠檬酸，减少草酸及其他有机酸的生成量，同时，对抑制杂菌的生长，防止杂菌感染有利。

2.5.5 温度影响

柠檬酸发酵与其他发酵一样，要求在一定的温度下进行。一般在发酵时维持温度 31℃左右（维持 28～30℃较好），温度太高会产生杂酸，影响柠檬酸的收率。在培养种子时，由于培养过程中产生热量少，并且在较高温度下对菌体繁殖有利，因此种子的培养温度要比发酵温度高 1～2℃较佳。

深层发酵时，主要通过罐内的热交换器（一般为立式蛇管）进行降温。在发酵旺盛阶段，升温很快，在有条件的工厂，可采用深井水降温效果较好。同时根据不同季节，调整无菌压缩空气的温度，使进罐前的风温基本上接近发酵液的温度，避免因风温的变化影响发酵液的温度波动。发酵时间约 4 天左右。

2.5.6 通气与搅拌

以薯干为原料的发酵液黏度很大。在发酵过程中由于不断水解淀粉，淀粉液黏度会下降，但菌丝体大量繁殖，也会使溶氧系数大大下降，所以通气量一定要相应提高才能满足菌体生长和产酸要求。以糖蜜为原料时，由于糖蜜含大量胶体物质，通气时极易发泡，需加消泡剂才行，但消泡剂也会大大降低溶解氧浓度。

发酵罐的通气量通常以每分钟、每立方米发酵液通入无菌空气的立方米数表示。每分钟的总通气量是发酵液体积与通气量的乘积。

测量通气量的方法有：转鼓式流量计、转子流量计、孔板流量计。前一种适用于小型发酵罐的通气计量，后两种适用于大型发酵罐的通气计量。转子流量计由于容易清洗和拆换，使用较广。

2.6 柠檬酸提取工艺

在柠檬酸发酵液中，除了主产物外，还含有许多代谢产物及其他物质，如草酸、葡萄糖酸、菌体、蛋白质、胶体物质、固形物等，成分非常复杂，必须通过用物理和化学方法将主要产品柠檬酸提取出来。目前多数采用碳酸钙中和法、离子交换法等把柠檬酸从发酵液中分离出来，再经过提取精制成为纯品。

2.6.1 发酵液预处理与固液分离

1）发酵液预处理

成熟的发酵液用蒸汽加热至100℃后再放罐。其目的是：① 终止发酵过程，杀死各种微生物，包括黑曲霉，否则它会继续发酵下去，将柠檬酸作为碳源，经三羧酸循环，最终变为水和二氧化碳；② 使蛋白质凝固，降低物料粘度，加快过滤速度；③ 使菌丝受热膨胀后破裂，菌体内的柠檬酸释放出来，以提高酸的收率。加热的发酵液从管道输入板框压滤机内，开始时为自然过滤，待滤液澄清后再逐渐加压，压力的增加以滤液不混浊为依据。压完后用80℃热水洗涤，再用压缩空气吹干滤渣，回收菌丝中的酸。也可用适量的水将第一次过滤出来的渣调浆后再过滤一次，这样可以提高回收率3% ~4%。

2）菌体分离

以过滤介质两边的压力差为推动力，使清液与固形物分开。发酵液中主要固形物是菌丝体，深层发酵液的菌丝体约占总体积的8% ~10%。因此，要选用合适的过率方式把菌丝体等固形物截留。菌丝过滤可选用板框压滤和真空抽滤两种方式。

3）菌丝过滤时应该注意的问题

（1）发酵液中如果含有较多的草酸，则需要在过滤前根据草酸含量加入等当量的碳酸钙，使其形成草酸钙沉淀，与菌丝一起除去。

（2）由于柠檬酸的腐蚀性，过滤设备要用耐酸的防腐蚀材料制成，如采用木质、金属带涂料或不锈钢制成板框的压滤机进行生产。本质板框不宜用较大压力进行过滤。

（3）过滤介质要选择耐酸、耐磨及容易清洗的材料，如使用尼纶布较好。

（4）过滤开始时，应给予较小的压力，待固形物在滤布上形成滤饼后，再逐渐加大压力，这样可以使滤液清澈。

2.6.2 碳酸钙中和法提取柠檬酸工艺

含钙的氧化物、氢氧化物或盐均能与柠檬酸反应生成柠檬三钙盐。带3份结晶水的三钙盐微溶于水，室温时溶解度小于0.1%。所以，加入中和剂后柠檬酸定量地转换成三钙盐沉淀，与存在于溶液中的蛋白质、色素和糖等杂质分开。反应方程：

$$2C_6H_8O_7 \cdot H_2O + 3CaCO_3 \longrightarrow Ca_3 (C_6H_5O_7)_2 \cdot 4H_2O + 3CO_2 + H_2O$$

碳酸钙用量可按下式计算：碳酸钙用量 = 柠檬酸总量 ×0.714

柠檬酸总量 = 发酵液体积 × 滴定酸度 × 氢氧化钠浓度 ×0.07

日前我国多采用碳酸钙中和法提取柠檬酸，再经过精制成为纯品。碳酸钙中和法提取柠檬酸的生产工艺流程如图8-17所示。

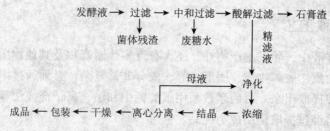

图 8-17 碳酸钙中和法提取柠檬酸的工艺流程

碳酸钙中和操作在中和罐中进行。中和罐带有夹套，内装浆式搅拌器，一般转数在 60 ~ 80r/min。按工艺分为高温中和法和常温中和法。

1）高温中和法

为了迅速提高温度，多采用直接蒸汽把发酵液加热到 60 ~ 80℃后，开始加入碳酸钙。添加方式有两种：一种是直接加入碳酸钙粉；另一种是先把碳酸钙拌成约 15% 浆液，用泥浆泵注入中和罐内。第一种方法的优点是不增加中和液的体积，但多为人工近距离操作，且在中和时有刺激性气体散发出来，操作条件较差。后一种方法没有这些缺点，便于操作，操作人员很容易地用阀门控制添加速度，但中和完后中和液的体积增大，加大了蒸汽用量和延长了抽滤时间。

在中和时，由于柠檬酸钙的溶解度随温度的升高而降低，而其他杂质如草酸钙加热时，溶解度增大，葡萄糖酸钙则在任何温度下部是溶解状态。因此一般在 60℃左右中和，待达到终点后，提高温度到 85℃，维持 30min 左右，反应完全后即可趁热过滤，并用 95℃以上的热水洗涤钙盐，这样可以减少损失和杂酸含量。

2）常温中和法

清液不进行加热，在常温下中和，设备与上述相同。中和完毕后，加热到 85℃进行过滤，用 85℃以上的热水洗涤钙盐。这种方法的优点是得到的钙盐颗粒小，其他杂质少，易于洗涤。加钙容易形成大量泡沫，这是由于发酵液中存在有胶体和可溶性蛋白质等易发泡物质，当与中和反应生成的大量二氧化碳气体相通时，便产生泡沫。因此，必须掌握添加速度，不使反应过于剧烈，以免泡沫携带大量的液体溢出中和罐，造成浪费。

控制中和的终点很重要，过量的碳酸钙会造成胶体等杂质一起沉淀下来，影响柠檬酸钙的质量，给后道工序造成困难。方法是按计算量加入碳酸钙，当 pH 值为 6.8 ~ 7.0，滴定残酸为 0.1% ~ 0.2% 即达到终点。80℃保温 0.5h，放入洗涤桶中洗涤，用 80℃热水翻洗多次，洗至用 1% ~ 2% 高锰酸钾一滴滴入 20mL 洗涤水中在 10min 内不褪色为止。

操作中应注意：① 应高温中和，因为柠檬酸钙的溶解度随着温度升高而降低，而其他杂质如草酸钙等的溶解度随着温度升高而增大，这样可以减少柠檬酸钙的损失，并易于洗糖。另外高温中和可使钙盐粒子粗些，洗时吸滤速度可快些；② 中和速度要控制，不能太快；要掌握好中和的终点，如中和过头会使过量的碳酸钙造成胶体杂质一起沉淀下来，面且粒子小，不宜吸滤，给洗糖造成困难。如中和终点不到则浪费柠檬酸，降低收率；③ 把握好洗糖终点，必须用 80℃热水洗涤，抽样检验时要抽中层，有代表性，如洗糖不到终点会使成品不合格。

中和后从抽滤槽内抽去废清液，再用95℃以上的热水洗涤柠檬酸钙，以除去钙盐表面附着的杂质和糖分。在这里要重点检查糖分是否洗净，方法是用1%～2%高锰酸钾溶液滴一滴到20mL洗水中，8min不变色即说明糖分已基本洗净。洗净的柠檬酸钙盐最好能够迅速进行酸解，不要过久贮放，否则会因发霉变质造成损失。如因故不能及时处理，要晒干后存放。

3）酸解与脱色

（1）酸解：酸解是将硫酸与柠檬酸三钙盐发生复分解反应生成$CaSO_4$沉淀，释放出游离柠檬酸。通过过滤得到柠檬酸液与硫酸钙，此过程能除去部分酸不溶性杂质。反应式如下：

$$Ca_3(C_6H_5O_7)_2 \cdot 4H_2O + 3H_2SO_4 + 4H_2O \longrightarrow 2C_6H_8O_7 \cdot H_2O + 3CaSO_4 \cdot 2H_2O$$

酸解时，要先把柠檬酸钙用水调成浆状，加热至85℃，缓慢加入适量的35%硫酸液。理论上加入硫酸量为碳酸钙的98%，因为中和时生成少量可溶性杂酸的钙盐，以及过滤洗涤时有少量柠檬酸钙损失，实际硫酸加入量为碳酸钙用量的92%～95%为宜。一般在加入计算量的80%以后，即要开始测定终点，其原理是硫酸钙在水溶液中形成白色沉淀。

测定方法（双管法）：

取甲乙两支试管，甲管吸取20%硫酸1mL，乙管吸取20%氯化钙1mL，分别加入1mL过滤后的酸解液，水浴内加热至沸，冷却后观察两管溶液，如果都不产生混浊，再分别加入1mL 95%酒精，如甲乙两管仍不是混浊，即认为达到终点。甲管有混浊，说明硫酸加量不足，需要补加硫酸；如果乙管有混浊，说明硫酸过量，应再补一些柠檬酸钙。在实际操作中，一般不使硫酸过量，以免给下步提取造成困难。过滤后如果仍发现滤液中硫酸根过量，可用碳酸钡除去。有人对常温中和条件下的酸解液中残存的硫酸根进行了研究。指出有适当的游离硫酸根，可保证酸解完全，避免因酸解不完全而生成的中间产物影响过滤及结晶，同时可减少乙醇不溶物。残留的硫酸根达0.1～0.8N，不会对成品质量有不良影响。

如到达酸化终点，把酸解液加热到80～85℃，保持30min。即可使反应完全，又能促进硫酸钙结晶的形成，利于分离。根据硫酸钙在水中的溶解度与温度的关系，酸解液在80℃左右进行热抽滤较为适宜。滤液和洗涤液合并在贮液桶中，即为稀柠檬酸溶液。滤饼硫酸钙用热水洗涤后可进一步利用。

（2）脱色：酸解液达到终点后，可加入活性炭脱色，或用树脂脱色。活性炭脱色中又可用粉状的和粒状的，粉状的为一次性间歇操作，粒状的可装在柱中连续使用。因粒状活性炭可反复使用，降低了成本，另外还可提高产品质量。

活性炭用量一般为柠檬酸量的1%～3%，35℃保温30min，即可过滤。滤饼用85℃以上热水洗涤，洗至残酸低于0.3%～0.5%即可结束。洗水单独贮放，作为下次酸解时的底水使用。过滤方法可采用真空抽滤和离心分离。多为间歇操作，过滤器应放置在酸解槽下面，便于借重力作用自然下流。采用树脂脱色时，先滤除硫酸钙沉淀，再将清液通过脱色树脂柱脱色。

在柠檬酸酸解液中，混有发酵和提取过滤过程中带入的大量杂质。如Ca^{2+}、Fe^{3+}等金属离子，影响产品质量。如过量的钙离子在浓缩后析出沉淀，三价铁离子的存在会使柠檬酸结晶呈暗黄色，不透明。因此，在浓缩结晶之前，必须除去这些金属离子。目前多采用强酸型阳离子交换树脂去除这些金属离子。

（1）净化原理。

以硫酸钙为例，作用原理如：

$$R—(SO_3H)_2 + CaSO_4 \longrightarrow R—(SO_3)_2Ca + H_2SO_4$$

$$R—(SO_3)_2Ca + 2HCl \longrightarrow R—(SO_3H)_2 + CaCl_2$$

通过离子交换，钙离子被吸附，然后用盐酸洗脱，钙离子便以氯化物的形式被分离。

（2）操作方法。

将酸解液引入交换挂顶端，开始进行交换，当交换液 pH 值降到 2.5 时，表示已有柠檬酸流出，此时开始收集。流速根据设备大小而定，以树脂层体积计算为每小时 1～1.5 倍 v/v 的流速较适宜。在交换过程中，要经常观察交换液颜色，如果交换液已变黄，说明树脂已接近饱和，此时要检查交换液中有无金属离子漏过。检查方法：用 5% 黄血盐一滴滴入 2mL 流出液中，如为蓝色说明终点已到应停止收集，树脂需再生。

$$Fe^{3+} + K_4Fe(CN)_5 \longrightarrow Fe_4[Fe((CN)_6)]_3 蓝色沉淀$$

再生树脂时将柠檬酸液放出，边加水边放到酸解工序，到 pH 值为 4 为止，再用水冲到 pH 值为 7。然后用 2N 盐酸再生，流速开始可以快些，以后慢些，平均流速与离交相同。再生终点用草酸铵法检查：取 1mL 再生液用 40% 氨水中和到 pH 值为中性（使酚酞变红），加入 3.5% 草酸铵 2 滴，如混浊则说明终点未到，需再加盐酸。终点到后用水从上而下反复冲洗至 pH 值为 7 备用。

在离交操作时应注意：① 新用树脂应预先处理，先用水冲去杂质，732 树脂用 2N 氢氧化钠液（d = 1.07）浸一天，用水冲至中性，再用 2N 盐酸（d = 1.03）浸一天，用水冲至中性即可用；② 装往时不可脱水，否则气泡存在会造成溶液走短路，影响交换效率；③ 交换速度不易过诀，终点要控制好，发现不合格的流出液要重新离交。

用过的树脂经清洗、再生后，可继续使用。在使用过程中，有少量树脂破碎，需要经常注意添加新树脂。

2.6.3 树脂法提取柠檬酸工艺

离子交换树脂是一种疏松的、具有多孔网状的固体，不溶于水，也不溶于电解质溶液，但能从溶液中吸取离子而进行离子交换。在交换过程中，溶液中离子扩散到离子交换剂表面，并穿过交换剂表面扩散到交换剂的本体内，然后进行交换。交换出来的离子，又沿着与原来扩散途径相反方向扩散到溶液中去。因此，交换过程包括交换反应和扩散过程。实际上交换反应速度很快，因此，离子交换反应的总速度取决于扩散速度，而不是交换位置上的实际交换速度。

1）作用原理

吸附：$3ROH + C_6H_8O_7 \longrightarrow R_3C_6H_5O_7 + 3H_2O$

洗脱：$R_3C_6H_5O_7 + 3NH_4OH \longrightarrow (NH_4)_3C_6H_5O_7 + 3ROH$

转型：$3RSO_3H + (NH_4)_3C_6H_5O_7 \longrightarrow 3RSO_3NH_4 + C_6H_8O_7$

发酵液通过吸附、洗脱、转型之后，把柠檬酸提纯出来。

2）操作过程

（1）发酵液加热到 80℃ 后进行过滤，清液的质量比钙盐法要求严格，必须澄清无杂质，以免污染树脂。

（2）用701弱碱性阴离子交换树脂进行吸附时，柠檬酸根被吸附，OH^-根被置换出来，溶液的pH值有明显的改变，最高时可达pH值为12左右，故可以根据pH值控制柠檬酸吸附量。当pH值下降到2~2.5时，即可能有柠檬酸流失，应停止交换，用无离子水反洗，除去杂质。

（3）将吸附有柠檬酸的701树脂，用5%氨水洗脱时，柠檬酸以铵盐形式进入溶液，洗脱高峰pH值为5.5~6.0，并且逐渐上升到pH值为11以上时，即说明洗脱将要结束。

（4）把得到的柠檬酸铵要转成柠檬酸才能提取，可以用强酸性阳离子交换树脂732或强酸1号进行交换。流出液的pH值变化很大。由中性变到酸性，再回到中性时，说明树脂吸附的铵离子及其他金属离于已近饱和，应停止交换，同时还要控制酒精不溶物的含量，才能保证成品质量。

（5）交换液仍带有一些色素，需要进一步把这些色素物质除掉，才能保证产品的色泽，到流出的交换液出现色素停止交换。交换后的清液可进行浓缩与结晶，制得纯品。

树脂法提取柠檬酸，在工艺上是可行的，基本上可以达到连续化操作。

3）提取工艺流程

树脂法提取柠檬酸工艺流程如图8-18所示。

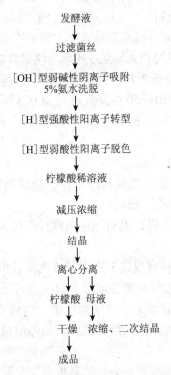

发酵液
↓
过滤菌丝
↓
[OH]型弱碱性阴离子吸附
5%氨水洗脱
↓
[H]型强酸性阳离子转型
↓
[H]型弱酸性阳离子脱色
↓
柠檬酸稀溶液
↓
减压浓缩
↓
结晶
↓
离心分离
↓   ↓
柠檬酸   母液
↓   ↓
干燥   浓缩、二次结晶
↓
成品

图8-18 树脂法提取柠檬酸工艺流程

4）树脂的处理

经过脱色处理的柠檬酸液还含有很多金属离子等杂质，需用强酸性阳离子交换树脂

（732 型离子交换树脂）进行净化。新树脂使用前需要进行预处理，除去各种杂质，对于 701 和 732 树脂通常使用 2N 的 NaOH 和 HCl 进行处理。732 新树脂先用 2N 的 NaOH 浸渍一天，用水洗至中性；再用 2N 的 HCl 浸渍一天，再用水洗去残酸。701 树脂则先用 2N 的 HCl 浸渍一天，水洗涤到中性，再用 2N 的 NaOH 浸渍一天，水洗涤到中性即可使用。

树脂在使用过程中，交换量降低时，需要进行再生。701 树脂用 2N 的 NaOH 处理，732 树脂用 2N 的 HCl 处理。通用 1 号树脂先用 1N 的 NaOH 处理，水洗除去残碱，再用 1N 的 HCl 处理。在处理过程中，出口浓度为进口浓度的 80% 以上即可结束。

5）树脂在使用过程中注意事项

（1）树脂装柱后，不可脱水，否则将有气泡悬浮于树脂颗粒之间，造成溶液走短路，影响交换效率。

（2）每次洗柱要进行反洗，即从底部进水，以便把悬浮于上层的固体杂质顶走。

（3）在长期使用过程中，有一部分树脂颗粒破碎，要不断用新树脂补足。

2.6.4　浓缩与结晶

1）浓缩

交换液中约含有 15% ~20% 柠檬酸，需要把水分进一步蒸发掉，才能进行结晶。在常压下浓缩，易引起柠檬酸分解而产生分解乌头酸，使结晶色泽变深，影响产品质量。因此，多采用减压浓缩。减压浓缩可提高蒸发速度，保证产品质量。

真空浓缩时所需的真空系统可由真空泵或用水力喷射器造成真空。如用水力喷射器，那么操作时须先开水泵，造成真空后吸料，进料至视镜下方再开蒸汽阀加热，真空度在 80 ~100kPa（600mmHg），温度在 50 ~50℃，蒸汽压力 0.5 ~1.0kgf/cm^2，同时不断补加料液，在相对密度为 1.335 ~1.34（即 36Be ~37Be）时，停止加热，把浓缩液放入结晶罐中。

浓缩操作时，应该注意以下几点：

（1）在浓缩过程中往往会形成大量泡沫上浮，造成跑料，此时要打开进汽阀门（或进料阀门），作一、二次真空操作，即可稳定。

（2）沸腾后如真空度显著下降，说明加热蒸汽开得过大，或冷却水不足，应予以适当调整。

（3）进料时要先开水泵吸料到视镜下方再开蒸汽阀，出料时要先停蒸汽再关水泵，然后放料。料要放尽，并立即吸入清水清洗或吸入料液进行第二批浓缩。

（4）在浓缩过程中，要及时测定浓缩液的比重。当浓度达到 36.5 ~37Be 时，即可出罐。浓缩液的浓度不能太高，否则进入结晶罐后，晶体形成块状，会造成粉末状成品。

2）结晶

我们知道溶液只要是过饱和状态就会有结晶析出，要使溶液达到过饱和状态，在工业生产中可采用蒸发浓缩、冷却或其他降低溶解度的方法。目前在柠檬酸生产中通常采用冷却方法，当浓缩液放入结晶罐就可逐渐缓慢降温，最好是料液 65℃ 降至 40℃ 时自然冷却，以后再用自来水或冷冻水进行夹套冷却，以每小时下降 3 ~4℃ 为宜。并缓慢搅拌（转速 10 ~25r/min）使之生成质量较好的晶体。最好在 10 ~14h 降温至 10 ~15℃ 出料，然后用离心机分离晶体与母液，再用少量冷水冲洗晶体至硫酸盐含量在 200ppm 以下，母液根据杂质情况决定处理方法，一般一、二次母液可直接去浓缩，三次母液回到中和段。影响结晶的因素很多，主要有以下几种：

（1）温度的影响

浓缩液的出料温度约在 10 ~ 15℃，为了造成过饱和状态，需要降低温度。结晶过程是生热反应，必须降温，才能使浓缩液达到过饱和状态，析出柠檬酸晶体。结晶过程分两个阶段，即晶核的形成与晶体的成长。在开始时，若降温太快，会形成过量晶核，晶体细小，成品成粉末状。在开始时，每小时降温 3 ~ 5℃ 为宜。

（2）搅拌的影响

搅拌器不仅能加速传热，使溶液各处的温度比较一致，还能促进晶核的产生，使其均匀地成长，而不致形成晶簇。晶簇很容易将母液包藏其中，对洗涤晶体造成困难，并且影响成品色泽。搅拌速度不能太快，否则也会使成品成粉末状，最好转数在 10 ~ 25r/min 左右，选用锚式搅拌器较佳。

（3）浓缩液的浓度

浓缩液的浓度要适宜。如浓度过度，会形成粉末，但浓度低，也会造成晶核少、成品颗粒大、数量少，母液中残留大量未析出的柠檬酸，影响质量。

结晶结束后，一般选用离心机把母液离净后，用冷水洗涤晶体，去掉附在晶体上的母液，得到纯净的柠檬酸产品。

母液可以再直接进行一次结晶，之后二次母液往往因含有大量杂质，不宜作第三次结晶，剩下的母液可以在酸解液中套用，或用碳酸钙重新中和，视杂质含量而定。

2.6.5　成品干燥

离心分离的柠檬酸晶体含有游离水，需要干燥除去。在柠檬酸干燥中最常用的是烘房干燥、沸腾干燥及振动干燥三种。这里介绍一下振动干燥和沸腾干燥的操作。

1）振动干燥

打开振动干燥机上蒸汽阀，控制蒸汽压力 1kgf/cm²，预热 10min 后，将湿品柠檬酸由加料口加入，控制热风温度在 35℃，干燥好的成品由出料口经振动筛分级出料装袋，称重取样后，待检测产品合格后即可包装入库。

2）沸腾干燥

利用热的空气流体使孔板上的柠檬酸湿品呈流化沸腾状态，使晶体表面的自由水分迅速汽化蒸发，达到干燥目的。气流温度控制在 35℃ 以下，否则会失去一部分结晶水，影响成品光泽。沸腾干燥器的干燥过程见本情境 2.8.4。

2.7　染菌的检查和防止

染菌是发酵的大敌。因杂菌会与生产菌争夺营养，并且某些杂菌分泌出来的代谢产物能抑制生产菌生长，从而影响产量，严重时会引起倒灌。因此防止杂菌污染是发酵工业极为重要的问题。

染菌原因一般有以下几种：培养基灭菌不彻底；接种时操作不当；设备渗漏或有死角；空气系统污染或短路失效；生产菌带有杂菌；在培养过程中发酵罐压力曾降至 0 等。

发生染菌后应分析原因，可从三方面进行：第一，从染菌规模来分析。如大批罐染菌而且染同一种菌，则可能空气过滤器失效；如个别染菌，原因较多，操作及设备上的问题都可能，要具体分析；如个别罐连续染菌，则是由于设备渗漏或有死角引起；第二，从染菌时间来分析。早期可能是种子带菌或灭菌不彻底，中后期可能与抽样、设备、罐失压有关；第三，从染菌类型来力析。一般认为芽孢杆菌是因为灭菌不透或有死角造成；球菌及酵母菌是因空气过滤系统失效或罐失压引起；霉菌是由于灭菌不透或无菌操作不严引起；杆菌是由于冷却管或夹套渗漏引起。

一旦染菌应采取挽救错施，根据染菌程度及杂菌种类，采取不同方法。若染的是杆菌且不严重，可通过加大风量或补加菌种，促使提早产酸，以较低的 pH 值来抑制杂菌生长。有时种子罐染菌不严重，用此法后仍可作种子用。如在前期糖消耗不多，可以直接重消，也可补加一部分料后重新灭菌，再接种培养；如在发酵后期，无明显影响的就不采取措施，可以提早放罐。染菌较严重的可以补加呋喃西林、硫酸铜、盐酸等化学药物控制杂菌生长。如染酵母菌、青霉菌可加 0.005% ~ 0.01% 硫酸铜，细菌可加 0.01% 呋喃西林来控制。

2.8 柠檬酸生产的主要设备

2.8.1 真空转鼓过滤机

可用来分离酸解液和硫酸钙。这种过滤设备适合于分离 0.01 ~ 1.0mm 固相颗粒的悬浮液。悬浮液的浓度及其过滤性能对生产率影响较大，根据经验，固形物的含量约需控制在 30% 左右，真空度掌握在 400mmHg 柱，酸解温度要达到工艺要求，并能保温。只要这样，分离的硫酸钙就能成片状，固相含水率较低。这种滤机的滤布再生条件较离心机好，并且能实现过滤的自动连续操作，处理量大。另外，在柠檬酸生产中，一次洗涤尚不能将硫酸钙中的残酸洗净，因此必须将一次滤渣重新打浆，并进入二次过滤。

目前较常用的是真空抽滤系统，一般可采用 W 型真空泵、真空贮罐、冷凝器和管道成。W 型真主泵抽气量在 82 ~ 770m³/h 之间、真空度可达 750mmHg 柱，效率较高。但这种泵润滑油消耗大，机件容易损坏，维修工作量大，附属设备也易腐蚀。另一种采用的是水环式真空泵。水环式真空泵的主要特点是设备主体结构简单，占地面积小，不需附加冷凝器及贮气桶等气水分离设备，可就近安装，减少了管路的沿程损失。虽然其效率较往复式真空泵小，真空度也低，但其运行管理维修方便，并能满足抽滤的真空度要求。

2.8.2 中和罐

发酵液的中和操作在中和罐中进行。中和罐罐体一般为单封头立式圆筒形，筒体均采用不锈钢材料，材质为 ICrl8Ni9Ti，上部安装变速器和电机，装有框式搅拌器，一般转数在 60 ~ 80r/min。下部一般为椭圆形底部，便于溶液放出。中和罐带有夹套或直接加热管，用于蒸汽加热。中和罐的框式搅拌设计对中和及以后的过滤操作影响较大。每立方米容积的搅拌功率约 500W，减速机可采用通用立式减速机，适当地选择搅拌转数，一般在 60r/min 左右。如图 8 - 19 所示。

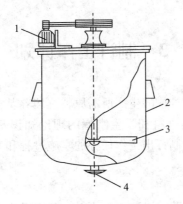

图 8 - 19　中和罐

1—电动机；2—罐体；3—搅拌器；4—出料口

2.8.3　发酵罐

柠檬酸发酵罐和情境 1 中的味精发酵罐的结构基本相同，属于通气搅拌发酵罐。发酵罐的体积由产量而定，发酵罐的结构、尺寸等具体情况可参照图 1 - 15。

因柠檬酸对普通碳钢腐蚀作用较强，因此发酵罐的内壁要采取防腐措施。国内主要的方法是采用防腐蚀材料，最常用的材料为碳钢衬不锈钢，大多数用的不锈钢薄板材料为 ICrl8Ni9Ti，厚度在 2~3mm。罐体较小的罐可用整体用不锈钢制造。

2.8.4　沸腾干燥器

沸腾干燥是利用热的空气流体使孔板上的粒状物料呈流化沸腾状态，使水分迅速汽化达到干燥目的。干燥时，使气流速度与颗粒的沉降速度相等，粒子在气体中呈悬浮状态。沸腾干燥的优点是传热传质速率高、干燥温度均匀、容易控制、对无严重凝聚现象的湿物料，颗粒直径 30μm~6mm 的湿物料一般都能适用。缺点是对气流速度有要求，应在使颗粒流化范围内，要求较高的热风压强使物料流态化；此外因摩擦作用较强，对易碎物料或对表面形状、光泽有所要求的产品不宜采用。

沸腾干燥设备的种类很多，按照操作条件可分为连续的和间歇的沸腾操作；按照设备结构和形式，可分为单层沸腾干燥器、多层沸腾干燥器、沸腾床干燥器、振动沸腾干燥器、脉动沸腾干燥器以及喷雾沸腾造粒干燥器等。沸腾床干燥的工艺流程如图 8 - 20 所示。

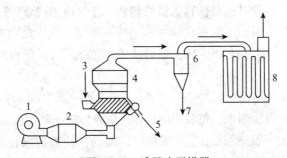

图 8 - 20　沸腾床干燥器

1—风机；2—加热器；3—加料；4—流化床；5—卸料；6—旋风分离器；7—细粉；8—袋滤器

3 制订工作计划

通过工作任务的分析，对柠檬酸生产所需原料、培养基组成、发酵工艺、提取精制技术等已有所了解。在总结上述资料和学生掌握的理论知识基础上，通过同小组的学生讨论、设计，经教师审查，最后制订出工作任务的实施过程和实施计划。

3.1 确定柠檬酸生产工艺

柠檬酸是以黑曲霉为产生菌，以薯干为原料，利用黑曲霉的糖化酶将淀粉先转化成葡萄糖，再经糖酵解途径（EMP 途径），形成丙酮酸，丙酮酸羧化形成 C_4 化合物，丙酮酸脱羧形成 C_2 化合物，两者再缩合形成柠檬酸。其生产工艺过程主要包括：菌种的扩大培养、糊化、发酵、碳酸钙中和、酸解、分离提取、浓缩结晶等过程。生产工艺流程如图 8-21 所示。

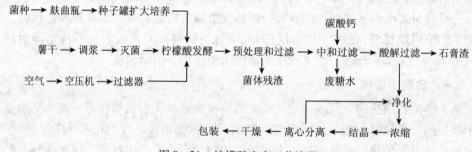

图 8-21 柠檬酸生产工艺流程

3.2 斜面种子制备

种子斜面培养，是把放在砂管或冷冻干燥管中的原种，通过斜面培养进行复壮、活化的过程。一般采用麦芽汁培养基。麦芽汁可自行用麦芽配制成。将麦芽汁加热过滤，稀释成 15% ~18%，加 2% 琼脂，融化后趁热分装入试管中。然后用 1kgf/cm² 蒸汽灭菌 20min，待稍冷制成斜面备用。将砂管中菌株移入试管斜面，于 33℃恒温培养 5 天，待表面长成褐黑色孢子，放冰箱保存。斜面不宜多次移种，一般只移接三次，防自然变异。

斜面培养基（%）：麦芽汁 15~18，葡萄糖 2，琼脂 2，pH 值自然。

3.3 麸曲制备

用筛子筛去麸皮中的粉细末，每只 1000mL 三角瓶加 25g 麸皮、30mL 水。在 1kgf/cm² 的蒸汽压下灭菌 30min，灭菌后取出三角瓶并轻轻敲动，使麸曲散松不成团。挖一小块斜面移入已灭过菌的麸曲中搅匀，以便接入的孢子能与麸曲均匀接触。放入 33℃的恒温室中培养 8 天，在培养至第 2、3 天时各摇动三角瓶一次。在培养过程中随时用眼观察其生长情况，如有异常现象需弃去。培养好后取其中 1~2 只作摇瓶试验，测定酸度及转化率，若符合生产要求，室温下保存 1~2 个月，到用时加入适量无菌水，制成孢子悬浮液，即可上罐。摇瓶试验：

按 18% 薯干粉的配比配成培养基，即 90g 薯干粉加入 500mL 水，先糊化再分装入 500mL 三角瓶中，每瓶 100mL，用四层纱布扎口，1kgf/cm² 的蒸汽灭菌 30min。冷后移入一小块斜面孢子或一环麸曲，放入 240r/min 的旋转式摇床中，于 33±1℃ 的培养 4 天，测定酸度及转化率。

3.4 种子罐培养

种子罐培养基主要原料是薯干粉，浓度为 14% 左右，另添加硫酸铵 0.15% 左右以补充氮源。投料前先将空罐灭菌一次，冷却后按比例投料，用蒸汽 121℃ 灭菌 20min。待料液温度降至 35℃ 后接入一定数量的三角瓶麸曲，其数量视种子罐大小而定，一般 2500L 罐可接 7 只三角瓶麸曲。

培养时控制罐压 1kgf/cm²，风量在 12h 前为 1:1.0；12h 后为 1:1.3。搅拌转速视种子罐大小而异，一般 2500~3000L 罐搅拌速度为 170~180r/min，培养温度为 34℃，时间为 25h 左右。

接种条件有以下三条：（1）培养时间 25h 左右；（2）pH 值达 3.0 以下，产酸 1% 左右；（3）镜检菌丝生长良好，菌球紧密，无杂菌。

3.5 发酵罐培养

3.5.1 灭菌

整个发酵系统和设备，在接种发酵前必须进行彻底的灭菌，防止杂菌污染。发酵过程中的设备和管道灭菌一般采取空消和实消。

1）空消

将发酵罐洗净，盖好盖子。灭菌前排尽蒸汽管道内冷凝水，放掉夹层或冷凝管内冷却水。打开排气阀门后采用 3 路进汽（一路由罐底进入，一路由抽样管进入，一路由进气管进入），排气 10min，以排除罐内冷空气。加大进汽量待升压后打开所有排气阀，同时适当关小排气，保压 2kgf/cm²，维持 40~60min。然后关闭蒸汽，排出罐内积水，打开排气阀。

2）实消

投料定容后盖好盖，放掉发酵罐夹层或冷凝管内水，打开排气阀。种子罐先采用夹套加热至 80℃ 后蒸汽直接进内层，发酵罐采用排管先加热至 60℃ 再 3 路进汽。升压至 0.2kgf/cm² 时打开所有小排气阀，慢慢升压至 1kgf/cm²，适当关小大排气阀。种子罐温度达 121~123℃ 维持 20min，发酵罐为 110℃ 维持 10min 或达到 114℃ 结束。关小排气阀，关 3 路蒸汽阀，进无菌空气，保压 1kgf/cm²，同时夹套或冷凝管进冷却水冷却。

3）移种管道灭菌

接种前 2h，用 1.5~2kgf/cm² 蒸汽灭菌 1h，灭菌时打开所有小阀门，灭菌结束时先关闭小阀门，再关蒸汽阀，并立即用无菌空气保压。

3.5.2　接种

1）种子罐接种

实消罐时用蒸汽消毒接种口，并打开接种口套管顶上的小阀门，消毒结束后，直接用无菌空气保压。接种时先关掉接种口套管上的小阀门，用火焰封住接种口，后将接种瓶橡皮管接住接种口，迅速拿去火焰。调罐压至 1kgf/cm²，然后徐徐降低罐压，不使罐压低于 0.2kgf/cm²，利用压力差将种子压入罐中，如一次接不完可重复操作，直至接完种子。调好罐压和风量进行培养。

2）发酵罐接种

种子罐停止搅拌，升压到 1.5kgf/cm²，调发酵罐压力至 0.2kgf/cm²，然后开种子罐出料口阀门，利用压力差将种子压入发酵罐。压完后关闭发酵罐上接种阀门，用蒸汽冲洗消毒移种管道，同时调好罐压和风量进行培养。

3.5.3　发酵

发酵罐定容一般为 80% ~ 85%，薯干粉浓度 18% 左右。因采用浓醪发酵，所以常在培养基灭菌前加入少量淀粉酶，一般为原料量的 0.05% 左右，可使培养基黏度降低，改善其流动性，对热交换有好处。

发酵罐使用前用蒸汽灭菌，如连续生产未染菌可以不空消。按比例投料后用蒸汽灭菌，110℃保持 10min。待料液温度降至 35℃ 后接入种子，如采用二级发酵，接种量约为 10%；如采用一级发酵，即直接接入三角瓶麸曲，接种量视发酵罐容积大小而异，25000L 罐可按入 14 只三角瓶麸曲，50000L 罐可按入 30 ~ 40 只三角瓶麸曲。

培养时控制罐压 1kgf/cm²，风量前期小些后期大些。一般采用二级风量，24h 前为第一级，24h 后为第二级。也可采用三级或四级风量，风量比从 1:0.1 逐渐增加到 1:0.2。搅拌速度 120r/min 左右。培养时间一般为 80h 左右。在发酵过程中有时因薯干的成分变化引起泡沫的大量产生，导致逃液严重，从而使产量减少，又因为容易污染杂菌，给操作带来困难。此时可使用 BAPE 化学合成消泡剂（俗称泡敌），使用时配成 15% 左右水乳状液，消毒后视发酵过程中泡沫升起情况少量加入发酵罐内。当发酵到培养基中还原糖基本消耗完，二次测定产酸量相近或有下降趋势时，即可结束发酵。

发酵结束后，待发酵液计量后加热到 80℃，压入贮罐中。发酵罐清洗，先用水冲去罐内残留的菌液，通气 10min，每次还须由机修人员作零部件情况检查。

发酵培养基（%）：薯干粉 18，$MgSO_4 \cdot 7H_2O$ 0.06，KH_2PHO_4 0.2，$FeSO_4$ 0.02，尿素 0.6，$MnSO_4$ 2mg/kg，消泡剂 0.03，pH 值为 6.8 ~ 7.2。

3.6　柠檬酸发酵液的预处理及提取精制

3.6.1　发酵液预处理

把发酵醪液用蒸汽加热至 100℃ 后再放罐。其目的是终止发酵过程，使蛋白质凝固，降低物料黏度，使菌体内的柠檬酸释放出来，以提高酸的收率。处理好的发酵液经过真空过滤，把料液和菌丝体、残渣分离。

3.6.2 碳酸钙中和法提取柠檬酸

采用碳酸钙做中和剂，在中和罐中进行中和操作。中和罐带有夹套，内装浆式搅拌器，一般转数在 $60 \sim 80r/min$。

采用直接蒸汽把发酵液加热到 $60 \sim 80℃$ 后，开始缓慢加入 15% 的碳酸钙浆液，不能太快。当 pH 值为 $6.8 \sim 7.0$，滴定残酸为 0.1% ~0.2% 时即达到终点。于 $80℃$ 保温半小时，然后放入真空洗涤桶中洗糖，用 $80℃$ 热水翻洗多次，抽样检验时要抽中层，用 1% ~2% 高锰酸钾一滴滴入 20mL 洗涤水，中在 10min 内不褪色为止。洗净的柠檬酸钙最好能够迅速进行酸解，不要过久贮放，否则会因发霉变质造成损失。如因故不能及时处理，要晾干后再存放。

3.6.3 酸解与脱色

1）酸解

经中和并洗净的柠檬酸钙不宜过久贮放，应迅速进行酸解。酸解时，先把柠檬酸钙用水调成浆状，加热至 $85℃$，缓慢加入适量的 35% 硫酸液。一般在加入计算量的 80% 以后，即要开始测定终点，其原理是硫酸钙在水溶液中形成白色沉淀。测定方法采用双管法。

2）脱色

酸解达到终点后，可加柠檬酸量的 1% ~3% 的活性炭脱色，温度 $35℃$ 保温 30min，即可过滤。滤饼用 $85℃$ 以上热水洗涤，洗至残酸低于 0.3% ~0.5% 即可结束。洗水单独贮放，作为下次酸解时的底水使用。过滤方法可采用离心机分离。

3.6.4 树脂净化

在柠檬酸酸解液中还含有大量 Ca^{2+}、Fe^{3+} 等金属离子杂质。目前多采用强酸型阳离子交换树脂去除这些金属离子。将酸解液引入交换柱顶端，为每小时 1 ~1.5 倍 v/v 进行离子交换，当交换液 pH 值降到 2.5 时，表示已有柠檬酸流出，此时开始收集。交换过程中要经常观察交换液颜色，如果交换液已变黄，说明树脂已接近饱和，此时要检查交换液中有无金属离子漏过。检查方法：用 5% 黄血盐一滴滴入 2mL 流出液中，如为蓝色说明终点已到应停止收集。

3.6.5 料液浓缩

交换液中约含有 15% ~20% 柠檬酸，需采用减压浓缩。首先把料液吸入蒸发器，进料至视镜下方再开蒸汽阀加热。控制真空度在 $80kPa \sim 100kPa$（600mmHg），温度在 $50℃$，蒸汽压力 $0.5 \sim 1.0kgf/cm^2$，同时不断补加料液，检测浓缩液相对密度为 $1.335 \sim 1.34$（即 $36Be \sim 37Be$）时，停止加热，把浓缩液放入结晶罐中准备结晶。

3.6.6 浓缩液结晶

把合格的浓缩液放入结晶罐，以每小时下降 $3 \sim 4℃$ 逐渐缓慢降温，控制搅拌速度为 $10 \sim 25r/min$。最好在 10 ~14h 降温至 $10 \sim 15℃$ 出料，用离心机分离晶体与母液，再用少量冷水冲洗晶体至硫酸盐含量在 200ppm 以下。

3.6.7 成品干燥

离心分离的柠檬酸晶体含有少量游离水，需要在气流温度 $35℃$ 以下进行沸腾干燥。抽样检测合格后即可包装。

4 工作任务实施

通过前面对工作任务的分析和计划制定，已经对以黑曲霉为生产菌，薯干为原料，通过深层液体发酵生产柠檬酸的工艺过程、主要设备、发酵液的提取、精制等有所了解和掌握。在工作任务制定基础上，就柠檬酸生产的工作任务实施进行阐述。

4.1 系统灭菌操作

整个发酵系统和设备，在接种发酵前必须进行彻底的灭菌，防止杂菌污染。发酵过程中的设备和管道灭菌一般采取空消和实消。

4.2 斜面种子制备

种子斜面培养，是把放在砂管或冷冻干燥管中的原种，通过斜面培养进行复壮、活化的过程。一般采用麦芽汁培养基。麦芽汁可自行用麦芽配制成。将麦芽汁加热过滤并稀释成 15% ~18% 的液体，加 2% 琼脂，融化后趁热分装入试管中。然后用 $1kgf/cm^2$ 的蒸汽灭菌 20min，待稍冷制成斜面备用。将砂管中菌株移入试管斜面，于 33℃ 恒温培养 5 天，待表面长成褐黑色孢子，放冰箱保存。一般只移接三次，防止自然变异。

斜面培养基（%）：麦芽汁 15~18，葡萄糖 2，琼脂 2，pH 值自然。

4.3 麸曲制备

用筛子筛去麸皮中的细粉末，每只 1000mL 三角瓶加 25g 麸皮、30mL 水搅匀。在 $1kgf/cm^2$ 蒸汽灭菌 30min，灭菌后取出三角瓶并轻轻振动，使麸曲散松不成团。挖一小块斜面接入已灭过菌的麸曲中并搅拌均匀。放入 33℃ 的恒温室中培养 8 天，分别在第 2、3 天时各振动三角瓶一次。培养好后取其中 1~2 只作摇瓶试验，测定酸度及转化率，若符合生产要求，到用时加入适量无菌水，制成孢子悬浮液，即可上罐。

摇瓶试验：

按 18% 薯干粉的配比配成培养基，即 90g 薯干粉加入 500mL 水，先糊化再分装入 500mL 三角瓶中，每瓶 100mL，用四层纱布扎口，$1kgf/cm^2$ 的蒸汽灭菌 30min。冷却后移入一小块斜面孢子或一环麸曲，放入 240r/min 的旋转式摇床中，于 33±1℃ 恒温培养 4 天，测定酸度及转化率。

4.4 种子罐培养

4.4.1 种子罐接种

接种时先关掉接种口套管上的小阀门，用火焰封住接种口，后将接种瓶橡皮管接住接种口，迅速拿去火焰。调罐压至 $1kgf/cm^2$，然后徐徐降低罐压，不使罐压低于 $0.2kgf/cm^2$。利用压力差将种子压入罐中，如一次接不完可重复操作，直至接完。调好罐压和风量进行培养。

4.4.2 种子培养

种子罐培养基主要原料是薯干粉，调成浓度为 14% 左右浆液，另添加硫酸铵 0.15% 以补充氮源。投料前先将空罐灭菌一次，冷却后按比例投料，用蒸汽加热至 121℃ 灭菌 20min（也是糊化过程）。待料液温度降至 35℃ 后接入一定数量的三角瓶麸曲，其数量视种子罐大小而定，一般 2500L 罐可按 7 只三角瓶麸曲接种。

培养时控制罐压 1kgf/cm^2，风量在 12h 前为 1∶1.0，12h 后为 1∶1.3，搅拌转速视种子罐大小而异，一般 2500～3000L 罐搅拌速度为 170～180r/min；培养温度为 34℃，时间为 25h 左右。

移种条件有以下三条：①培养时间 25h 左右；②pH 值达 3.0 以下，产酸 1% 左右；③镜检菌丝生长良好，菌球紧密，无杂菌。

4.5 发酵及参数操控

4.5.1 发酵罐接种

种子罐停止搅拌，升压到 1.5kgf/cm^2，调发酵罐压力至 0.2kgf/cm^2，然后打开种子罐出料口阀门，利用压力差将种子压入发酵罐。压完后关闭发酵罐上接种阀门，用蒸汽冲洗移种管道灭菌，同时调好罐压和风量进行培养。

4.5.2 发酵罐培养

薯干粉碎后用水调成浓度 18% 的浆料，用泵打入已灭菌的发酵罐，再按配比制成发酵培养基。在培养基灭菌前加原料量的 0.05% 淀粉酶，通入 1kgf/cm^2 蒸汽，蒸煮糊化 15～20min。待料液温度降至 35℃ 后接入种子，接种量约为 7%～10%。

培养时控制罐压 1kgf/cm^2，风量前期小后期大。一般采用二级风量，24h 前为第一级，24h 后为第二级。也可采用三级或四级风量，风设从 1∶0.1 逐渐增加到 1∶0.2。搅拌速度 120r/min 左右，培养时间一般 80h 左右。在发酵过程中有时因薯干的成分变化引起泡沫的产生，可用 15% 左右的 BAPE（泡敌）水乳液，视发酵过程中泡沫升起情况少量加入。当发酵到培养基中还原糖基本消耗完，二次测定产酸量相近或有下降趋势时，即可结束发酵。

发酵结束后，待发酵液计量后加热到 80℃，压入贮罐中。发酵罐清洗，先用水冲去罐内残留的菌液，通气 10min，每次还须由机修人员作零部件情况检查。

发酵培养基（%）：薯干粉 18，$MgSO_4 \cdot 7H_2O$ 0.06，KH_2PHO_4 0.2，$FeSO_4$ 0.02，尿素 0.6，$MnSO_4$ 2mg/kg，消泡剂 0.03，pH 值 6.8～7.2。

4.5.3 发酵参数控制

1）碳源的浓度

糖的浓度较高，对形成柠檬酸有利。发酵培养基的薯干粉浓度为 18%，总糖浓度约在 9.5% 左右。浓度再高虽然能够得到较多的柠檬酸，但发酵终点时残糖较高，因而对投入总糖的转化率较低，造成浪费。在正常情况下对投入总糖的转化率可达 80% 左右。

2）磷酸果糖激酶（PFK）活性的调节

在葡萄糖到柠檬酸的合成过程中，PFK 是一种调节酶，其酶活性受到柠檬酸的强烈抑制。这种抑制必须解除。否则柠檬酸合成的途径就会因为该酶的抑制而被阻断。微生物体内的 NH_4^+ 可以解除柠檬酸对 PFK 的这种反馈抑制作用。在 Mn^{2+} 缺乏的培养基中，NH_4^+ 浓度异常的高，进而解除了柠檬酸对于 PFK 活性的抑制作用，生成大量的柠檬酸。

3）pH 值影响

发酵是一个边糖化边产酸的过程，由同一种菌种在同一个生活环境中来完成，但两个过程的最适 pH 值不同。最初是以糖化过程为主，糖化过程最适 pH 值为 2.5 ~ 3.0，而生酸最适 pH 值为 2.0 ~ 2.5，比糖化 pH 值更低些。

产酸后，为了防 pH 值下降，可以调节通气量和搅拌速度。在前期通气量低一些对糖化有利，在发酵过程中可分阶段逐步提高通气量，也可以在 pH 值降至 2.0 时，加入灭菌的碳酸钙乳剂，中和部分酸使 pH 值回升至 2.5 左右。中和剂的用量一定要适度，pH 值过高则会产生大量杂酸，一般在发酵 24 ~ 48h 后加入发酵液量 0.5% ~ 1.0% 的碳酸钙即可。

4）温度影响

糖质柠檬酸发酵时，温度一般维持在 31℃ 左右，产酸时维持 28 ~ 30℃ 较好，温度太高会产生杂酸，影响柠檬酸的收率。

深层发酵时温度控制主要通过热交换器进行降温。在发酵旺盛阶段，升温很快，可采用冷水降温。同时根据不同季节，调整无菌压缩空气的温度，使进罐前的风温基本上接近发酵液的温度，避免因风温的变化影响发酵液的温度波动。

5）通气与搅拌

以薯干为原料的发酵液黏度很大，在发酵过程中由于不断水解淀粉，淀粉液黏度会下降，但菌丝体大量繁殖，也会使溶氧系数大大下降，所以通气量要相应提高才能满足菌体生长和产酸要求。

发酵罐的通气量通常为 1:0.5，搅拌速度 120r/min 左右。

4.6 柠檬酸的提取与精制

4.6.1 发酵液预处理

把发酵醪液用蒸汽加热至 100℃ 后再放罐。处理好的发酵液经过真空过滤，把料液和菌丝体、残渣分离。过滤的清液打入中和罐，菌丝体和残渣作为固相分离可制作饲料。

4.6.2 碳酸钙中和

开动中和罐搅拌器，控制转速 60 ~ 80r/min。打开蒸汽阀门对滤液加热到 60 ~ 80℃ 后，开始缓慢加入 15% 的碳酸钙浆液，不能太快。当 pH 值为 6.8 ~ 7.0，滴定残酸为 0.1% ~ 0.2% 时即达到终点。80℃ 保温半小时，然后真空抽滤，滤饼放入洗涤桶，用 80℃ 热水翻洗多次洗糖。

取样检测洗糖是否合格。抽样检验时要抽中层洗液，用 1% ~ 2% 高锰酸钾一滴滴入 20mL 洗涤水中在 10min 内不褪色，说明糖分已洗净。洗净的柠檬酸钙盐最好迅速进行酸解，不要过久贮放，否则会因发霉变质造成损失。

4.6.3　硫酸酸解

把洗净的柠檬酸钙放入稀释桶中，加水调成15%的浆液，用泵打入酸化罐内。开启搅拌器和蒸汽阀，把浆液加热至85℃，缓慢加入适量的35%硫酸液。在加入计算量的80%以后，要开始多次取样测定终点。

测定方法（双管法）：

取甲乙两支试管，甲管吸取20%硫酸1mL，乙管吸取20%氯化钙1mL，分别加入1mL过滤后的酸解液，水浴内加热至沸，冷却后观察两管溶液，如果都不产生混浊，再分别加入1mL的95%酒精，如甲乙两管仍不是混浊，即认为达到终点。如甲管有混浊，说明硫酸加量不足，需要补加硫酸；如果乙管有混浊，说明硫酸过量，应补充一些柠檬酸钙。在实际操作中，一般不使硫酸过量，以免给下步提取造成困难。过滤后如果仍发现滤液中硫酸根过量，可用碳酸钡除去。

到达酸化终点，把酸解液加热到80～85℃，保持30min。趁热进行热抽滤。滤饼用热水洗涤，滤液和洗涤液合并在贮液桶中，即为稀柠檬酸溶液。

4.6.4　料液脱色

酸解达到终点后，可加入柠檬酸液量的1%～3%活性炭进行脱色。开启搅拌器和蒸汽阀，加热到35℃保温30min，进行真空抽滤。滤液用泵打入储罐，准备树脂净化；滤饼用85℃热水洗涤，洗至残酸低于0.3%～0.5%。洗水单独贮放，作为下次酸解时的底水使用。

4.6.5　树脂净化

1）净化操作

将脱色的柠檬酸液引入已经处理好的732离子交换树脂柱顶端，为每小时1～1.5倍v/v的流速进行离子交换。当交换液pH值降到2.5时，开始收集柠檬酸流出液。交换过程中要经常观察交换液颜色，如果交换液已变黄，说明树脂已接近饱和，此时应取样检查。检查方法：用5%黄血盐一滴滴入2mL流出液中，如为蓝色说明终点已到应停止收集。

2）操作注意事项

（1）新树脂使用前需要进行预处理，除去各种杂质，对于701和732树脂通常使用2N的NaOH和HCl进行处理。732新树脂先用2N的NaOH浸渍一天，用水洗至中性；再用2N的HCl浸渍一天，再用水洗去残酸。701树脂则先用2N的HCl浸渍一天，用水洗涤至中性，再用2N的NaOH浸渍一天，用水洗涤到中性即可使用。

（2）处理好的树脂装柱时不可脱水，否则气泡存在会造成溶液走短路，影响交换效果；交换速度不易过快，终点要控制好，发现不合格的流出液要重新离交。

（3）再生树脂时将柠檬酸液放出，边加水边放到酸解工序，到pH值为4为止，再用水冲到pH值至7。然后用2N盐酸再生，流速开始可以快些，以后慢些，平均流速与离交相同。再生终点用草酸铵法拉查：取1mL再生液用40%氨水中和到pH值为中性（使酚酞变红），加入3.5%草酸铵2滴，如混浊则说明终点未到，需再加盐酸。终点到后用水从上而下反复冲洗至pH值为7备用。

（4）每次洗柱要进行反洗，即从底部进水，以便把悬浮于上层的固体杂质顶走。用过

的树脂经清洗、再生后，继续使用。在使用过程中，有少量树脂破碎，需要经常注意添加新树脂。

4.6.6 真空浓缩

把离子交换液（含有15%～20%柠檬酸）利用真空抽入真空蒸发器，进料至视镜下方再开蒸汽阀加热。控制温度50℃，真空度80～100kPa（600～700mmHg），蒸汽压力0.5～1.0kgf/cm^2，同时不断补加料液，在相对密度为1.34～1.35（即36～37Be）时，停止加热。浓缩的柠檬酸溶液趁热出料，利用真空抽入高位槽，再由高位槽放入结晶锅中。为保证产品质量，必须采用减压浓缩，因为在常压下浓缩，易引起分解而产生分解乌头酸，而且结晶色泽变深。浓缩操作时，应该注意以下几点：

（1）在浓缩过程中往往会形成大量泡沫上浮，造成跑料，此时要打开进汽阀门（或进料阀门），作一、二次真空操作，即可稳定。

（2）沸腾后如果真空度显著下降，说明加热蒸汽开得过大，或冷却水不稳定，应予以适当调整。

（3）进料时要先开水泵吸料到视镜下方再开蒸汽阀，出料时要先停蒸汽再关水泵，然后放料。料要放尽，并立即吸入清水冲洗或吸入料液进行第二批浓缩。

（4）在浓缩过程中，要及时测定浓缩液的比重。当浓度达到36.5～37Be时，即可出罐。浓缩液的浓度不能太高，否则进入结晶罐后，晶体形成块状，会造成粉末状成品。

4.6.7 冷却结晶

把浓缩好的柠檬酸液放入结晶罐，开动搅拌，控制转速10～25r/min，让料液自然冷却至40℃时，开夹套冷却水阀门，将溶液冷至30～35℃，撒入少量晶种（如果此时已有结晶可不加晶种），温度以每小时下降3～4℃为宜。最好在10～14h降温至10～15℃出料，夏天需用冷冻盐水降温。然后用离心机分离晶体与母液，柠檬酸结晶用少量20℃以下的冷水洗涤至硫酸盐含量在200ppm以下，送干燥工序；一般一、二次母液可直接去浓缩，三次母液回到中和段，使它转变成柠檬酸钙，以便回收柠檬酸。

影响结晶的因素：

（1）温度。开始结晶时，若降温太快，会形成过量的晶核，晶体细小，成品成为粉末状。以每小时降温3～5℃为宜。浓缩液出料温度约在10～15℃，但如果温度太低，浓缩液进入结晶罐后，使形成的结晶粘结在壁上，成为"硬皮"影响分离。

（2）搅拌速度。搅拌器不仅能加速传热，使溶液各处的温度比较一致，还能促进晶核的产生，使其均匀地成长，而不致形成晶簇。搅拌速度不能太快，否则也会使成品成粉末状，最好转数在10～25r/min左右，选用锚式搅拌器较佳。

（3）浓缩液浓度。浓缩液的浓度要适宜。如浓度过度，会形成粉末；但浓度低，也会造成晶核少、成品颗粒大、数量少，母液中残留大量未析出的柠檬酸，影响产量。

（4）结晶洗涤。结晶结束后，要选用离心机进行固液分离。把母液离净后，用冷水洗涤晶体，冲洗掉附着在晶体上的母液，得到纯净的柠檬酸产品。

4.6.8 成品干燥

离心分离的柠檬酸晶体还含有游离水，需要利用沸腾干燥除去水分。通过加料器把湿品柠檬酸晶体加入沸腾干燥器的干燥室内，开启风机和热交换器，使气流温度控制在35℃

以下，利用热空气流体使孔板上的柠檬酸湿品呈流化沸腾状态，使晶体表面的自由水分迅速汽化蒸发，达到干燥目的。沸腾干燥器的干燥过程见本情境 2.8.4。

5　工作任务检查

工作任务完成后，通过同小组的学生互查、讨论，对工作任务的实施过程进行全程检查，最后由教师审查，并提出改进意见。检查主要内容为：

5.1　原材料及培养基组成

由学生分组讨论，对工作任务实施过程中生产原料的选用、培养基组成和配比以及培养基的混合配制等是否正确进行互查和自查。对检查出的错误要说明原因，并找出改正的方法和措施。

5.2　培养基及发酵设备的灭菌

每一小组的学生都要对本工作任务的培养基、设备管道和空气的灭菌实施过程进行检查、互查。指导教师根据学生的检查情况，要对空消、实消和空气灭菌的工艺过程逐一进行审查。特别是对生产过程中是否发生杂菌污染、溢料情况进行审查。

5.3　种子的扩大培养和种龄确定

由同小组的学生对生产菌种的扩大培养条件、种龄、接种量的确定是否正确，对种子的扩大培养过程进行互查和讨论，并对方案实施过程中出现的问题提出改进意见，由指导教师审查。

5.4　发酵工艺及操控参数的确定

让学生结合本工作任务实施的发酵工艺和设备，对柠檬酸发酵设备的选用、发酵方式以及发酵温度、pH 值、通气量等发酵参数的调控进行检查和讨论，并对方案实施过程中出现的问题提出改进意见，由指导教师审查后提出修改意见。

5.5　提取精制工艺

让同小组学生对柠檬酸料液在预处理方法、碳酸钙中和、硫酸酸解、脱色和树脂净化等提取工艺以及浓缩、结晶、干燥等工艺过程的实施情况进行互查和讨论。要对情境实施过程中的不足提出改正意见，指导教师要对学生的检查和修改意见进行审查。

5.6　产品检测及鉴定

工作任务实施结束后，要对生产的产品进行检测和鉴定。主要包括对产品产量、收率和质量进行检查。其中产品质量检测以国家标准 GB 1987—2007《无水柠檬酸质量标准》为准。总之，通过对工作任务的检查，让学生发现在柠檬酸这一生产任务的实施过程中出

现的问题、错误以及取得的成绩，有利于学生在今后实际工作中改进和完善，提高其岗位操作、处理问题的综合技能。

6　工作任务评价

根据每个学生在工作任务完成过程中的表现以及基础知识掌握等情况进行任务评价。采用小组学生之间和不同小组之间互评，由指导教师根据量化的评分标准给出最终评价。本情境总分100分，其中理论部分占40分，生产过程及操控部分占60分。

6.1　理论知识（40分）

依据学生在本工作任务中对上游技术、发酵和下游技术方面理论知识的掌握和理解程度，每一步实施方案的理论依据的正确与否进行量化。以小组学生之间互评为依据，由指导教师给出最终评分，必要时可通过理论试卷考试。

6.2　生产过程与操控（60分）

6.2.1　原料识用与培养基的配制（10分）

① 薯干原料的粉碎处理、无机盐、麸皮的选择是否准确；② 称量过程是否准确、规范；③ 加料顺序是否正确；④ 物料配比和培养基制作是否规范、准确。

6.2.2　培养基和发酵设备的灭菌（10分）

在柠檬酸生产以前，学生必须对培养基、设备、管道和通入的空气进行灭菌，确保发酵过程中无杂菌污染现象。因此，指导教师要对空消、实消顺序、灭菌方法等环节对学生作出评分，根据检测结果进行最终评价。

6.2.3　种子的扩大培养（10分）

根据学生在谷黑曲霉的斜面培养、麸曲培养以及种子罐菌种的扩大培养过程中的操作规范程度、温度、pH值、摇床转速或通气量的调控能力，接种消毒操作、接种量和种龄的控制方面由指导教师进行打分。

6.2.4　发酵工艺及参数的操控（15分）

① 温度控制及调节是否准确；② pH值控制及调节是否准确及时；③ 根据发酵现象调控通气量是否及时准确；④ 泡沫控制是否适当、消泡剂的加入是否及时准确；⑤ 发酵终点的判断是否准确；⑥ 发酵过程中是否出现染菌、溢料等异常现象。

6.2.5　提取精制（10分）

① 发酵液预处理方法是否正确；② 碳酸钙中和、硫酸酸化操作终点的判断是否正确、操作是否规范；③ 柠檬酸料液的脱色、树脂净化以及树脂处理等生产操作是否规范、正确；④ 柠檬酸料液的浓缩、结晶和湿产品的沸腾干燥操作是否准确。

6.2.6　产品质量（5分）

检验项目：产品感官、重量、收率，柠檬酸、铅、总砷、锌等金属的含量是否达标。

检验依据：GB 1987—2007《无水柠檬酸质量标准》。

思考题

1. 什么是霉菌？霉菌的特点和繁殖方式？
2. 名词解释：菌丝、分生孢子、分生孢子梗、厚垣孢子、包囊孢子。
3. 柠檬酸发酵中菌种有哪些？有什么特点？
4. 简述柠檬酸的合成原理。
5. 深层发酵制柠檬酸的工艺流程及发酵参数控制？
6. 简述碳酸钙中和法提取柠檬酸的工艺。
7. 沸腾干燥的特点和工艺过程？
8. 酸解终点的控制方法？

参考文献

［1］天津工业微生物研究所. 柠檬酸生产基本知识［M］. 北京：轻工业出版社，1978.

［2］陈陶声. 有机酸发酵生产技术［M］. 北京：科学技术文献出版社，1996.

［3］常琴琴，王苗，李志洲. 发酵法提取柠檬酸的工艺研究［J］. 化工技术与开发，2011，2：23－30.

［4］高年发，杨枫. 我国柠檬酸发酵工业的创新与发展［J］. 中国酿造，2010，27（4）：245－249.

［5］蔡永峰. 淀粉精原料直接深层发酵生产柠檬酸工艺的评价［J］. 食品与发酵工业，1999，2：63－64.